大数据人才培养规划教材

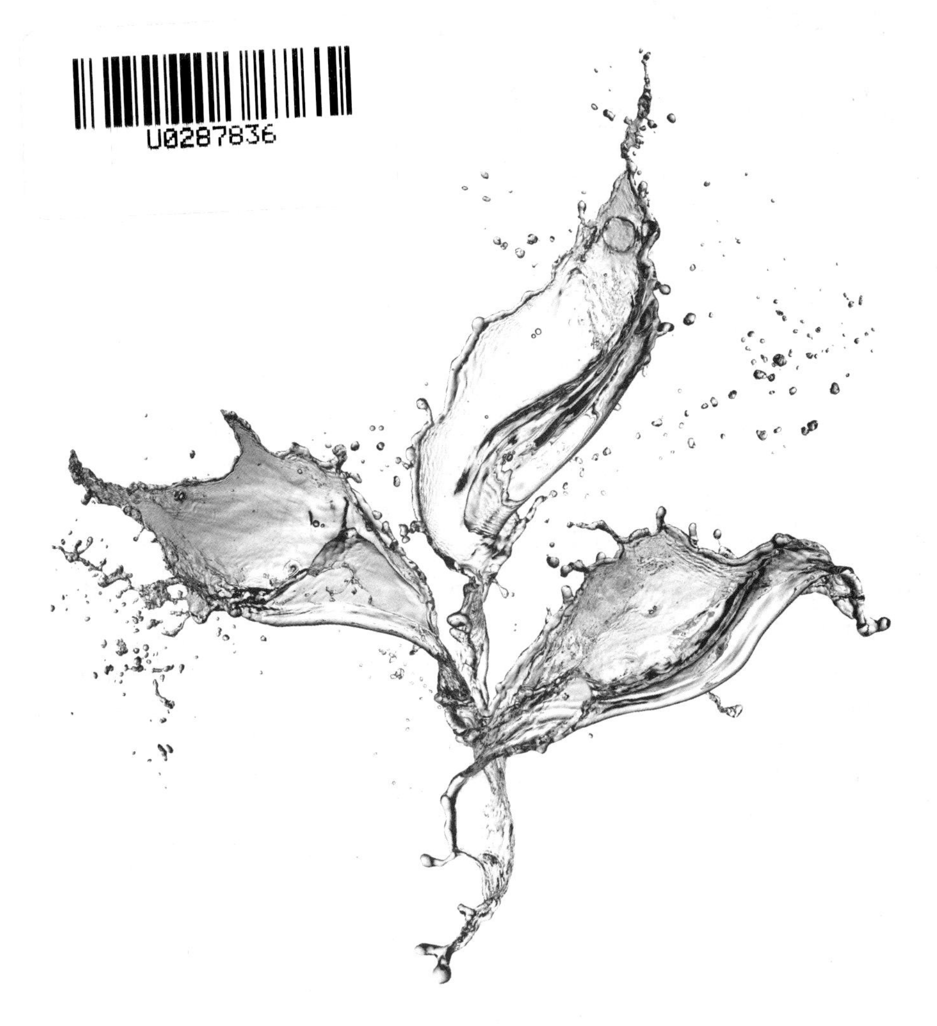

ETL 数据整合与处理（Kettle）

ETL & Data Integration with Kettle

王雪松 张良均 ◎ 主编

陈青 毛凌志 李毓海 ◎ 副主编

人 民 邮 电 出 版 社

北 京

图书在版编目（CIP）数据

ETL数据整合与处理（Kettle） / 王雪松，张良均主编. -- 北京 ：人民邮电出版社，2021.3
大数据人才培养规划教材
ISBN 978-7-115-55220-4

Ⅰ. ①E… Ⅱ. ①王… ②张… Ⅲ. ①数据处理－教材
Ⅳ. ①TP274

中国版本图书馆CIP数据核字(2020)第217215号

内 容 提 要

本书以 Kettle 实现 ETL 流程为目标，将 ETL 知识点与任务相结合，配套真实案例，深入浅出地介绍了 ETL 数据整合与处理的相关内容。全书共 8 章，第 1 章介绍了 ETL 概念和 ETL 工具，让读者在了解 ETL 相关的概念后，立刻上手 ETL 工具 Kettle；第 2~6 章介绍了 Kettle 工具转换相关的组件，包括源数据获取、记录处理、字段处理、高级转换、迁移和装载等内容，内容与 ETL 流程匹配，能帮助读者快速掌握 ETL；第 7 章介绍了 Kettle 工具任务的相关组件，能够帮助读者串联不同的任务，以及实现调度的功能；第 8 章介绍了无人售货机 ETL 项目，通过项目案例的形式，帮助读者将所学知识融会贯通。

本书可以作为高校数据科学或数据分析相关专业的教材，也可作为 ETL 爱好者的自学用书。

◆ 主　　编　王雪松　张良均
　副 主 编　陈　青　毛凌志　李毓海
　责任编辑　左仲海
　责任印制　王　郁　彭志环
◆ 人民邮电出版社出版发行　　北京市丰台区成寿寺路 11 号
　邮编　100164　　电子邮件　315@ptpress.com.cn
　网址　https://www.ptpress.com.cn
　三河市君旺印务有限公司印刷
◆ 开本：787×1092　1/16
　印张：14.25　　　　2021 年 3 月第 1 版
　字数：323 千字　　　2024 年 8 月河北第 8 次印刷

定价：49.80 元

读者服务热线：(010)81055256　印装质量热线：(010)81055316
反盗版热线：(010)81055315
广告经营许可证：京东市监广登字 20170147 号

大数据专业系列图书

专家委员会

序 FOREWORD

随着大数据时代的到来，移动互联网和智能手机迅速普及，多种形态的移动互联网应用蓬勃发展，电子商务、云计算、互联网金融、物联网、虚拟现实、机器人等不断渗透并重塑传统产业，而与此同时，大数据当之无愧地成为了新的产业革命核心。

2019年8月，联合国教科文组织以联合国6种官方语言正式发布《北京共识——人工智能与教育》，其中提出，各国要制定相应政策，推动人工智能与教育系统性融合，利用人工智能加快建设开放灵活的教育体系，促进全民享有公平、高质量、适合每个人的终身学习机会，这表明基于大数据的人工智能和教育均进入了新的阶段。

高等教育是教育系统中的重要组成部分，高等院校作为人才培养的重要载体，肩负着为社会培育人才的重要使命。教育部部长陈宝生于2018年6月21日在新时代全国高等学校本科教育工作会议上首次提出了“金课”的概念，“金专”“金课”“金师”迅速成为新时代高等教育的热词。如何建设具有中国特色的大数据相关专业，如何打造世界水平的“金专”“金课”“金师”和“金教材”是当代教育教学改革的难点和热点。

实践教学是在一定的理论指导下，通过实践引导，使学习者能够获得实践知识、掌握实践技能、锻炼实践能力、提高综合素质的教学活动。实践教学在高校人才培养中有着重要的地位，是巩固和加深理论知识的有效途径。目前，高校的大数据相关专业的教学体系设置过多地偏向理论教学，课程设置冗余或缺漏，知识体系不健全，且与企业实际应用契合度不高，学生无法把理论转化为实践应用技能。为了有效解决该问题，“泰迪杯”数据挖掘挑战赛组委会与人民邮电出版社共同策划了“大数据专业系列教材”。这恰与2019年10月24日教育部发布的《教育部关于一流本科课程建设的实施意见》（教高〔2019〕8号）中提出的“坚持分类建设、坚持扶强扶特、提升高阶性、突出创新性、增加挑战度”原则完全契合。

“泰迪杯”数据挖掘挑战赛自2013年创办以来一直致力于推广高校数据挖掘实践教学，培养学生数据挖掘的应用和创新能力。挑战赛的赛题均为经过适当简化和加工的实际问题，来源于各企业、管理机构和科研院所等，非常贴近现实热点需求。赛题中的数据只做必要的脱敏处理，力求保持原始状态。竞赛围绕数据挖掘的整个流程，从数据采集、数据迁移、数据存储、数据分析与挖掘，最终到数据可视化，涵盖了企业应用中的各个环节，与目前大数据专业人才培养目标高度一致。“泰迪杯”数据挖掘挑战赛不依赖于数学建模，甚至不依赖传统模型的竞赛形式，使得“泰迪杯”数据挖掘挑战赛在全国各大高校反响热烈，且得到了全国各界专家学者的认可与支持。2018年，“泰迪杯”数据挖掘挑战赛增加了子赛项——数据分析职业技能大赛，为高职及中职技能型人才培养提供理论、技术和资源方面的支持。截至2019年，全国共有近800所高校，约1万名研究生、5万名本科生、2万名高职生参加了“泰迪杯”数据挖掘挑战赛和数据分析职业技能大赛。

本系列教材的第一大特点是注重学生的实践能力培养，针对高校实践教学中的痛点，首次提出“鱼骨教学法”的概念。以企业真实需求为导向，学生学习技能紧紧围绕企业实际应用需求，将学生需掌握的理论知识，通过企业案例的形式进行衔接，达到知行合一、以用促学的目的。第二大特点是以大数据技术应用为核心，紧紧围绕大数据应用闭环的流程进行教学。本系列教材涵盖了企业大数据应用中的各个环节，符合企业大数据应用真实场景，使学生从宏观上理解大数据技术在企业中的具体应用场景及应用方法。

在教育部全面实施“六卓越一拔尖”计划2.0的背景下，对于如何促进我国高等教育人才培养体制机制的综合改革，如何重新定位和全面提升我国高等教育质量的问题，本系列教材将起到抛砖引玉的作用，从而加快推进以新工科、新医科、新农科、新文科为代表的一流本科课程的“双万计划”建设；落实“让学生忙起来，管理严起来和教学活起来”措施，让大数据相关专业的人才培养质量有一个质的提升；借助数据科学的引导，在文、理、农、工、医等方面全方位发力，培养各个行业的卓越人才及未来的领军人才。同时本系列教材将根据读者的反馈意见和建议及时改进、完善，努力成为大数据时代的新型“编写、使用、反馈”螺旋式上升的系列教材建设样板。

佛山科学技术学院校长
教育部高校大学数学教学指导委员会副主任委员
泰迪杯数据挖掘挑战赛组织委员会主任
泰迪杯数据分析技能赛组织委员会主任

2019年10月于粤港澳大湾区

前言 PREFACE

随着企业的数字化转型，大数据的应用场景逐渐增多，数据来源也日益丰富。为了能够让数据发挥更大的价值，需要通过 ETL 完成不同来源数据的抽取、清洗、合并、加载等操作。ETL 是将业务系统的数据经过抽取、清洗转换之后加载到数据仓库的过程，目的是将企业中的分散、零乱、标准不统一的数据整合到一起，为企业的决策提供分析依据。ETL 必将成为高校数据分析相关专业的重要课程之一。

本书特色

本书以实现 ETL 流程中的各类操作步骤为导向，通过任务的方式，深入浅出地介绍了通过 Kettle 实现 ETL 所需的步骤与流程。本书所有章节均采用总分结构，先总起陈述本章涉及的内容，而后将相关知识点一一道出。本书的设计思路以应用为导向，让读者明确如何利用所学知识来解决问题。本书同时配套课后练习，帮助读者巩固所学知识，使读者真正理解并能够应用所学知识。

本书全面贯彻党的二十大精神，以社会主义核心价值观为引领，加强基础研究、发扬斗争精神，为建成教育强国、科技强国、人才强国、文化强国添砖加瓦。本书内容由浅入深，第 1 章介绍了 ETL 的基本概念、常用 ETL 工具、Kettle 运行环境配置，以及 Kettle 基本操作；第 2 章介绍了源数据获取相关的组件，包括创建数据库连接、表输入、CSV 文件输入、Excel 输入等；第 3 章介绍了记录处理相关组件，包括排序记录、去除重复记录、替换 NULL 值等；第 4 章介绍了字段处理相关组件，包括字段选择、增加常量、将字段值设置为常量等；第 5 章介绍了高级转换相关组件，包括记录集连接、多路数据合并连接、单变量统计等；第 6 章介绍了迁移和装载相关组件，包括表输出、插入/更新、Excel 输出等；第 7 章介绍了任务及其相关组件，包括开始、转换、添加文件到结果文件中等；第 8 章介绍了无人售货机项目实战，包括了解无人售货机项目背景与目标、分组聚合客户订单、计算各商品销售金额、统计各售货机日销售金额、整理各售货机情况等。每章都配套有对应的习题，包括选择题和操作题，通过练习和操作实践，帮助读者巩固所学的内容。

本书适用对象

（1）开设有 ETL 相关课程的高校的教师和学生。

（2）ETL 应用开发人员。

（3）科研人员。

代码下载及问题反馈

为了帮助读者更好地使用本书，泰迪云课堂提供了配套的教学视频。如需获取书中的原始数据文件，读者可以从“泰迪杯”数据挖掘挑战赛网站免费下载，也可登录人民邮电出版社教育社区（www.ryjiaoyu.com）下载。为方便教师授课，本书还提供了 PPT 课件、教学大纲、教学进度表和教案等教学资源，教师可扫码下载申请表，填写后发送至指定邮箱申请所需资料。同时欢迎读者加入 QQ 交流群“人邮大数据教师服务群”（669819871）进行交流探讨。

由于编者水平有限，加之编写时间仓促，书中难免出现一些疏漏和不足之处。如果读者有更多的宝贵意见，欢迎在泰迪学社微信公众号（TipDataMining）回复“图书反馈”进行反馈。更多本系列图书的信息可以在“泰迪杯”数据挖掘挑战赛网站查阅。

编　者

2023 年 5 月

泰迪云课堂

“泰迪杯”数据挖掘挑战赛网站

申请表下载

目录 CONTENTS

第1章 开启ETL之旅

以计算机和网络为代表的信息技术，已经深深地扎根到人类的各种活动中，推进了网络强国、数字中国的建设。进入21世纪以来，随着移动互联网的飞速发展，更是以指数增长的方式，产生了海量的信息数据。如何从海量数据中获得并抽取出有用的数据，供大数据分析和人工智能应用，成为当今的热门课题。ETL（Extract-Transform-Load）是将数据从数据来源端经过抽取、转换、装载至目标端的过程。本章将介绍ETL的基本概念和相关技术，并以流行的ETL工具Kettle为例，介绍Kettle及支撑其运行的Java JDK工具包、MySQL数据库等软件的安装，以及Kettle运行环境的配置，并通过介绍Kettle的界面、运行和结果查看等基础操作，开启ETL之旅。

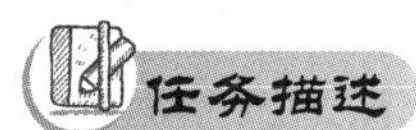

学习目标

（1）了解ETL的基本概念和典型的ETL工具。
（2）掌握Kettle运行环境的安装和配置。
（3）熟悉Kettle的界面。
（4）掌握Kettle的基础操作。

任务1.1 认识ETL

任务描述

ETL是对数据进行抽取、转换和装载的过程，是共享或合并一个或一个以上的企业应用数据，创建具有更多功能的数据应用过程。通过了解常用的ETL工具Kettle及其基本概念，使读者熟悉Kettle的功能构成、特点和应用场景，更好地认识ETL的作用和特点。

任务分析

（1）了解ETL的基本概念。
（2）了解ETL的常用工具。
（3）熟悉Kettle的优点。

1.1.1 了解ETL

ETL的3个字母分别代表Extract（抽取）、Transform（转换）和Load（装载）。ETL

不仅仅是对一个企业部门、一个应用系统数据的简单整理，更是跨部门、跨系统的数据整合处理。ETL 在企业数据模型的基础上，构建合理的数据存储模式，建立企业的数据交换平台，满足各个应用系统之间的数据交换需求，提供全方位的数据服务，并满足企业决策的数据支持需求。

ETL 原本是作为构建数据仓库的一个环节，负责将分布的、异构数据源中的数据，如关系数据、平面数据文件等抽取至临时中间层后进行清洗、转换、集成，最后加载至数据仓库或数据集市中，成为联机分析处理、数据挖掘的基础。现在，ETL 也越来越多地应用于信息系统中数据的迁移、交换和同步等场景中。

1. 基本概念

ETL 主要包括数据抽取、数据转换、数据装载 3 部分内容，具体如下。

（1）数据抽取：从数据源端的系统中，抽取目标端系统需要的数据。

（2）数据转换：将从数据源端获取的数据按照业务需求，转换成目标端要求的数据形式，并对错误、不规范、不一致的数据（俗称“脏”数据）进行清洗和加工。

（3）数据装载：将转换后的数据装载到指定数据库或文件中。

2. 相关技术

ETL 的主要环节是数据抽取、数据转换与加工、数据装载。为了实现这些功能，各个 ETL 工具一般会进行一些功能上的扩充，例如，工作流、调度引擎、规则引擎、脚本支持、统计信息等。ETL 采用的技术如下。

（1）数据抽取

数据抽取是从数据源中抽取数据的过程。在实际业务中，数据主要存储在数据库中。从数据库中抽取数据一般有以下两种方式。

① 全量抽取：类似于数据迁移或数据复制，它将数据源中的表或视图的数据，原封不动地从数据库中抽取出来，并转换成 ETL 工具可以识别的格式。

② 增量抽取：只抽取自上一次抽取以来，数据库中要抽取的表中新增或修改的数据。在 ETL 使用过程中，相比于全量抽取，增量抽取的应用范围更广。如何捕获变化的数据是增量抽取的关键。

对于捕获方法，有两点要求：第一是准确性，将业务系统中的变化数据，按一定的频率准确地捕获到；第二是性能，不能对业务系统造成太大的压力，从而影响现有业务。

增量数据抽取中，常用的捕获变化数据的方法如表 1-1 所示。

表 1-1　增量数据抽取常用的捕获变化数据的方法

方法名称	方法说明
触发器	在要抽取的表上建立需要的触发器，一般要建立插入、修改、删除 3 个触发器，每当源表中的数据发生变化，相应的触发器就将变化的数据写入一个临时表，抽取线程从临时表中抽取数据，临时表中抽取过的数据被标记或删除。触发器方式的优点是数据抽取的性能较高，缺点是要求业务表建立触发器，对业务系统有一定的影响

续表

方法名称	方法说明
时间戳	在源表上增加一个时间戳字段，系统中更新修改表数据的时候，同时修改时间戳字段的值。当进行数据抽取时，通过比较系统时间与时间戳字段的值，来决定抽取哪些数据。有的数据库的时间戳支持自动更新，即表的其他字段的数据发生改变时，自动更新时间戳字段的值。有的数据库不支持时间戳的自动更新，这就要求业务系统在更新业务数据时，手工更新时间戳字段。同触发器方式一样，时间戳方式的性能也比较高，数据抽取相对清楚简单，但对业务系统需要加入额外的时间戳字段，特别是对不支持时间戳的自动更新的数据库，还要求业务系统进行额外的更新时间戳操作。另外，无法捕获时间戳之前的、对数据进行的删除和更新操作，在数据准确性上受到了一定的限制
全表比对	典型的全表比对的方式是采用MD5（信息摘要算法）校验码。ETL工具事先为要抽取的表建立一个结构类似的MD5临时表，该临时表记录源表主键，以及根据所有字段的数据计算出来的MD5校验码。每次进行数据抽取时，对源表和MD5临时表进行MD5校验码的比对，从而决定源表中的数据是新增、修改还是删除，同时更新MD5校验码。MD5方式的优点是对源系统的影响较小，仅需要建立一个MD5临时表，但缺点也是显而易见的，与触发器和时间戳方式中的主动通知不同，MD5方式是被动地进行全表数据的比对，性能较差。当表中没有主键，或唯一列且含有重复记录时，MD5方式的准确性较差
日志对比	通过分析数据库自身的日志判断变化的数据。甲骨文Oracle数据库的改变数据捕获（Changed Data Capture，CDC）技术是这方面的代表，CDC特性是在Oracle9i数据库中引入的。CDC能够帮助识别从上次抽取之后发生变化的数据。利用CDC，在对源表进行插入、更新和删除等操作的同时即可提取数据，并且变化的数据被保存在数据库的变化表中。这样即可捕获发生变化的数据，然后利用数据库视图以一种可控的方式将其提供给目标系统。CDC体系结构基于发布者/订阅者模型，发布者捕捉变化数据并提供其给订阅者，订阅者从发布者那里获得变化数据。通常，CDC系统拥有一个发布者和多个订阅者。发布者首先识别捕获变化数据所需的源表，然后捕捉变化的数据，并将其保存在特别创建的变化表中，它还使订阅者能够控制对变化数据的访问。订阅者需要清楚自己感兴趣的是哪些变化数据，一个订阅者可能不会对发布者发布的所有数据都感兴趣。订阅者需要创建一个订阅者视图，来访问经发布者授权可以访问的变化数据。CDC分为同步模式和异步模式，同步模式实时地捕获变化数据并将其存储到变化表中，发布者与订阅都位于同一数据库中；异步模式则是基于Oracle的流复制技术

此外，除了数据库外，ETL抽取的数据还可能是文件，例如，TXT文件、CSV文件、Excel文件和XML文件等。对于文件数据的抽取，一般是进行全量抽取，一次抽取前可保存文件的时间戳或计算文件的MD5校验码，下次抽取时进行比对，如果时间戳或计算文件的MD5校验码相同，那么可忽略本次抽取。

（2）数据转换和加工

从数据源中抽取的数据，不一定完全满足业务要求，如数据格式不一致、数据输入错误、数据不完整等，因此有必要对抽取出的数据进行数据转换和加工。

① ETL 引擎中的数据转换和加工。ETL 引擎中一般以组件化的方式实现数据转换。常用的数据转换组件有字段映射、数据过滤、数据清洗、数据替换、数据计算、数据验证、数据加解密、数据合并、数据拆分等。这些组件可以任意组合，各组件之间通过数据总线共享数据。

有些 ETL 工具还提供了脚本支持，读者可以以一种编程的方式定制数据的转换和加工操作。

② 在数据库中进行数据加工。关系数据库本身已经提供了强大的 SQL 和函数支持数据的加工，如在 SQL 查询语句中添加 where 条件进行过滤，查询重命名字段名与目的表进行映射，以及 substr 函数、case 条件判断等。

相比在 ETL 引擎中进行数据转换和加工，直接在 SQL 语句中进行转换和加工更加简单清晰，性能更高，对于 SQL 语句无法处理的数据，可以交由 ETL 引擎处理。

（3）数据装载

数据装载是将转换和加工后的数据装载到指定数据库或文件的过程，是 ETL 的最后步骤。装载数据的最佳方法取决于所执行操作的类型以及需要装入多少数据。当需要将数据装载至数据库时，有以下两种装载方式。

① 直接使用 SQL 语句进行插入、更新、删除操作。

② 采用批量装载方法，如 BCP（导出）、BULK（导入）、关系数据库特有的批量装载工具或 API。

多数情况下使用第一种方法，但针对大数据时，批量装载方法的优化更好，效率更高。

1.1.2 选择 ETL 工具

根据不同的供应商可将 ETL 工具分为两种，一种是数据库厂商自带的 ETL 工具，如甲骨文数据仓库生成器（Oracle Warehouse Builder，OWB）、甲骨文数据生成器（Oracle Data Integrator，ODI）。另一种是第三方工具提供商，如 Kettle、Informatica。开源世界中，也有很多的 ETL 工具，功能各异，强弱不一。

1. 典型工具

（1）Oracle Data Integrator

甲骨文数据生成器（Oracle Data Integrator，ODI）前身是 Sunopsis 公司的数据集成平台（Active Integration Platform），其在 2006 年底被 Oracle 收购，整合并重新命名为 Oracle Data Integrator，适用于 ETL 和数据集成的场景。与 Oracle 原来的 ETL 工具 OWB 相比，ODI 有一些显著的特点，比如：虽然 ODI 和 OWB 一样都是 ELT 架构，但是 ODI 比 OWB 支持更多的异构的数据源；ODI 提供了调用 Web 服务的机制，并且 ODI 的接口也可以为 Web 提供服务，支持和面向服务框架（SOA）环境进行交互；ODI 能够检测事件，一个事件可以触发 ODI 的一个接口流程，从而完成近乎实时的数据集成。

ODI 主要功能有以下特点。

① 使用 CDC 作为变更数据捕获的捕获方式。

② 代理支持并行处理和负载均衡。

③ 完善的权限控制、版本管理功能。

④ 支持数据质量检查，清洗和回收脏数据。

⑤ 支持与Java信息服务（Java Message Service，JMS）消息中间件集成。

⑥ 支持Web服务。

（2）SQL Server Integration Services

微软数据集成器（SQL Server Integration Services，SSIS）是SQL Server 2005的新成员。在SQL Server的早期版本中，其实已经有了SSIS的雏形，那时SSIS的名称为数据转换服务（DTS）。在SQL Server 2005的前两个版本SQL Server 7.0和SQL Server 2000中，DTS主要负责提取和加载。通过使用DTS，可以从任何数据源中提取数据并装载至其他数据库或文件中。SQL Server 2005对DTS进行了重新设计和改进，从而形成了SSIS。SSIS提供了数据相关的控制流、数据流、日志、变量、事件、连接管理等基础设施。控制流也称为工作流或任务流，它更像工作流，在工作流中每个组件都是一个任务。这些任务是按预定义的顺序执行的。任务流中可能有分支，当前任务的执行结果决定沿哪条分支前进。数据流是新的概念。数据流也称为流水线，主要解决数据转换的问题。数据流由一组预定义的转换操作组成。数据流的起点通常是数据源（源表）；数据流的终点通常是数据的目的地（目标表）。可以将数据流的执行认为是一个流水线的过程。在该过程中，每一行数据都是装配线中需要处理的零件，而每一个转换都是装配线中的处理单元。

（3）Kettle

Kettle是Pentaho数据集成器（Pentaho Data Integration，PDI）的前身，由于Kettle已经被广大开发者接受，所以从业者都习惯性地把PDI也称为Kettle。Kettle是“Kettle E.T.T.L. Environment”的首字母缩写，表示抽取、转换、装入和加载数据，翻译成中文是水壶的意思，希望把各种数据放到一个壶里，像水一样，以一种指定的格式流出，表达数据流的含义。

Kettle的主要作者是马特·卡斯特尔（Matt Casters），他在2003年开始了Kettle工具的开发。Kettle在2006年初加入了开源的Pentaho公司，并正式命名为Pentaho Data Integration，之后PDI的发展越来越快，关注的人也越来越多。自2017年9月20日起，Pentaho被日本日立集团下的新公司Hitachi Vantara合并。

Kettle常见用途有以下5个方面。

① 不同数据库和应用程序之间的数据迁移。

② 充分利用云、集群和大规模并行处理环境，将大量数据集加载至数据库中。

③ 通过从非常简单到非常复杂的转换步骤进行数据清理。

④ 数据集成，包括利用实时ETL作为报表数据源的能力。

⑤ 内置支持缓慢变化的维度和代理键创建的数据仓库填充。

2. 工具选择

在数据整合和处理中，选择ETL工具，通常考虑以下6个方面的因素。

（1）对平台的支持程度。

（2）对数据源的支持程度。

（3）抽取和装载的性能是不是较高，且对业务系统的性能影响大不大，倾入性高不高。

（4）数据转换和加工的功能强不强。

（5）是否具有管理和调度功能。

（6）是否具有良好的集成性和开放性。

Kettle 是业界最受欢迎、使用人数最多和应用范围最广泛的 ETL 数据整合工具之一，深受用户的喜爱。相比于其他主流的 ETL 工具，Kettle 的优势如表 1-2 所示。

表 1-2　Kettle 的优势

序号	优　势	描　　述
1	开源软件，无须付费，技术支持强	纯 Java 编写，即使商业用户也没有限制。出现问题可以到社区咨询，技术支持遍布全世界
2	容易配置，支持多平台	可以在 Windows、Linux、UNIX 上运行，数据抽取高效稳定
3	图形界面，易用性	有非常容易使用的 GUI 图形用户界面（Graphical User Interface，GUI），基本上无须培训
4	部署简单，无须安装	纯 Java 编写，支持多平台，无须安装
5	强大的基础数据转换和工作流控制	拥有转换和任务两种脚本文件，有强大的基础数据转换和工作流控制，有较好的监控日志
6	强大的任务管理和定时调度功能	在任务管理中，使用开始组件模块，设置定时功能，可以以每日、每周或每月等方式设置定时执行任务
7	全面的数据访问和支持	支持非常广泛的数据库和数据文件，可以通过插件扩展
8	要求技能不高，上手容易	了解数据建模，熟悉 ETL 设计和 SQL 语句操作即可

3. Kettle 软件简介

Kettle 由以下 4 个部分功能组成。

（1）SPOON：用户通过图形界面来设计 ETL 转换过程。

（2）PAN：允许用户使用时间调度器，批量运行由 SPOON 设计的 ETL 转换。PAN 是一个后台执行的程序，以命令行方式执行转换，没有图形界面。

（3）CHEF：允许用户创建 Job（作业）任务。作业任务通过设置的转换、任务和脚本等，来进行自动化更新数据仓库等复杂工作。

（4）KITCHEN：允许用户批量使用由 CHEF 设计的任务，如使用一个时间调度器，由时间触发执行相应的任务。KITCHEN 也是一个后台运行的程序，以命令行方式执行作业任务。

作为广受用户欢迎的 ETL 工具，Kettle 具有以下特点。

（1）开源软件，可以在多个常用的操作系统下运行。

（2）图形化操作，使用十分简单与方便。

（3）支持多种常用数据库和文件的数据格式，适应范围广。

（4）具有完整的工作流控制，能够较好地控制复杂的数据转换工作。

（5）提供定时调度功能，方便用户及时处理数据。

ETL属于偏底层的数据基础性工作，应用场景很多。从模式上划分，Kettle主要有以下3种应用场景。

（1）表视图模式。在同一网络环境下，对各种数据源的表数据进行抽取、过滤、清洗等，如历史数据同步、异构系统数据交互、数据发布或备份等都归属于表视图模式。

（2）前置机模式。前置机模式是典型的数据交换应用场景。以数据交换的A方和B方为例，A和B双方的网络不通，但是A和B都可以与前置机C进行连接，双方约定好前置机的数据结构，这个结构与A和B的数据结构基本上是不一致的，用户把应用数据按照数据标准推送到前置机上。以此类推，同样可以处理三方及以上的数据交换。

（3）文件模式。以数据交换的A和B方为例，A和B双方在物理上完全隔离，只能通过文件的方式来进行数据交互。文件类型有多种，如TXT、Excel、SQL和CSV等文件类型，在A方应用中开发一个接口用于生成标准格式的CSV文件，然后用USB盘或其他介质在某一时间复制文件，接入到B方的应用上，在B方上按照标准接口解析相应的文件，并接收数据。以此类推，同样可以处理三方及以上的文件。

ETL的数据处理过程主要包括数据初始化、迁移、同步、清洗、导入导出等步骤。从过程上划分，Kettle有以下5种应用场景。

（1）数据初始化。数据初始化是导入基础类数据，此时的数据可能有多种，如文本文件数据、从其他数据库中获取的数据、从Web服务中获取的数据等，数据经过处理后写入目标数据库中。初始化场景的关注点在于多种数据源。

（2）数据迁移。将某些数据迁移至另一个地方或几个地方。

（3）数据同步。数据同步是指将数据实时（较短时间内）同步至另一个提供查询或统计功能的数据库中。

（4）数据清洗。强调数据清洗过程，数据会经过校验、去重、合并、删除、计算等处理。

（5）导入导出。将经过清洗处理的数据导入导出到数据库或文件中。

任务1.2 配置Kettle运行环境

任务描述

Kettle是一款纯Java编写的开源ETL工具，需要在Java运行环境下才能正常使用。此外，由于Kettle本身并不具有数据存储系统，所以需要配合MySQL数据库才能够更好地存储相关资源与数据。为了成功启动Kettle工具，需要配置完整的Kettle运行环境，下载Java JDK工具包、MySQL安装包和Kettle工具包，并按照步骤进行安装。

任务分析

（1）安装Java JDK工具包。

（2）配置Java环境变量。

（3）安装MySQL数据库。

（4）安装Kettle和配置运行环境。

（5）启动Kettle工具。

1.2.1 安装 JDK

JDK 是 Java 的开发编译环境，JDK 包含了很多类库，即 Jar 包，还有 JRE（Java 运行环境）、JVM（Java 虚拟机）。JDK 是 Java 语言开发的基础工具包，是 Java 程序运行的基础，也是各种 IDE 开发环境的基础。

1. 下载并安装 JDK 工具包

在 JDK 官网下载 JDK。考虑到适用性和稳定性，建议读者下载最新的版本。本书使用的 JDK 安装包版本是 jdk-8u221-windows-x64.exe。

JDK 下载完成后，双击下载的 EXE 文件，开始安装 JDK。有关 JDK 的安装过程，可以参考有关 JDK 安装操作指南。安装时，可以修改安装 JDK 的目录，如“D:\jdk1.8.0_221”。

2. 设置环境变量

安装好 JDK 后，开始配置 Java 的环境变量。环境变量的作用是让操作系统知道执行程序和执行程序的位置，方便运行执行程序。由于 Windows 操作系统版本不同，所以环境变量的设置略有不同。以 Windows 7 为例，双击桌面上的【计算机】图标，在弹出的【计算机】对话框中，依次单击【系统属性】→【环境变量】，即可开始配置。

（1）新建并设置 JAVA_HOME 环境变量。将 JAVA_HOME 设置为 Java JDK 的安装路径，如图 1-1 所示。

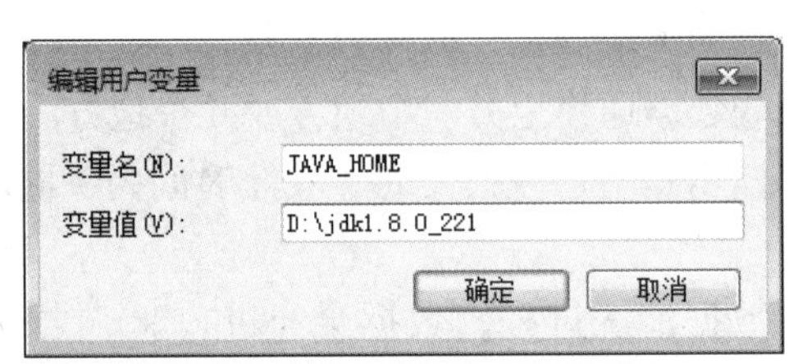

图 1-1 设置 JAVA_HOME 环境变量

（2）修改 Path 环境变量。Path 环境变量中记录的是如.exe 等可执行文件的路径。对于可执行文件，系统先在当前路径中去找，如果没有找到，再去 Path 环境变量中查找。修改 Path 环境变量的方法是将值“;%JAVA_HOME%\bin;% JAVA_HOME%\jre\bin;”添加至当前 Path 环境变量值的后面，如图 1-2 所示。

（3）设置 CLASSPATH 环境变量。CLASSPATH 环境变量的作用是保证 Java 的 class 文件可以在任意目录下运行，若 Java JDK 的版本在 1.7 以上，则不需要设置 CLASSPATH 环境变量。CLASSPATH 环境变量的设置方法是将 CLASSPATH 环境变量设置为“;%JAVA_HOME%\bin;%JAVA_HOME %\lib\dt.jar;%JAVA_HOME%\lib\tools.jar”，如图 1-3 所示。

图 1-2 修改 Path 环境变量

图 1-3 设置 CLASSPATH 环境变量

成功安装 Java JDK 并设置环境变量后，在命令行状态下，输入 java-version，将会显示出 Java 的版本号等信息，表示成功安装 Java JDK 工具包，如图 1–4 所示。

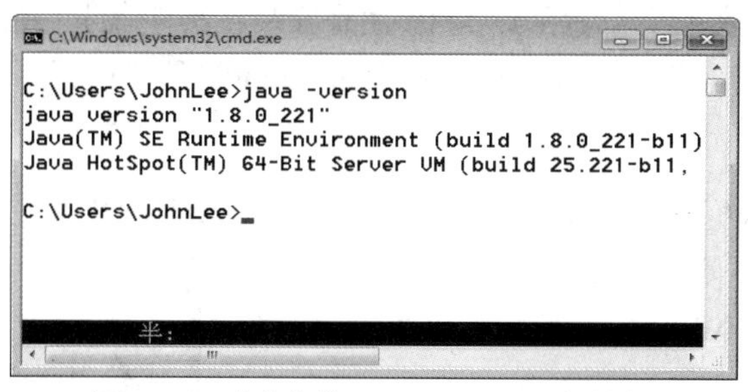

图 1–4　成功安装 Java JDK 工具包信息

1.2.2　安装 MySQL 数据库

MySQL 是最流行的关系型数据库之一，所使用的 SQL 语言是访问数据库的最常用标准化语言。由于 MySQL 的体量小、速度快、总体拥有成本低，尤其是开放源码的特点，所以一般计算机开发者和中小企业开发都选择 MySQL 数据库作为开发项目的数据库。

1. 下载 MySQL 数据库安装包并安装

在 MySQL 官网下载 MySQL 数据库安装包。MySQL 数据库有多个版本，当前（2020 年 2 月）最新为 8.0.19 版本，如图 1–5 所示。由于 MySQL 8.x 的版本加密方式和其他一些用法与 MySQL 5.x 有所不同，所以比较成熟、使用较多的是 5.5、5.6 或 5.7 版本，读者可根据自己的实际情况下载有关版本。MySQL 数据库的安装软件有安装包和解压包两种方式，建议下载安装包，如 mysql-8.0.19-winx64.msi 安装包。

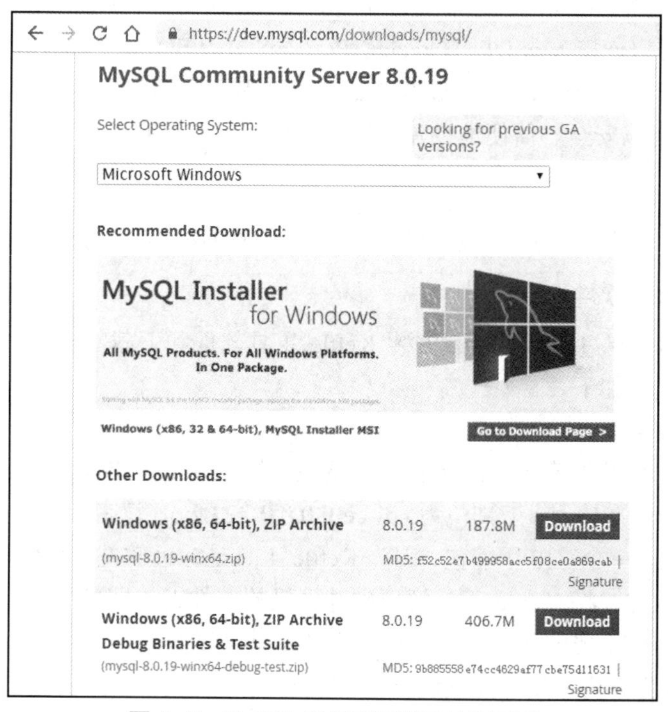

图 1–5　MySQL 数据库下载网址和页面

MySQL 数据库安装包下载完成后，双击下载的安装包文件即可开始安装，有关 MySQL 数据库的安装过程可参考有关 MySQL 数据库安装操作指南。在安装过程中，由于数据库需要存储数据，所以建议不要安装在 C 盘上，而是安装在其他盘上，并且需要设置好 MySQL 数据库的用户和密码，如将用户和密码分别设为“root”和“123”。

2. MySQL 启动

安装好 MySQL 数据库后，系统自动在 Windows 开始菜单中建立 MySQL 数据库菜单，本书中有关数据库实例使用的是 MySQL 5.5 数据库。MySQL 5.5 数据库在 Windows 开始菜单中的显示如图 1-6 所示。

MySQL
MySQL Server 5.5
MySQL 5.5 Command Line Client

图 1-6 MySQL 数据库菜单

单击图 1-6 所示的【MySQL 5.5 Command Line Client】选项，弹出 MySQL 数据库的命令行客户端，如图 1-7 所示，表示 MySQL 数据库已成功安装，此时可以创建数据库、输入有关 SQL 命令进行有关数据库的操作。

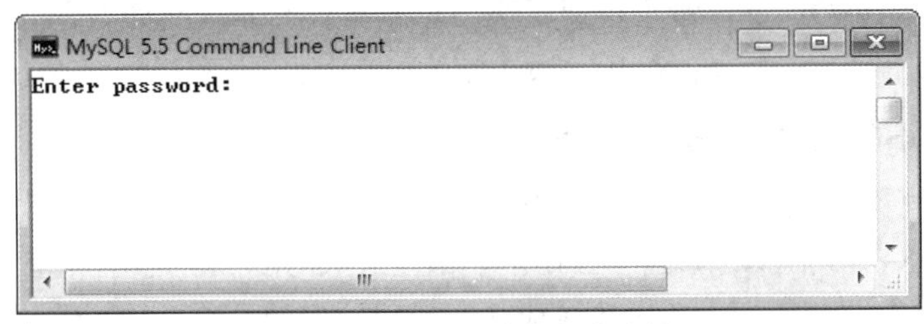

图 1-7 MySQL 命令行客户端

由于在命令行客户端中，需要键盘输入有关 SQL 命令，才能进行数据库操作，建议读者下载并安装一个图形界面的数据库管理工具，如 Navicat。Navicat 是一个连接多种数据库的管理工具，可以连接 MySQL、Oracle、PostgreSQL、SQLite、SQL Server 和 MariaDB 等数据库，方便管理不同类型的数据库。Navicat 容易学习，使用简单，具有完备的图形用户界面（GUI），可以安全、简便地创建、组织、访问和共享有关数据库。

1.2.3 配置 Kettle

配置 Kettle 包括安装 Kettle，配置与数据库连接的 Jar 包，启动 Kettle 等。

1. 安装 Kettle 软件

Kettle 软件的安装过程分为下载安装 Kettle 工具软件和下载 MySQL 数据库连接 Java 包两部分内容，具体如下。

（1）下载和安装 Kettle 工具软件

在 Kettle 官方网站搜索 Kettle 工具包的下载链接，单击链接即可打开网页下载。当前（2020 年 5 月）最新的 Kettle 工具包为 pdi-ce-9.0.0.0-423.zip，读者也可以下载之前的版本。

Kettle 工具包是一个 ZIP 压缩包，因为 Kettle 工具是绿色软件，无须安装，所以下载完成后，使用解压软件，将 Kettle 工具解压到计算机的文件夹下即可。对于 Kettle 工具包的解压路径，同样建议不要解压至操作系统所在的 C 盘上，例如，可将 Kettle 工具包解压至 D 盘，Kettle 的文件夹为“D:\data-integration”。

（2）下载 MySQL 数据库连接 Java 包

下载 MySQL 数据库连接 mysql-connector-java-5.1.47.jar 包。下载完成后，将其复制至 Kettle 解压安装的路径下的 lib 文件夹下，例如，将该 Jar 包复制至“D:\data-integration\lib”文件夹下。

2. 启动 Kettle 软件

在 Kettle 解压安装的文件夹中，选择并双击 Spoon.bat 批处理文件，如图 1-8 所示，即可启动 Kettle 软件。

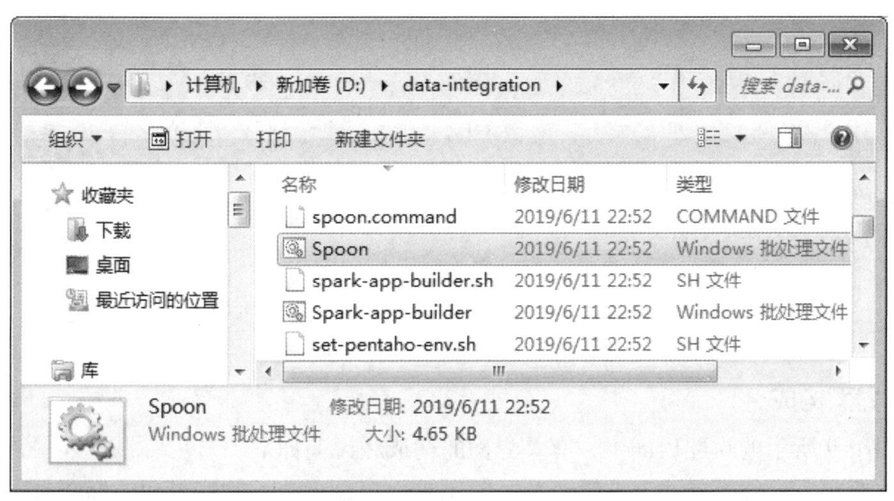

图 1-8　启动 Kettle 软件

任务 1.3　熟悉 Kettle 基本操作

任务描述

Kettle 工具提供友好的图形界面，通过建立转换工程、任务工程，分别创建转换、任务组件，进行数据整合和处理。通过建立示例【转换 1】转换工程和【任务 1】任务工程，熟悉有关创建组件、设置参数和预览结果等操作。

任务分析

（1）建立【转换 1】转换工程和【作业 1】任务工程，熟悉 Kettle 界面和界面的菜单操作。

（2）创建转换组件和任务组件。

（3）启动转换和任务工程，预览数据并查看工程的执行结果。

1.3.1　认识 Kettle 界面

读者可以通过图形界面设计 ETL 转换过程。启动 Kettle 后，弹出 Kettle 的欢迎界面，如图 1-9 所示。

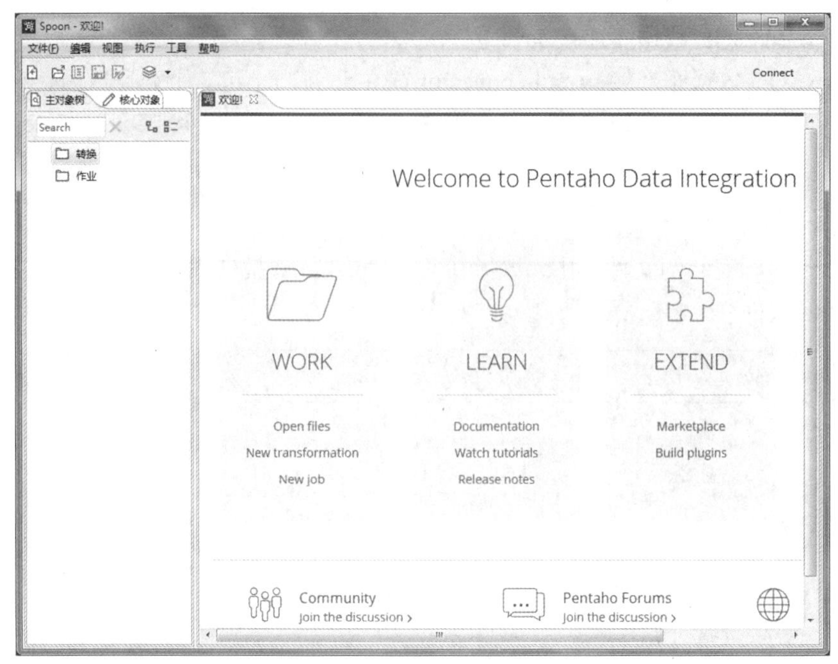

图 1-9　Kettle 欢迎界面

1．界面构成

在图 1-9 所示的欢迎界面中，有关界面的构成和说明如下。

（1）标题栏：位于界面上方第 1 栏，显示界面标题名称，欢迎界面的标题为“Spoon–欢迎!”。

（2）菜单栏：位于界面的第 2 栏，分别有【文件(F)】【编辑】【视图】【执行】【工具】【帮助】6 个菜单项。

（3）快捷菜单图标栏：位于界面的第 3 栏，显示图形化的常用和重要的菜单项，方便读者使用，快捷菜单图标栏中各个图标说明如表 1-3 所示。

表 1-3　快捷菜单图标说明

图　标	说　　明	图　标	说　　明
	新建文件图标		保存文件图标
	打开文件图标		使用不同名称保存文件图标
	探索资源库图标		视图类型图标

（4）组件区域：位于界面的第 4 栏及第 4 栏以下左边的区域，分别是【主对象树】选项卡和【核心对象】选项卡。【主对象树】选项卡显示的是已经创建好的转换工程或任务工程包含的对象和组件；【核心对象】选项卡显示的是所有对象和组件，这些对象和组件，可以应用于转换工程或任务工程中。有关组件的内容将在 1.3.2 小节进行介绍。

（5）工作区域：位于界面的第 4 栏及第 4 栏以下右边的区域，在工作区域中，可以创建转换工程或任务工程，创建工程的组件和组件之间的连接。有关工作区域的内容将在 1.3.2 小节进行介绍。

2. 菜单说明

（1）【文件(F)】菜单

单击图1–9所示的【文件(F)】菜单，弹出【文件(F)】快捷菜单，如图1–10所示。有关【文件(F)】快捷菜单选项的说明如表1–4所示。

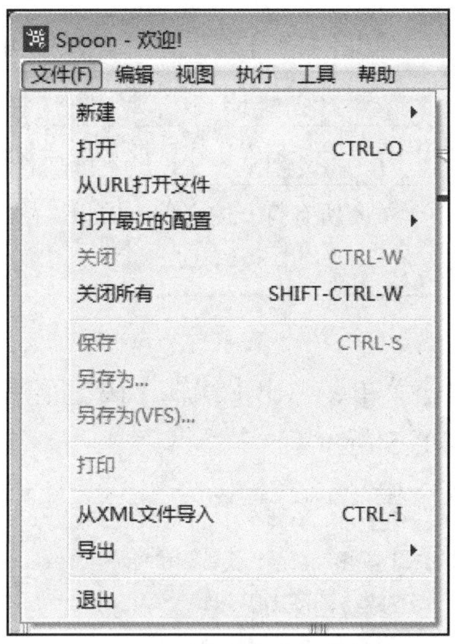

图1–10 【文件(F)】快捷菜单

表1–4 【文件(F)】快捷菜单选项的说明

菜单项名称	作用说明
新建	① 依次单击【新建】→【转换】菜单项，或使用Ctrl+N组合键，创建一个转换工程。 ② 依次单击【新建】→【作业(J)】菜单项，或使用Ctrl+Alt+N组合键，创建一个任务工程。 ③ 在转换工程或任务过程中，依次单击【新建】→【数据库连接】菜单项，创建一个数据库连接
打开	单击此菜单项，或使用Ctrl+O组合键，弹出【打开】对话框，浏览并打开转换工程、任务工程和XML等文件
从URL打开文件	单击此菜单项，弹出对话框，浏览并打开转换工程、任务工程文件
打开最近的配置	单击此菜单项，选择并打开最近使用的转换工程、任务工程文件
关闭	单击此菜单项，或使用Ctrl+W组合键，关闭光标所在工作区域的、正在使用的一个转换工程、任务工程文件
关闭所有	单击此菜单项，或使用Shift+Ctrl+W组合键，关闭所有正在使用转换工程、任务工程等文件
保存	单击此菜单项，或使用Ctrl+S组合键，保存光标所在工作区域的、正在使用的一个转换工程、任务工程文件

续表

菜单项名称	作用说明
另存为…	单击此菜单项，把光标所在工作区的、正在使用的一个转换工程、任务工程文件，另存为其他名称的文件夹或文件
从 XML 文件导入	单击此菜单项，弹出【打开】对话框，浏览并打开转换工程、任务工程和 XML 等文件
导出	单击此菜单项，导出光标所在工作区的文件到 XML 文件
退出	单击此菜单项，关闭所有打开的文件，关闭之前，提示是否保存未保存的文件，并退出 Kettle 软件

（2）【编辑】菜单

单击图 1-9 所示的【编辑】菜单，弹出【编辑】快捷菜单，如图 1-11 所示。有关【编辑】快捷菜单选项的说明如表 1-5 所示。

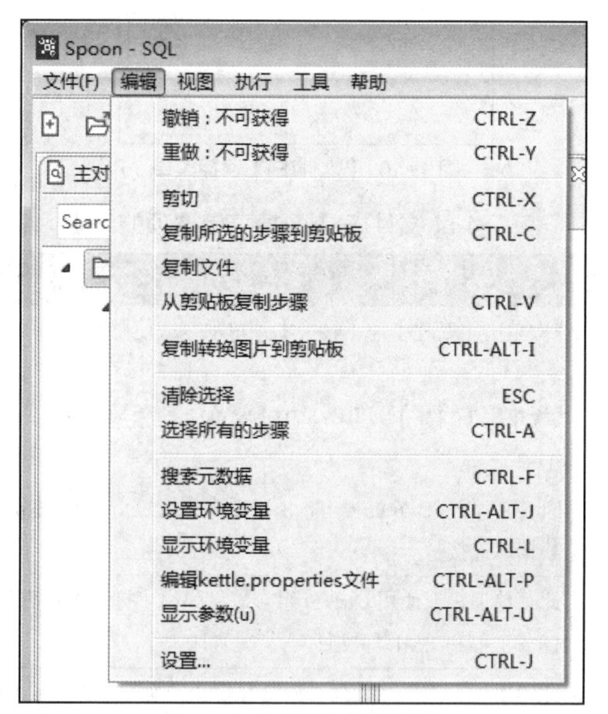

图 1-11 【编辑】快捷菜单

表 1-5 【编辑】快捷菜单选项的说明

菜单项名称	作用说明
剪切	单击此菜单项，剪贴工作区中的被选中的组件等对象
复制所选的步骤到剪贴板	单击此菜单项，复制工作区中的被选中的组件等对象到剪贴板
从剪贴板复制步骤	单击此菜单项，把剪贴板中的组件复制到工作区域中
复制转换图片到剪贴板	单击此菜单项，把工作区域中的有关组件和连接作为图片复制到剪贴板中

续表

菜单项名称	作用说明
清除选择	单击此菜单项，清除已选择有关组件
选择所有的步骤	单击此菜单项，选择工作区域中所有的组件
搜索元数据	单击此菜单项，搜索工程中的元数据
设置环境变量	单击此菜单项，创建或设置当前工程的环境变量的值
显示环境变量	单击此菜单项，显示当前工程中的环境变量和值
编辑 kettle.properties 文件	单击此菜单项，编辑 kettle.properties 有关属性文件中的值
显示参数(u)	单击此菜单项，显示当前工程中的参数及值
设置…	单击此菜单项，设置当前工程中的有关属性

（3）【视图】菜单

单击图 1-9 所示的【视图】菜单，弹出【视图】快捷菜单，如图 1-12 所示。有关【视图】快捷菜单选项的说明如表 1-6 所示。

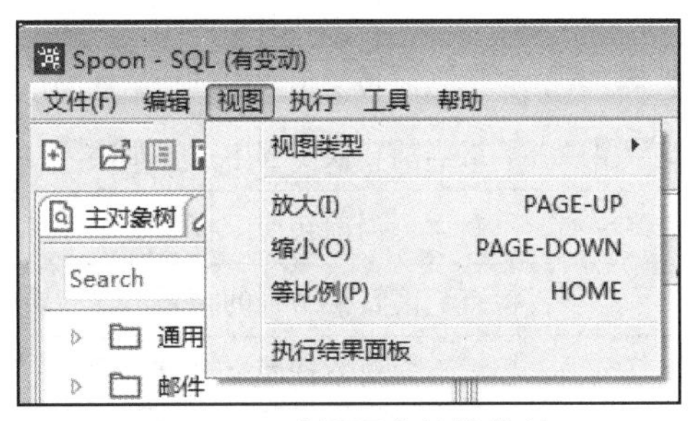

图 1-12 【视图】快捷菜单

表 1-6 【视图】快捷菜单选项的说明

菜单项名称	作用说明
视图类型	选中此菜单项，显示视图类型为 Data Integration
放大(I)	单击此菜单项，放大工作区域的组件图形
缩小(O)	单击此菜单项，缩小工作区域的组件图形
等比例(P)	单击此菜单项，等比例恢复工作区域的组件图形的大小
执行结果面板	单击此菜单项，显示/隐藏工作区域中的执行结果面板

（4）【执行】菜单

单击图 1-9 所示的【执行】菜单，弹出【执行】快捷菜单，如图 1-13 所示。有关【执行】快捷菜单选项的说明如表 1-7 所示。

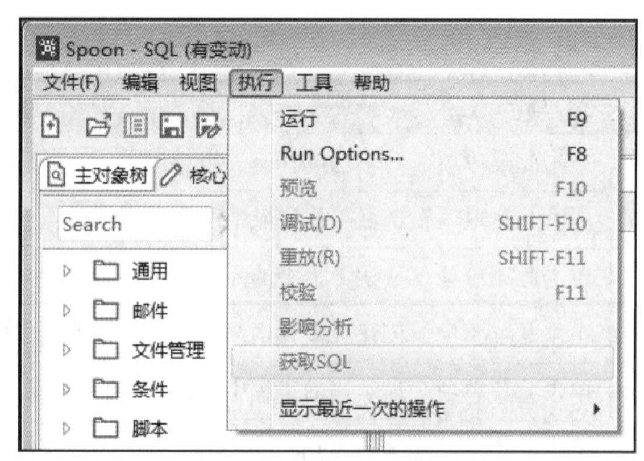

图 1-13 【执行】快捷菜单

表 1-7 【执行】快捷菜单选项的说明

菜单项名称	作用说明
运行	单击此菜单项，或按 F9 快捷键，运行当前的工程
Run Options…	单击此菜单项，或按 F8 快捷键，设置当前工程的运行参数（设置完成后可直接运行）
预览	单击此菜单项，预览当前转换工程中选择组件的数据
调试(D)	单击此菜单项，调试当前转换工程中选择组件
重放(R)	单击此菜单项，重新运行当前转换工程
校验	单击此菜单项，检查当前转换工程的结果
影响分析	单击此菜单项，显示转换对数据库有没有影响
获取 SQL	单击此菜单项，显示当前转换工程获取的 SQL
显示最近一次的操作	单击此菜单项，显示最近一次操作

（5）【工具】菜单

单击图 1-9 所示的【工具】菜单，弹出【工具】快捷菜单，如图 1-14 所示。有关【工具】快捷菜单选项的说明如表 1-8 所示。

图 1-14 【工具】快捷菜单

表 1-8 【工具】快捷菜单选项的说明

菜单项名称	作用说明
数据库	单击此菜单项，浏览当前工程的数据库连接，或清除缓存
资源库	单击此菜单项，探索、导入、导出当前工程的资源库，或清除共享对象缓存
向导(W)	单击此菜单项，在当前工程中，创建数据库连接向导，或复制单表向导，或复制多表向导
Hadoop Distribution…	单击此菜单项，在当前工程中，连接至 Hadoop 集群
选项(O)…	单击此菜单项，设置 Kettle 选项和外观
Capability Manager	单击此菜单项，设置 Kettle 的性能
Show plugin information…	单击此菜单项，显示和设置 Kettle 的有关插件
Marketplace	单击此菜单项，显示和安装市场上可用于 Kettle 的插件

（6）【帮助】菜单

单击图 1-9 所示的【帮助】菜单，弹出【帮助】快捷菜单，如图 1-15 所示。有关【帮助】快捷菜单选项的说明如表 1-9 所示。

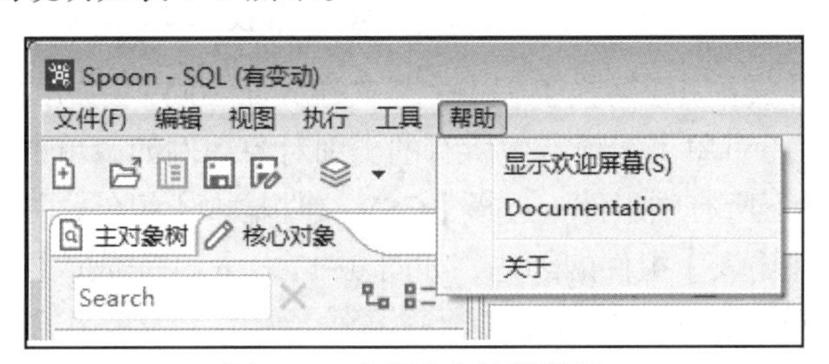

图 1-15 【帮助】快捷菜单

表 1-9 【帮助】快捷菜单选项的说明

菜单项名称	作用说明
显示欢迎屏幕(S)	单击此菜单项，显示 Kettle 欢迎屏幕
Documentation	单击此菜单项，显示、浏览、查找 Kettle 的帮助文档
关于	单击此菜单项，显示 Kettle 的版本号

1.3.2 新建转换与任务

转换和任务，是 Kettle 中的最基础的，也是最核心的操作。Kettle 采用图形界面，建立转换工程，使用组件，将分布的、异构数据源中的数据，抽取至临时中间层后进行清洗、转换、集成等操作，最后将处理后的数据装载至目标数据库或数据文件中。因为转换不能自动运行，需要人工操作才能运行，所以需要建立任务工程，使用任务组件，设置时间调度，调用转换工程，具体执行转换工程中的数据转换工作。

1. 转换

在 Kettle 欢迎界面中，依次单击【新建】→【转换】菜单项，或使用 Ctrl+N 组合键，创建【转换 1】转换工程，如图 1–16 所示。

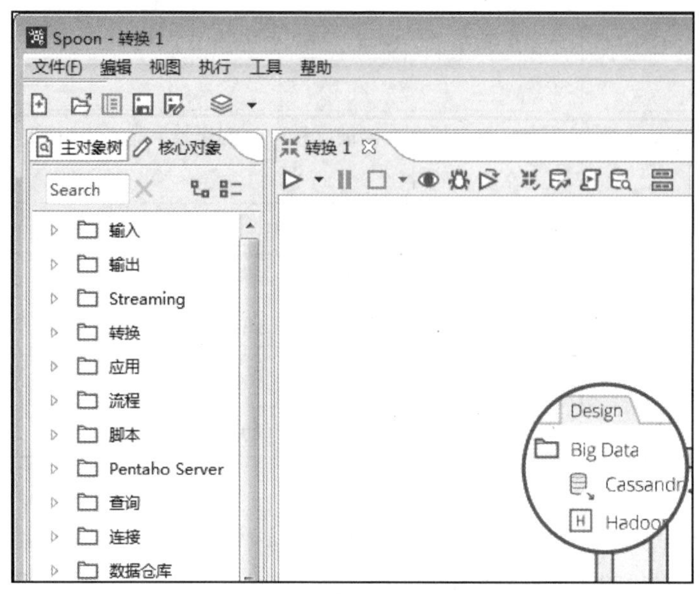

图 1–16　新建【转换 1】转换工程

在图 1–16 所示【转换 1】转换工程中，与欢迎界面不同，左边的组件区域以树形结构的形式，列出了【核心对象】选项卡中所有的类别对象。例如，单击【输入】对象，系统会列出【输入】对象下所有的组件，选择【CSV 文件输入】组件，拖曳至右边的工作区域中，完成【CSV 文件输入】组件的创建，如图 1–17 所示。完成该组件的创建后，即可设置组件的参数，预览转换组件的结果数据。

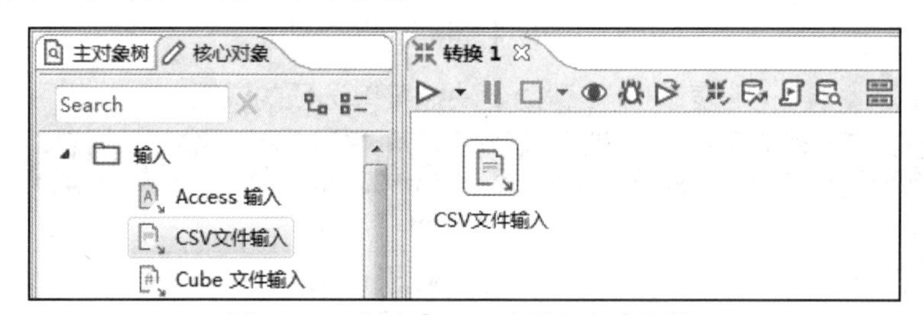

图 1–17　创建【CSV 文件输入】组件

在图 1–17 所示的【转换 1】转换工程名称的下方，是转换工程的快捷菜单图标。有关快捷菜单图标说明如表 1–10 所示。

表 1–10　转换工程快捷菜单图标的说明

图　标	说　　明	图　标	说　　明
	运行工程		校验转换
	暂停运行工程		影响分析

续表

图　标	说　　明	图　标	说　　明
	停止运行工程		获取 SQL
	预览数据		选择数据库连接
	调试运行的工程		显示/隐藏执行结果面板
	重放转换工程		

2. 任务

在 Kettle 欢迎界面中，依次单击【新建】→【作业(J)】菜单项，或使用 Ctrl+Alt+N 组合键，创建【作业 1】任务工程，如图 1-18 所示。

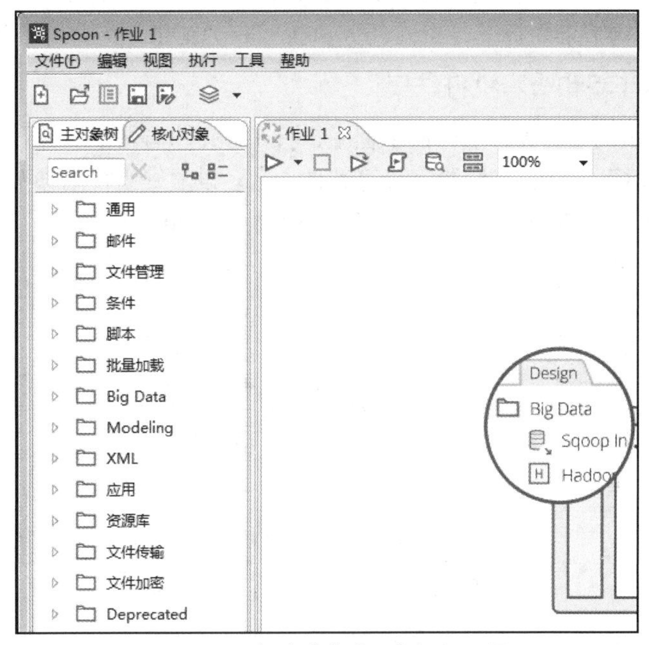

图 1-18　新建【作业 1】任务工程

在图 1-18 所示【作业 1】的任务工程中，单击左边的组件区域中的【通用】对象，显示出【通用】对象下所有的组件，选择【Start】组件，拖曳至右边的工作区域中，完成【Start】组件的创建，如图 1-19 所示。【Start】组件创建后，即可设置该组件的参数，运行任务。

图 1-19　创建【Start】组件

在图 1-19 所示的【作业 1】转换工程的下方，是任务工程的快捷菜单图标。有关任务工程快捷菜单图标说明如表 1-11 所示。

表 1-11 任务工程快捷菜单图标说明

图 标	说 明	图 标	说 明
	运行任务		获取 SQL
	停止运行任务		选择数据库连接
	重放任务工程		显示/隐藏执行结果面板

1.3.3 运行与查看结果面板

新建转换工程后，设置有关组件参数，使用预览操作，即可在执行结果面板上，查看转换的有关结果和数据。与转换工程类似，新建任务工程后，设置有关组件参数，使用运行操作，即可在执行结果面板上，查看任务执行的有关结果，但是并不能查看结果数据。

1. 启动转换工程和查看执行结果

在图 1-17 所示的【转换 1】转换工程中，【CSV 文件输入】组件设置参数导入“2020 年 1 月联考成绩.csv”文件，并设置字段等其他参数。设置好组件的参数后，单击工作区域上方的图标，弹出【转换调试窗口】对话框，如图 1-20 所示。

图 1-20 【转换调试窗口】对话框

单击图 1-20 所示的【快速启动】按钮，依次弹出【预览数据】对话框和【执行结果】面板。在【预览数据】对话框中，将显示结果数据，如图 1-21 所示。【执行结果】面板中将列出有关执行结果信息，如图 1-22 所示。【执行结果】面板有【日志】【执行历史】【步骤度量】【性能图】【Metrics】【Preview data】6 个选项卡，每个选项卡的具体说明如下。

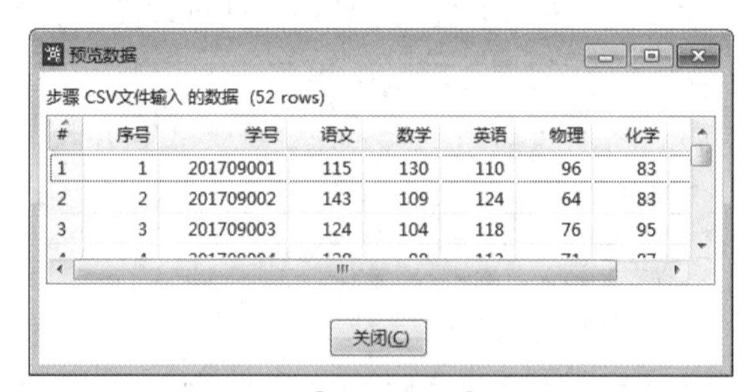

图 1-21 【预览数据】对话框

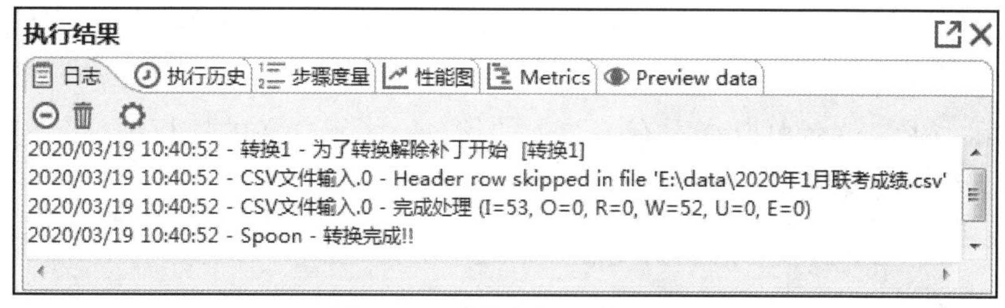

图 1-22 【执行结果】面板

（1）【日志】选项卡。默认选项，显示转换中的日志信息，这些信息一般包括转换成功、失败、失败的错误提示信息等。

（2）【执行历史】选项卡。显示【转换日志表】【步骤日志表】【日志通道日志表】【Metrics log table】等表的信息。

（3）【步骤度量】选项卡。显示组件一些可以度量的数据信息，如复制的记录行数，读、写记录数等。

（4）【性能图】选项卡。配置转换属性的参数，以便能够有效地重新执行转换。

（5）【Metrics】选项卡。显示有关转换的组件执行时间、读取数据文件时间等指标数据。

（6）【Preview data】选项卡。预览转换的结果数据。

根据实际需求，读者可以查看有关选项的信息，了解转换的执行情况，定位和分析出错的地方，维护和优化转换工程。

2. 运行任务工程和查看执行结果

在图 1-19 所示的【作业 1】任务工程中，将【Start】组件参数设置为“不需要定时”，并单击工作区域上方的▷图标，弹出【执行作业】对话框，单击该对话框下方的【执行】按钮。在【执行结果】面板上展示有关执行结果信息，如图 1-23 所示。【执行结果】面板有【日志】【历史】【作业度量】【Metrics】4 个选项卡，每个选项卡的具体说明如下。

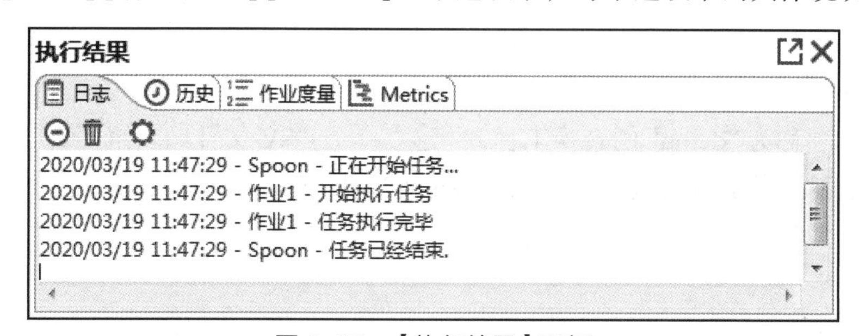

图 1-23 【执行结果】面板

（1）【日志】选项卡。默认选项，显示执行任务中的日志信息，这些信息一般包括执行任务成功、失败、失败的错误提示信息等。

（2）【历史】选项卡。显示【作业日志表】【作业项日志表】【日志通道日志表】等表的信息。

（3）【作业度量】选项卡。显示组件一些可以度量的数据信息，如执行任务中的结果、原因等信息。

（4）【Metrics】选项卡。显示有关任务的组件执行时间、读取数据文件时间等指标数据。

根据实际需求，读者可以查看有关选项的信息，了解任务的执行情况，定位和分析出错的地方，维护和优化任务工程。

小结

本章介绍了 ETL 的基本概念、相关技术和常用的 ETL 工具，并介绍了常用的 ETL 工具 Kettle，包括 Kettle 的功能组成、特点和应用场景；接着介绍了 Java JDK、MySQL 数据库和 Kettle 工具包的安装和配置；最后介绍了 Kettle 界面构成、菜单功能、Kettle 的转换和任务的基本操作、转换和任务工程的运行并查看运行结果，为后续读者使用 Kettle 打下了基础。

课后习题

1. 选择题

（1）ETL 中 3 个字母分别代表 Extract、Transform、（　　）。

A. Lean　　B. learn　　C. Load　　D. Lord

（2）ETL 是对数据进行抽取、（　　）和装载的过程。

A. 转换　　B. 转置　　C. 装置　　D. 替换

（3）Kettle 是纯（　　）语言编写的。

A. Python　　B. C++　　C. Java　　D. C#

（4）使用（　　）组合键，创建转换工程。

A. Ctrl+N　　B. Ctrl+Alt+N　　C. Ctrl +T　　D. Ctrl +M

（5）在转换工程中，从（　　）中拖曳组件对象至工作区域中，创建组件。

A.【核心对象】选项卡　　B.【主对象树】选项卡

C. 菜单　　D. 图形快捷菜单

2. 操作题

创建一个名称为“demo”的转换工程，并建立一个 CSV 文件输入组件，熟悉有关 Kettle 的组件创建、参数及参数设置、菜单功能等基本操作。

第 2 章 源数据获取

在现代的生产系统中，数据库被广泛应用于存储和管理数据，如客户订单数据、银行交易数据等。这些未经处理、直接从生产系统获取的数据库或文件数据被称为源数据。在多数情况下，源数据不能直接用于数据分析，需要额外进行抽取、转换和装载操作。本章将分别介绍数据库、Excel 和 CSV 文件这 3 种常规源数据的抽取，以及生成记录、生成随机数和获取系统信息 3 种源数据生成的方法。

学习目标

（1）掌握数据库连接的创建方法和参数设置。

（2）熟悉抽取源数据和生成数据的常用方法。

（3）掌握常用抽取源数据和生成数据组件的参数与设置。

任务 2.1 创建数据库连接

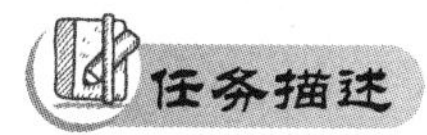

任务描述

抽取数据库数据，第一步是创建数据库连接，为数据操作提供桥梁。为了方便抽取 MySQL 的“demodb”数据库中的数据表，需要创建一个数据库连接，访问“demodb”数据库。

任务分析

（1）建立数据库连接。

（2）设置数据库连接参数。

（3）测试和预览数据库连接。

（4）建立/停止共享数据库连接。

2.1.1 建立数据库连接

数据库连接必须在转换工程或任务工程中创建，使用 Ctrl+N 组合键，首先创建【demodb 数据库连接】转换工程。

在【demodb 数据库连接】转换工程中，单击【主对象树】选项卡，展开【转换】对象树（ ▹ 按钮表示收起状态， ◂ 按钮表示展开状态），右键单击【demodb 数据库连接】下的【DB 连接】对象，弹出快捷菜单，如图 2-1 所示。

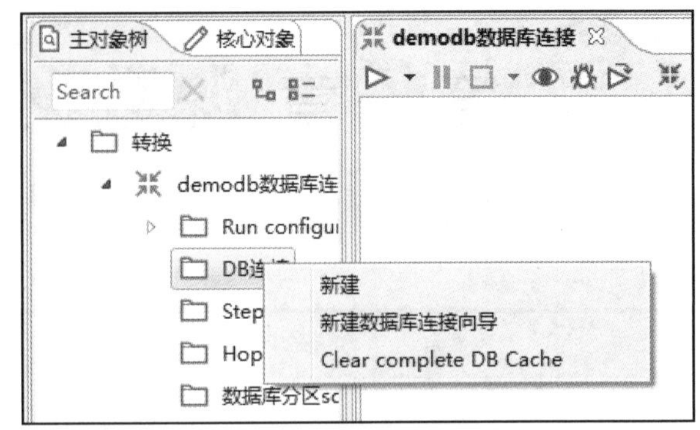

图 2-1　创建数据库连接

2.1.2　设置参数

单击图 2-1 所示的【新建】选项，弹出【数据库连接】对话框，如图 2-2 所示。数据库连接参数包含【一般】【高级】【选项】【连接池】和【集群】5 类参数。其中，【一般】参数是必填项，多数情况只需进行【一般】参数设置，即可完成创建数据库连接，其他 4 项是可选项。由于【高级】【选项】【连接池】在绝大多数情况下采用默认值，一般不需要再设置其参数，本小节主要介绍【一般】参数和【集群】参数的设置。

图 2-2 【数据库连接】对话框

1.【一般】参数

【一般】参数分为【连接名称】【连接类型】【连接方式】【设置】4 部分参数设置。因为【连接类型】参数设置不同，【连接方式】【设置】参数设置也会有所不同，所以必须按照【连接类型】→【连接方式】→【设置】的顺序进行参数设置。【一般】参数的说明如表 2-1 所示。

表 2-1 【一般】参数的说明

参数名称	说　明
连接名称	表示数据库连接的名称，不能为空，且在单个转换工程中，名称必须唯一，默认值为空
连接类型	表示连接的数据库类型。类型包括 Oracle、MS SQL Server、IBM DB2、Informix、MySQL、PostgreSQL、Sybase 等，默认值为 Oracle

续表

参数名称	说　明
连接方式	表示数据库连接方式。常用的有 Native（JDBC）、ODBC、JNDI 等选项连接方式，默认值为 Native（JDBC）
设置	表示数据库设置的参数项。连接类型、连接方式的不同，参数项就不同，以连接类型为 MySQL 为例，介绍常用参数设置。 使用【Native (JDBC)】连接方式的参数如下。 （1）主机名称：数据库所在的计算机名称，既可以是本机，也可以是局域网和能远程访问到的计算机，一般用 IP 地址表示，可以用 localhost，或 127.0.0.1 表示本机。 （2）数据库名称：要连接的数据库名称。 （3）端口号：读取数据库的端口号，默认值为 3306（不同的数据库使用的默认端口号不同）。 （4）用户名：访问数据库的用户名称。 （5）密码：访问数据库的用户密码。 使用【ODBC】连接方式的参数如下。 （1）ODBC DSN 源名称：通过 ODBC 访问数据的 DSN 源名称。 （2）用户名：访问数据库的用户名。 （3）密码：访问数据库的用户密码。 （4）use result streaming cursor：表示是否使用结果流游标，默认值为空。 说明：选用连接类型为 OACLE 时，还要输入数据表空间名称、索引表空间名称

在图 2-2 所示的【数据库连接】对话框中，对本机的 MySQL 数据库 demodb 的连接参数进行设置，如图 2-3 所示，此时完成创建“demodbConn”数据库连接。

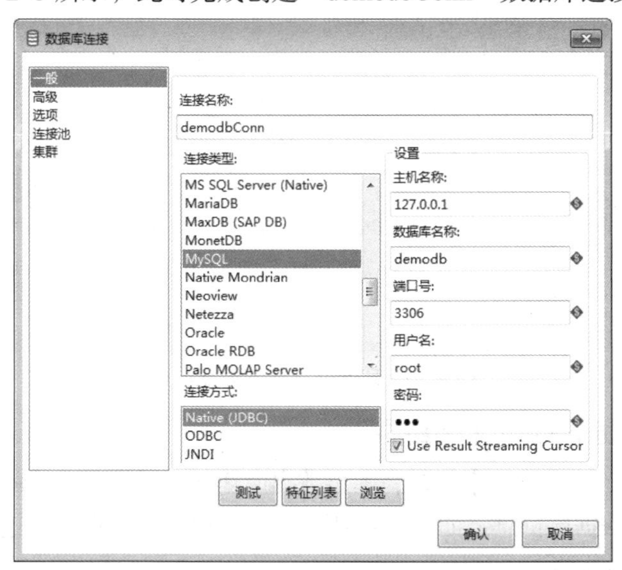

图 2-3　MySQL 数据库连接的参数设置

2.【集群】参数

集群是指单个数据库连接能够连接并抽取多个数据库的数据。单击图 2-2 所示的【集群】参数项，进行【集群】参数设置，如图 2-4 所示。

图 2-4 【集群】参数设置

在图 2-4 所示的【集群】参数设置中，勾选【使用集群】选项后，才能在【命名参数】表中设置集群参数。【分区 ID】参数是指用不同的 ID 名称标识各个数据库，可以是英文字母、数字、中文等字符或组合，【主机名称】【端口】【数据库名称】【用户名】【密码】等参数的说明如表 2-1 中的“设置”参数说明。

在本机上，有两个名称分别为“demoDB”“testDB”的 MySQL 数据库，参考【一般】参数设置，在图 2-4 所示的【命名参数】表中，进行参数设置，结果如图 2-5 所示。

图 2-5 数据库集群的参数设置

2.1.3 测试和浏览数据库连接结果

单击图 2-3 所示的【测试】按钮，弹出数据库连接测试是否成功的对话框，若正确，则显示正确连接到数据库信息，如图 2-6 所示；若错误，则显示错误连接数据库的信息，需要重新设置正确的参数。

如果使用了【集群】参数，那么单击图 2-5 所示的【测试】按钮，在弹出的数据库连接测试对话框中，其显示的信息与仅设置了【一般】参数的测试信息略有不同。测试成功时，将显示参数中的每一个数据库已正确连接；若测试出错，则会提示是哪一个数据库出错。“demoDB” 和 “testDB” 两个数据库均正确连接的测试信息如图 2-7 所示。

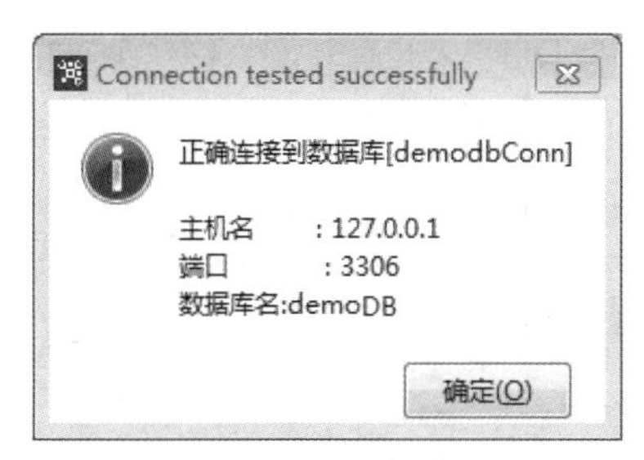

图 2-6　正确连接到数据库的测试信息

图 2-7　正确连接到集群数据库的测试信息

测试正确连接后，单击图 2-3 所示的【浏览】按钮，弹出【数据库浏览器】对话框，如图 2-8 所示。

单击图 2-8 所示的 ▹ 按钮，展开名称为 “demodbConn” 的数据库，若列出【模式】【表】【视图】【同义词(Synonyms)】等对象，则说明成功地创建了 “demodbConn” 数据库连接，如图 2-9 所示。

图 2-8　【数据库浏览器】对话框

图 2-9　浏览 “demodbConn” 数据库连接

2.1.4　建立/停止共享数据库连接

为了避免反复创建相同的数据库连接，在多个不同的转换工程或作业任务中共用相同的数据库，可以考虑建立共享的数据库连接。

在建立好的【demodb 数据库连接】转换工程中，单击【主对象树】选项卡，展开【转换】对象树，单击 ▹ 按钮，展开【DB 连接】对象，右键单击 “demodbConn” 数据库连接名称，弹出快捷菜单，如图 2-10 所示。

单击图 2-10 所示的【共享】选项，数据库连接 “demodbConn” 共享成功，其他转换工程或任务工程即可共享使用。值得注意的是，共享后的数据库连接名称用粗体字显示，如图 2-11 所示。

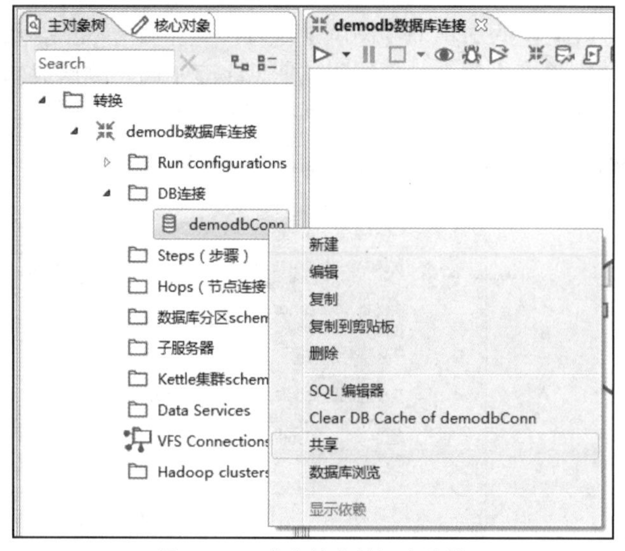

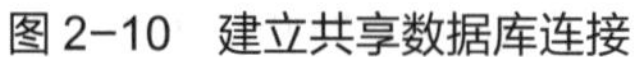

图 2–10　建立共享数据库连接

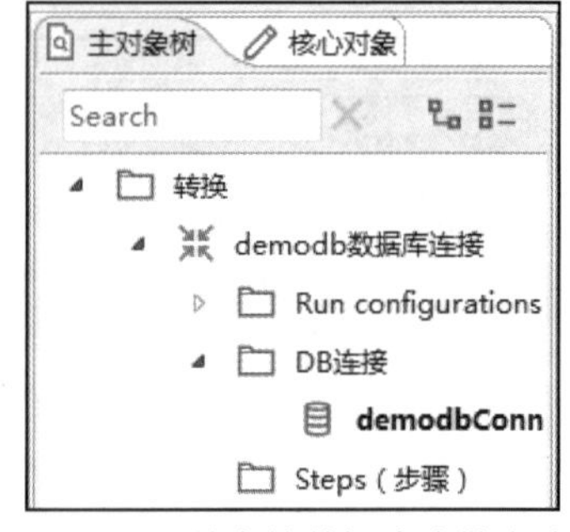

图 2–11　共享的数据库连接名称

数据库连接既可以建立共享，也可以停止共享。与建立共享操作类似，单击【主对象树】选项卡，在【转换】对象树中，单击 ▹ 按钮展开【DB 连接】对象，右键单击显示为粗体字的数据库连接名称（如图 2–11 所示的“demodbConn”），在弹出快捷菜单中单击【停止共享】选项，即可停止共享该数据库连接。

任务 2.2　表输入

数据表是指具有统一名称，并且类型、长度和格式等元素相同的数据集合。在数据库中，数据是以数据表的形式存储的。表输入的作用是抽取数据库中的数据表，并获取表中的数据。为方便查看和统计学生的数学考试分数，需要通过表输入抽取某年级某次考试的数学成绩。

任务分析

（1）建立【表输入】转换工程。

（2）设置【表输入】组件参数。

（3）预览数据。

2.2.1　建立表输入转换工程

在 demodb 数据库中的“数学成绩”表，字段说明如表 2–2 所示。

表 2–2　“数学成绩”表的字段说明

字段名称	说　明	字段名称	说　明
序号	表示记录的顺序号	数学	表示数学考试分数
学号	表示学生在学校的唯一编号	考试时间	表示考试的日期和时间

使用 Ctrl+N 组合键，创建【表输入】转换工程，参考 2.1 小节中介绍的操作，创建名称为“demodbConn”的数据库连接，并测试成功。

在【表输入】转换工程中，单击【核心对象】选项卡，展开【输入】对象，选中【表输入】组件，并拖曳其到右边工作区中，如图 2-12 所示。

图 2-12　创建【表输入】组件

2.2.2　设置参数

双击图 2-12 所示的【表输入】组件，弹出【表输入】对话框，如图 2-13 所示。【表输入】组件参数的说明如表 2-3 所示。

图 2-13　【表输入】对话框

表 2-3　【表输入】组件参数的说明

参数名称	说　明
步骤名称	表示表输入组件名称，在单个转换工程中，名称必须唯一。默认值为【表输入】的组件名称
数据库连接	表示数据库连接名称，在下拉列表中选择一个现有的连接。如果修改现在的连接，单击【编辑…】按钮修改；如果没有连接，单击【新建…】或【Wizard…】按钮创建。默认值为当前工程中现有的、按名称排列在前的一个数据库连接名称
SQL	表示获取数据库表的 SQL 语句表达式，可以直接键盘输入，也可以单击【获取 SQL 查询语句…】按钮选择数据库表，通过浏览查询数据库表获取。默认值为 SELECT <values> FROM <table name> WHERE <conditions>

续表

参数名称	说　明
允许简易转换	表示是否启用简易转换。如果选择了简易转换，则可以尽可能避免不必要的数据类型转换，从而显著提高性能。默认不勾选
替换 SQL 语句里的变量	表示是否替换 SQL 脚本中的变量。选择此选项替换脚本中的变量。默认不勾选
从步骤插入数据	表示从其他组件（步骤）插入数据，在下拉框列表中选择一个现有组件（步骤）名称。默认值为空
执行每一行?	表示是否对每一行都执行查询。默认不勾选
记录数量限制	表示限制获取的记录数。输入大于 0 的数字为限制的记录数。默认值为 0，表示不限制

在图 2-13 所示的【表输入】对话框中，设置有关参数，获取 MySQL 的 demodb 数据库的“数学成绩”表，步骤如下。

（1）设置组件名称。设置【步骤名称】为默认值“表输入”。

（2）设置数据库连接。单击【数据库连接】下拉框，选择“demodbConn”。

（3）浏览数据表。单击【获得 SQL 查询语句...】按钮，弹出【数据库浏览器】对话框，单击 ▷ 按钮展开“demodbConn”数据库，再单击 ▷ 按钮展开【表】数据表，显示“数学成绩”表。这时，对话框右上角的【动作】和下方的【确定】按钮字体是灰色的，表示不能单击，如图 2-14 所示。

（4）选中数据表。单击图 2-14 所示的【表】数据表下的“数学成绩”，选中进行表输入的数据表后，此时对话框中的【动作】和【确定】按钮字体显示为黑色，表示可以单击，如图 2-15 所示。

图 2-14　未选中数据库表状态下的【数据库浏览器】对话框

图 2-15　选中数据库表后的【数据库浏览器】对话框

（5）查看选中的数据表信息。单击图 2-15 所示的【动作】按钮，弹出快捷菜单选项，可以分别预览数据库表的数据、记录数、表结构、生成 SQL 语句、裁剪表和查看表的有关信息等，如图 2-16 所示。【动作】快捷菜单选项的说明如表 2-4 所示。

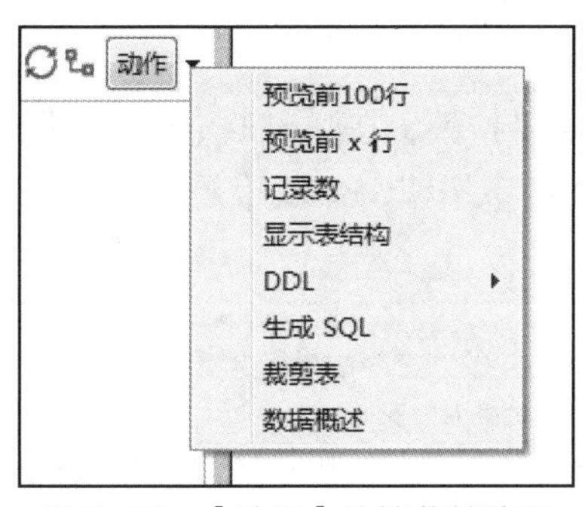

图 2-16 【动作】快捷菜单选项

表 2-4 【动作】快捷菜单选项的说明

选 项	说 明
预览前 100 行	预览数据表前 100 行记录
预览前 x 行	单击后任意输入 x 的值（如 50），预览数据表前 x 行记录
记录数	查看数据表记录数统计数量
显示表结构	查看数据表的数据结构
DDL	使用当前数据库连接，或其他数据连接
生成 SQL	单击生成 SQL 语句，执行该脚本，查看执行的结果
裁剪表	简单 SQL 语句编辑器，执行该脚本，查看执行的结果
数据概述	对数据表的有关信息进行统计

（6）确认获取数据表的 SQL 查询语句。单击图 2-15 所示的【确定】按钮，弹出【问题？】对话框，显示【你想在 SQL 里面包含字段名吗？】提示信息，如图 2-17 所示。

（7）单击图 2-17 所示的【否】按钮，在【SQL】表达式参数中获取的是简单的 SQL 查询语句，如图 2-18 所示，其他参数采用默认值，此时完成【表输入】组件参数的设置。

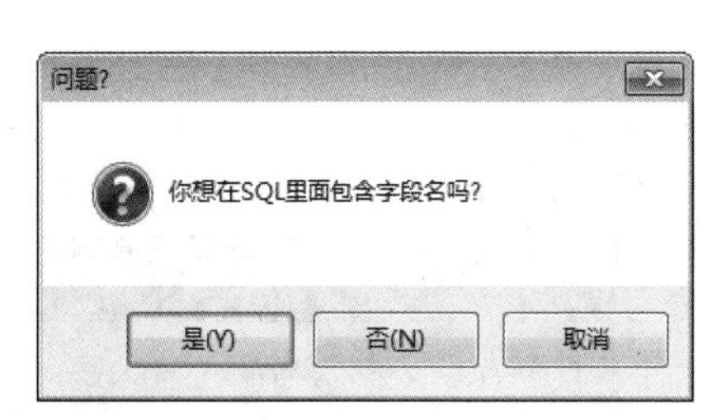

图 2-17 【问题？】对话框

图 2-18 【表输入】组件参数设置

2.2.3　预览结果数据

单击图 2–18 所示的【预览】按钮，在弹出的【输入预览记录数量】对话框中，预览记录数量采用默认值。单击【确定】按钮，弹出【预览数据】对话框，展示表输入的数据，如图 2–19 所示。

#	序号	学号	班级	数学	考试时间
21	21	201709021	1班	69.0	2018/06/28
22	22	201709022	1班	69.0	2018/06/28
23	23	201709023	1班	89.0	2018/06/28
24	24	201709024	1班	76.0	2018/06/28
25	25	201709025	1班	87.0	2018/06/28
26	26	201709026	2班	78.0	2018/06/28
27	27	201709027	2班	89.0	2018/06/28
28	28	201709028	2班	89.0	2018/06/28
29	29	201709029	2班	89.0	2018/06/28
30	30	201709030	2班	76.0	2018/06/28

图 2–19 【预览数据】对话框

任务 2.3　CSV 文件输入

任务描述

CSV（Comma-Separated Values，CSV）文件是以字符（大多数使用逗号）分隔值，以纯文本形式存储数据的文件。除了数据库外，很多数据存储在 CSV、TXT 等文本文件中。为方便对学生的考试成绩从高到低进行排序，需要通过 CSV 文件输入抽取语文成绩数据。

任务分析

（1）建立【CSV 文件输入】转换工程。

（2）设置【CSV 文件输入】组件参数。

（3）预览结果数据。

2.3.1　建立 CSV 文件输入转换工程

在“语文成绩.csv”文件中，字段说明如表 2–5 所示。

表 2–5 “语文成绩.csv”文件的字段说明

字段名称	说　明	字段名称	说　明
序号	表示记录的顺序号	语文	表示语文考试分数
学号	表示学生在学校的唯一编号	考试时间	表示考试的日期和时间

使用 Ctrl+N 组合键，创建【CSV 文件输入】转换工程，单击【核心对象】选项卡，展开【输入】对象，选中【CSV 文件输入】组件，并拖曳到右边工作区中，如图 2-20 所示。

图 2-20　创建【CSV 文件输入】组件

2.3.2　设置参数

双击图 2-20 所示的【CSV 文件输入】组件，弹出【CSV 文件输入】窗口，如图 2-21 所示。【CSV 文件输入】组件参数包含组件的基础参数和字段参数，有关参数的说明如表 2-6 所示。

图 2-21　【CSV 文件输入】对话框

表 2-6　【CSV 文件输入】组件参数的说明

参数名称		说　明
基础参数	步骤名称	表示 CSV 文件输入组件名称，在单个转换工程中，名称必须唯一。默认值为【CSV 文件输入】的组件名称
	文件名	表示读取源数据的 CSV 文件名称，单击【浏览(B)...】按钮，寻找存储计算机上的目录和文件。默认值为空
	列分隔符	表示每个数据之间的分隔符，大多数情况用英文的逗号分隔，也有使用制表符 TAB 分隔的，单击【插入制表符(TAB)】按钮，可以输入制表符。默认值为英文逗号“,”

续表

参数名称		说　明
基础参数	封闭符	表示封闭起一个数据、保持其完整性的一对符号，大多数情况用英文的双引号封闭。默认值为英文双引号 “””
	NIO 缓存大小	表示定义 Java 读取文件缓冲区的大小。默认值为 50000
	简易转换?	表示是否启用简易转换。如果选择了简易转换，那么可以尽可能避免不必要的数据类型转换，从而显著提高性能。默认勾选
	包含列头行	表示源文件是否包含有列名（字段名称）的标题行，大多数文件均包含。包含标题行时，在获取字段时，读取文件头部作为字段名；不包含时，在获取字段时，则不读取文件头部作为字段名。默认勾选
	将文件添加到结果文件中	表示是否将文件名添加到结果文件中。默认不勾选
	行号字段（可选）	表示在组件输出字段名称时包含行号，可选项。默认值为空
	并发运行?	表示在读取多个文件时，根据文件大小来划分其工作负载。在这种情况下，确保所有组件都接收到需要读取的所有文件，否则并行算法将无法正常工作。默认不勾选
	字段中有回车换行?	表示字段中是否有回车换行符。默认不勾选
	格式	表示 DOS、Unix 和 mixed 3 种格式的文件。默认值为 mixed 混合模式
	文件编码	表示文件使用的编码，使用下拉框选择编码。默认值为空
字段	名称	表示 CSV 文件的字段名称
	类型	表示字段的数据类型
	格式	表示原始字段格式的可选掩码。日期和数字，使用公共有效日期和数字格式
	长度	表示字段长度
	精度	表示数字类型字段的浮点数的精确位数
	货币符号	表示货币符号，例如，“￥”“$”或“€”等货币符号
	小数点符号	表示小数点符号，一般是英文点号“.”
	分组符号	表示数值分组符号，一般是英文分号“,”
	去除空格类型	表示去除空格，适用于字符串

在图 2-21 所示的【CSV 文件输入】对话框中，设置有关参数，获取“语文成绩.csv”文件的数据。

（1）设置组件名称。设置【步骤名称】为默认值“CSV 文件输入”。

（2）读取 CSV 文件。单击【浏览(B)...】按钮，在计算机上浏览到“语文成绩.csv”文件，将该文件名称添加至【文件名】输入栏中。

（3）获取字段。单击【获取字段】按钮，弹出【Sample data】对话框，如图 2-22 所示。

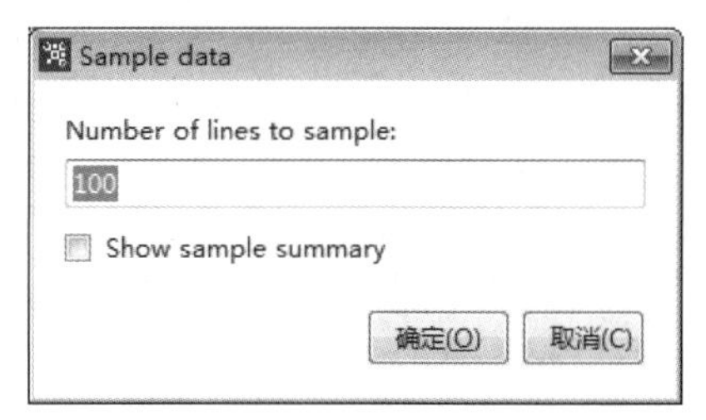

图 2-22 【Sample data】对话框

单击图 2-22 所示的【确定(O)】按钮，导入“语文成绩.csv”文件的字段到字段参数表中，如图 2-23 所示。

#	名称	类型	格式	长度	精度	货币符号	小数点符号	分组符号	去除空格类型
1	序号	Number	#.#	15	0	¥	.	,	不去掉空格
2	学号	Number	#.#	15	0	¥	.	,	不去掉空格
3	班级	String		2		¥	.	,	不去掉空格
4	语文	Number	#.#	15	0	¥	.	,	不去掉空格
5	考试时间	String		14		¥	.	,	不去掉空格

图 2-23 导入的“语文成绩.csv”文件的字段参数

（4）设置字段参数。对图 2-23 所示的字段参数表进行设置，如图 2-24 所示，其他参数保留默认值，此时完成【CSV 文件输入】组件参数的设置。

图 2-24 【CSV 文件输入】组件的参数设置

2.3.3 预览结果数据

单击图 2-24 所示的【预览（P）】按钮，在弹出的【要预览数据大小】输入框中，预览数据大小采用默认值。单击【确定】按钮，弹出【预览数据】对话框，展示 CSV 文件输入的数据，如图 2-25 所示。

#	序号	学号	班级	语文	考试时间
1	1	201709001	1班	85.0	2018/6/27 8:30
2	2	201709002	1班	84.0	2018/6/27 8:30
3	3	201709003	1班	87.0	2018/6/27 8:30
4	4	201709004	1班	89.0	2018/6/27 8:30
5	5	201709005	1班	87.0	2018/6/27 8:30
6	6	201709006	1班	99.0	2018/6/27 8:30
7	7	201709007	1班	91.0	2018/6/27 8:30
8	8	201709008	1班	76.0	2018/6/27 8:30
9	9	201709009	1班	87.0	2018/6/27 8:30
10	10	201709010	1班	78.0	2018/6/27 8:30
11	11	201709011	1班	87.0	2018/6/27 8:30
12	12	201709012	1班	89.0	2018/6/27 8:30

图 2–25 【预览数据】对话框

任务 2.4 Excel 输入

Excel 文件采用表格的形式，数据显示直观，操作方便。与文本文件不同，Excel 文件中采用工作表存储数据，一个文件有多张不同名称的工作表，分别存放相同字段或不同字段的数据。为方便浏览和统计学生的考试成绩，需要通过 Excel 输入抽取物理成绩数据。

任务分析

（1）建立【Excel 输入】转换工程。

（2）设置【Excel 输入】组件参数。

（3）预览结果数据。

2.4.1 建立 Excel 输入转换工程

在“物理成绩.xls”文件中，字段说明如表 2–7 所示。

表 2–7 “物理成绩.xls”文件的字段说明

字段名称	说　明	字段名称	说　明
序号	表示记录的顺序号	物理	表示物理考试分数
学号	表示学生在学校的唯一编号	考试时间	表示考试的日期和时间

使用 Ctrl+N 组合键，创建【Excel 输入】转换工程，单击【核心对象】选项卡，展开【输入】对象，选中【Excel 输入】组件，并拖曳其到右边工作区中，如图 2–26 所示。

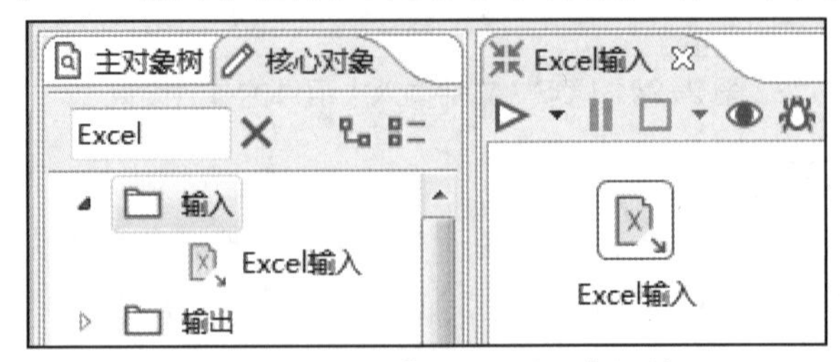

图 2–26 创建【Excel 输入】组件

2.4.2　设置参数

双击图 2-26 所示的【Excel 输入】组件，弹出【Excel 输入】对话框，其中显示默认的【文件】选项卡，如图 2-27 所示。需要注意的是，【Excel 输入】对话框下方的【预览记录】按钮是灰色的，表示不能单击。

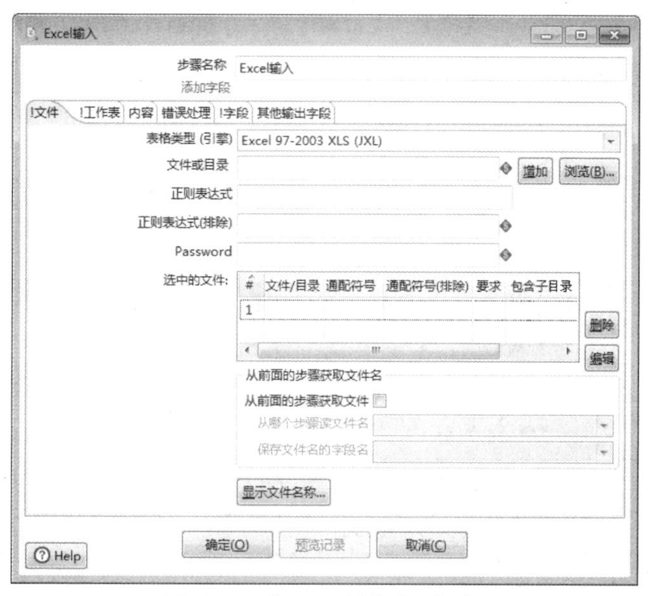

图 2-27　【Excel 输入】对话框

在图 2-27 所示的【Excel 输入】对话框中，包含组件的基础参数，以及【文件】【工作表】【内容】【错误处理】【字段】【其他输出字段】6 个选项卡的参数。

在组件的基础参数中，【步骤名称】参数表示 Excel 输入组件名称，在单个转换工程中，名称必须唯一，采用默认值“Excel 输入”。

【文件】【工作表】【字段】选项卡的参数是必填项（没有设置参数时，选项卡名称前面会显示“!”符号，表示是必填项；设置参数后，“!”符号会消失），并且必须按照【文件】→【工作表】→【字段】选项卡的顺序设置，其他为可选项。

1.【文件】选项卡参数

【文件】选项卡参数的说明如表 2-8 所示。

表 2-8　【文件】选项卡参数的说明

参数名称	说　明
表格类型（引擎）	表示 Excel 文件的表格类型，类型如下。 （1）Excel 97-2003 XLS：JXL 软件后端提供向后兼容类型。 （2）Excel 2007 XLSX (Apache POI)：读取所有已知的 Excel 文件类型。 （3）Excel 2007 XLSX (Apache POI 流)：读取大型 Excel 文件。 （4）Open Office ODS：使用 ODFDOM 引擎读取 OpenOffice 电子表格。 默认为 Excel 97-2003 XLS

续表

参数名称	说　明
文件或目录	表示要输入的 Excel 文件或所在的目录，可以单击【浏览(B)...】按钮获取 Excel 文件或目录。默认值为空
正则表达式	表示使用正则表达式，获取文件相应的 Excel 文件。使用正则表达式，可以动态匹配获取多个 Excel 文件。默认值为空
正则表达式（排除）	表示排除型的正则表达式，与正则表达式相反，使用排除型的正则表达式，排除掉匹配文件，而获取不匹配的 Excel 文件。默认值为空
Password	表示读取 Excel 文件的密码。一些 Excel 文件有读取密码，因此要输入密码才能获取。默认值为空
选中的文件	表示选中的 Excel 文件列表。通过单击【增加】按钮将文件或目录添加到列表中，并进行参数设置，其中有【文件/目录】【通配符号】【通配符号(排除)】【要求】【包括子目录】等参数，有关参数的说明如表 2–9 所示。至少要有一个选中的 Excel 文件。默认值为空
从前面的步骤获取文件名	表示是否从前面组件（步骤）读取文件名，如果选择是，则不用本组件获取 Excel 文件，而是从前面步骤的组件中读取文件，并保存文件的字段名。默认不勾选

表 2–9 【选中的文件】参数的说明

参数名称	说　明
文件/目录	表示选中的 Excel 文件或目录，单击【增加】按钮，读入经过浏览获取的文件和目录
通配符号	表示使用通配符号选中 Excel 文件或目录。配置符合通配符号规则的多个 Excel 文件
通配符号（排除）	表示使用排除型通配符号选中 Excel 文件或目录。配置符合通配符号（排除）规则外的其他多个 Excel 文件
要求	表示配置所需的源文件的位置
包括子目录	表示是否包括子目录的文件

在图 2–27 所示的【文件】选项卡中，设置参数，并导入“物理成绩.xls”文件，步骤如下。

（1）浏览导入 Excel 文件。单击【浏览(B)...】按钮，在计算机上浏览并导入“物理成绩.xls”文件，如图 2–28 所示。

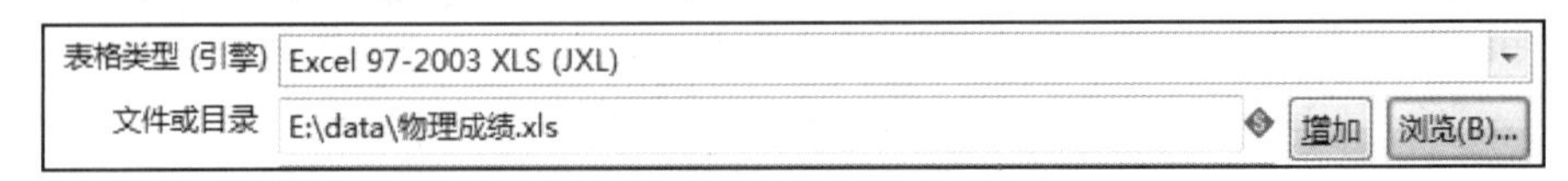

图 2–28　浏览导入 Excel 文件或目录

（2）添加并编辑 Excel 文件。单击【增加】按钮，将浏览导入至【文件或目录】输入框中的“E:\data\物理成绩.xls”文件，添加至【选中的文件】表中，如图 2–29 所示。

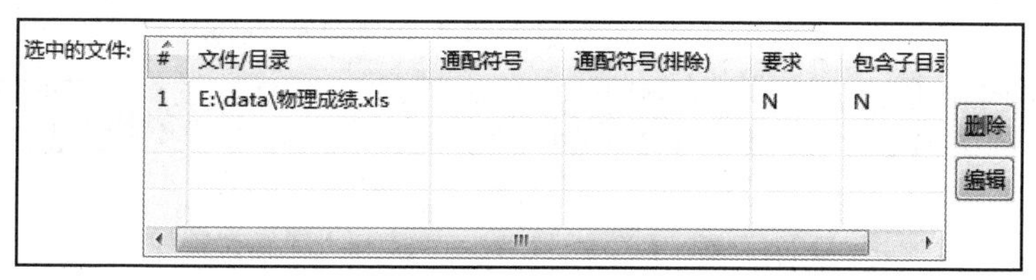

图 2-29 【选中的文件】表

如果选中的文件有问题，那么单击【删除】或【编辑】按钮，可对选中的 Excel 文件进行编辑。其中，单击【选中的文件】表的行号，再单击【删除】按钮，即可删除选中所在行的文件。

（3）查看被选中的文件名称。单击图 2-27 中的【显示文件名称...】按钮，弹出【文件读取】对话框，查看被选中读取的文件，如图 2-30 所示。

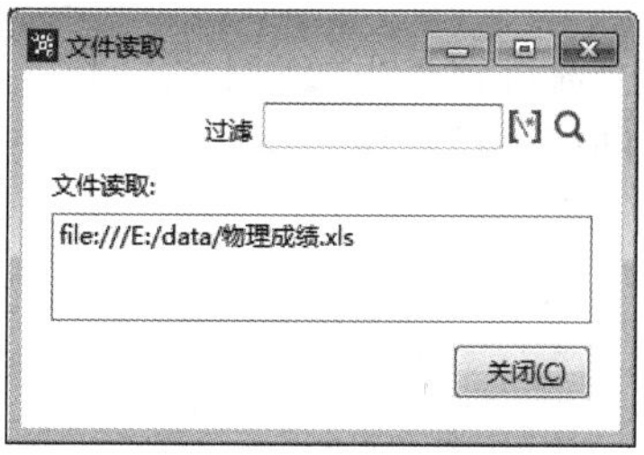

重复步骤（1）~（3），可以添加多个 Excel 文件，并查看读取的文件名称。

另外，如果需要导入同一个目录下的多份名称类似的文件，如导入同一个目录下名称分别为“物理成绩.xls”“物理成绩 1.xls”和“物理成绩 2.xls”的文件，可以使用通配符的方式导入。具体操作是，在图 2-29 所示的【选中的文件】参数表中，在【文件或目录】输入框中键入“E:\data”，在【通配符号】输入框中键入“物理成绩*.\.xls”，可以一次性读入这 3 个文件，如图 2-31 所示。

图 2-30 【文件读取】对话框

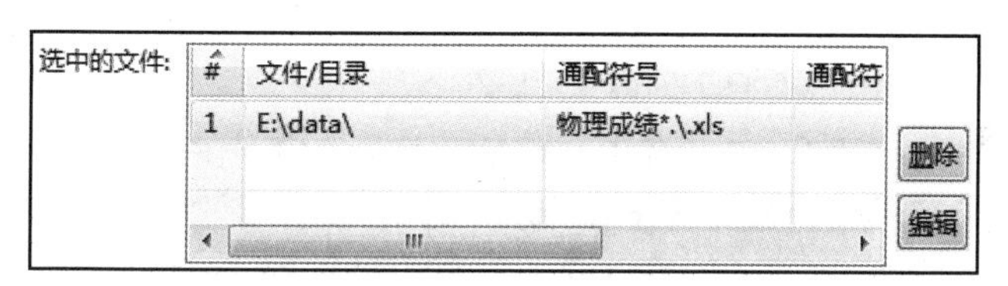

图 2-31 使用通配符号输入多个 Excel 文件

2.【工作表】选项卡参数

单击图 2-27 所示的【工作表】选项卡，如图 2-32 所示，在【要读取的工作表列表】中设置工作表参数，获取导入的 Excel 文件的工作表。【工作表】选项卡参数的说明如表 2-10 所示。

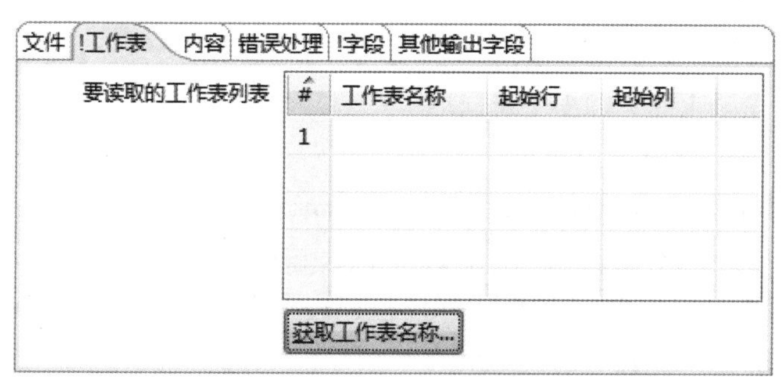

图 2-32 【工作表】选项卡

表 2-10 【工作表】选项卡参数的说明

参数名称	说　明
工作表名称	表示 Excel 文件的工作表名称，可以是一个 Excel 文件、多个工作表，也可以是多个 Excel 文件、多个工作表。不同的文件，工作表名称可以相同。默认值为空
起始行	表示要读取的工作表中的开始行，行号从 0 开始。默认值为空
起始列	表示要读取的工作表中的开始列，列号从 0 开始。默认值为空

如果导入的 Excel 文件中的每个工作表的字段结构都相同，那么在图 2-32 所示的【要读取的工作表列表】中的第 1 行，不设置任何工作表名称（【工作表名称】输入栏留空），只需设置第 1 行的【起始行】和【起始列】输入栏参数，这样的设置能读取所有的工作表，即第 1 行将用于所有工作表。

在图 2-32 所示的【工作表】选项卡中，设置导入的 Excel 文件的工作表参数，步骤如下。

（1）获取选中文件的工作表。单击【获取工作表名称...】按钮，弹出【输入列表】对话框，左边【可用项目】列表列出选中文件的所有工作表，如“物理成绩.xls”文件的“Sheet1”工作表，而右边【你的选择】列表列出被选中的工作表，如图 2-33 所示。

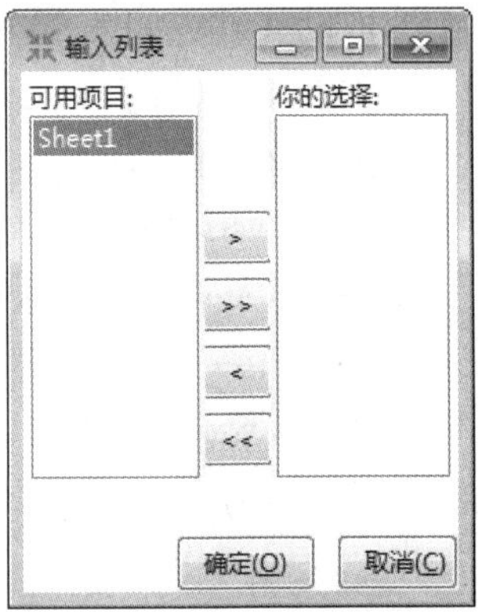

图 2-33 【输入列表】对话框

（2）选择工作表。在图 2-33 所示的【输入列表】对话框中，单击中间的【>】【>>】【<】【<<】按钮，可以在左、右列表中选中或移除工作表。有关按钮说明如表 2-11 所示。

表 2-11 选中或移除工作表的按钮说明

按钮	说　明
>	表示右移按钮，将左边【可用项目】列表中一个工作表移到右边【你的选择】列表中
<	表示左移按钮，将右边【你的选择】列表中的一个工作表移回到左边【可用项目】列表中，与【>】按钮操作相反
>>	表示右移批处理按钮，将左边【可用项目】列表中的所有工作表移到右边【你的选择】列表中
<<	表示左移批处理按钮，将右边【你的选择】列表中的所有工作表移回到左边【可用项目】列表中，与【>>】按钮操作相反

在图 2-33 所示的【输入列表】对话框中，将左边【可用项目】工作表“Sheet1”选中移到右边【你的选择】表中。

（3）设置选中的工作表参数。单击图 2-33 所示的【确定(O)】按钮，将【你的选择】列表选中的“Sheet1”工作表添加至【要读取的工作表列表】中进行参数设置，【起始行】和【起始列】参数都设置为“0”，此时完成【工作表】选项卡参数的设置，如图 2-34 所示。

3.【字段】选项卡参数

单击图 2-34 所示的【字段】选项卡，如图 2-35 所示，使用一个字段表设置参数。有关参数的说明如表 2-12 所示。

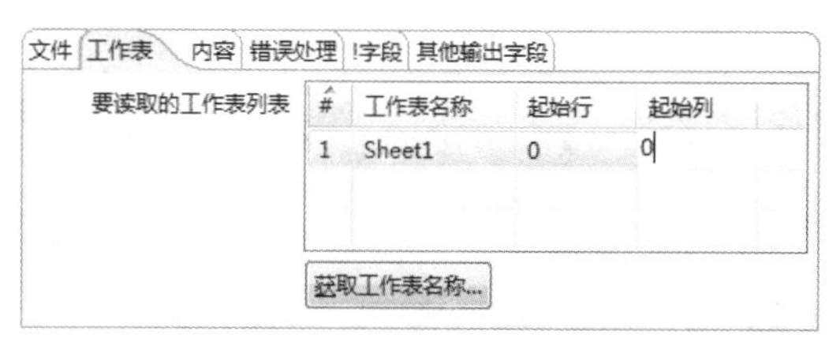

图 2-34 【工作表】参数设置

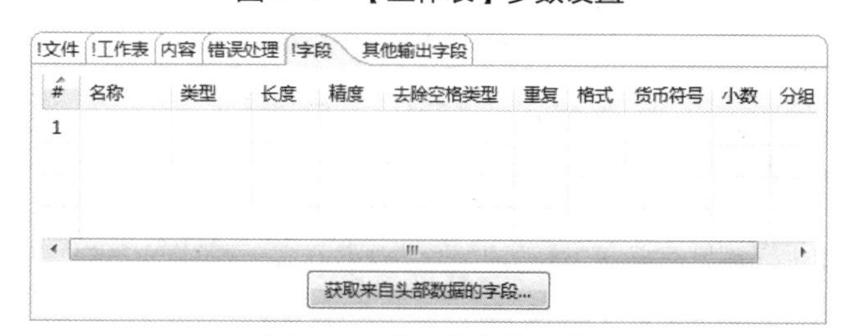

图 2-35 【字段】选项卡

表 2-12　字段参数的说明

参数名称	说　明
名称	表示导入的 Excel 文件中相应字段的名称。通过【获取头部数据的字段...】或直接键盘输入。默认值为空
类型	表示字段的数据类型。类型选项有 BigNumber、Binary、Boolean、Date、Integer、Internet Address、Number、String、Timestamp。默认值为空
长度	表示字段长度。默认值为空
精度	表示数字类型字段的浮点数的精确数。默认值为空
去除空格类型	表示修剪字段，只适用于字符串类型数据。选项有不去除空格、去除左空格、去除右空格、去除左右空格。默认值为空
重复	表示如果一行为空，则重复最后一行的对应值，选项有是、否。默认值为空
格式	表示转换时，原始字段格式的可选掩码。有关公共有效日期和数字格式的信息，请参阅有关公共格式参考书。默认值为空
货币符号	表示货币符号，例如，“￥”“$”或“€”等货币符号
小数	表示小数点符号，一般使用英文点号“.”
分组	表示数值分组符号，一般使用英文逗号“,”

在图 2-35 所示的【字段】选项卡中，设置“物理成绩.xls”文件中字段的参数，步骤如下。

（1）获取字段。单击【获取来自头部数据的字段...】按钮，添加字段到【字段】表中设置字段参数，如图 2-36 所示。

（2）设置字段参数。对图 2-36 所示的字段参数进行设置，如图 2-37 所示，此时完成【字段】选项卡参数的设置。

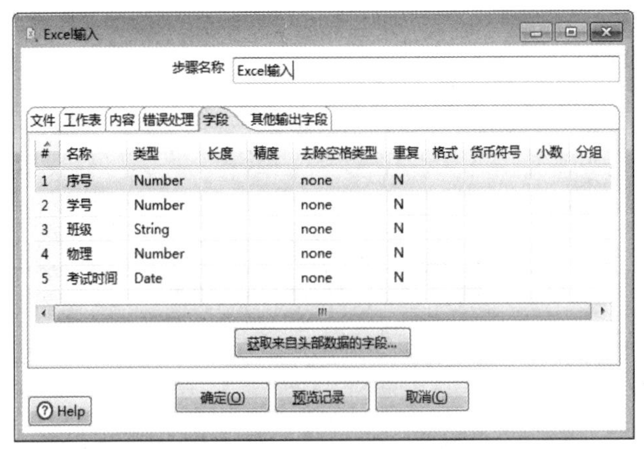

图 2-36 获取 Excel 文件的字段表

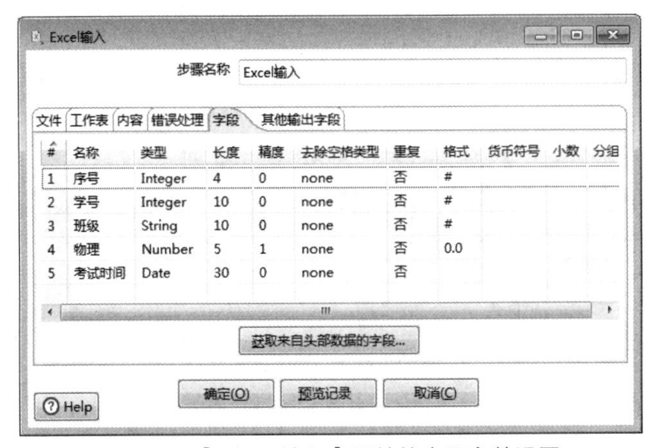

图 2-37 【Excel 输入】组件的字段参数设置

需要说明的是，如果有些 Excel 文件的文件头部没有字段数据，那么系统会自动生成默认的字段名称，也可以重新编辑字段名称，字段的类型、长度等字段属性也可以进行编辑。

当获取字段后，图 2-37 所示【Excel 输入】对话框下方【预览记录】按钮的字体显示为黑色，说明此时可以预览数据。

4.【内容】选项卡参数

单击图 2-37 所示的【内容】选项卡，如图 2-38 所示，对读取 Excel 文件内容进行参数设置，一般按照缺省值配置。参数的说明如表 2-13 所示。

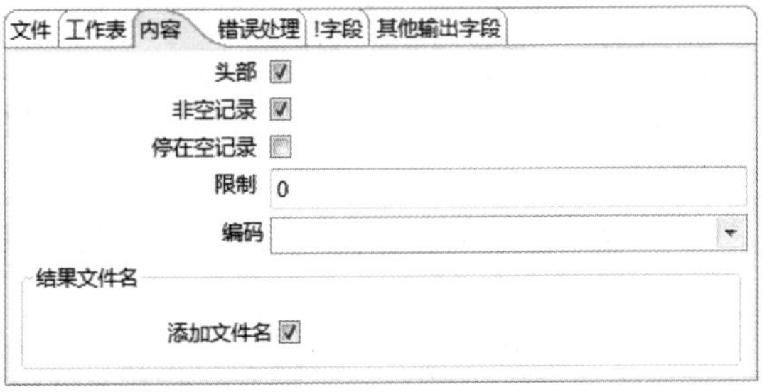

图 2-38 【内容】选项卡

表 2-13 【内容】选项卡参数的说明

参数名称	说　　明
头部	表示选中的工作表是否包含表头行。默认勾选
非空记录	表示是否在输出中不出现空行（记录）。默认勾选
停在空记录	表示当读取记录遇到空行时，选择是否停止读取文件的当前工作表。默认不勾选
限制	表示限制生成的记录数量。当设置为 0 时，结果不受限制。默认值为 0
编码	表示读入的文本文件编码。第一次使用时，Kettle 会在系统中搜索可用的编码。使用 Unicode 的，请指定 UTF-8 或 UTF-16。默认值为 Kettle 系统的编码

5.【错误处理】选项卡参数

单击图 2-38 所示的【错误处理】选项卡，如图 2-39 所示，可对获取 Excel 文件时产生的错误处理参数进行设置，检查和定位错误位置，一般按照缺省值配置。

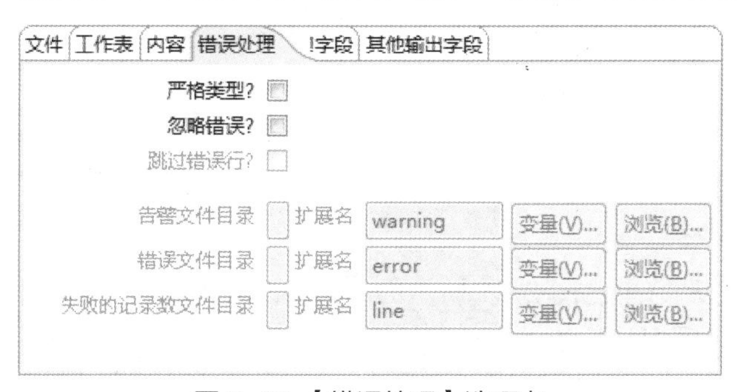

图 2-39 【错误处理】选项卡

6.【其他输出字段】选项卡参数

单击图 2-39 所示的【其他输出字段】选项卡，如图 2-40 所示，对 Excel 文件的其他输出字段参数进行设置，用于指定处理文件的附加信息，默认值为空，一般按照缺省值配置。有关参数的说明如表 2-14 所示。

文件 | 工作表 | 内容 | 错误处理 | 字段 | 其他输出字段

文件名称字段
工作表名称字段
表单的行号列
行号列
文件名字段
扩展名字段
路径字段
文件大小字段
是否为隐藏文件字段
最后修改时间字段
Uri 字段
Root uri 字段

图 2-40 【其他输出字段】选项卡

表 2-14 【其他输出字段】选项卡参数的说明

字段参数	说 明
文件名称字段	表示指定完整的文件名称和扩展名的字段。默认值为空
工作表名称字段	表示指定要使用的工作表名称的字段。默认值为空
表单的行号列	表示指定要使用的当前工作表行号字段。默认值为空
行号列	表示指定写入行数的字段。默认值为空
文件名字段	表示指定文件名但没有路径信息，有扩展名的字段。默认值为空
扩展名字段	表示指定文件名扩展名的字段。默认值为空
路径字段	表示指定以操作系统格式包含路径的字段。默认值为空
文件大小字段	表示指定文件数据大小的字段。默认值为空
是否为隐藏文件字段	表示文件是否为隐藏的字段（布尔值）。默认值为空
最后修改时间字段	表示最后修改 Excel 数据时间的字段。默认值为空
Uri 字段	表示指定包含 Uri 的字段。默认值为空
Root uri 字段	表示指定仅包含 Uri 的根部分的字段。默认值为空

2.4.3 预览结果数据

设置好字段参数后，单击图 2-37 所示的【预览记录】按钮，弹出【预览数据数量】对话框，要预览的行数采用默认值，并单击【确定】按钮。弹出【预览数据】对话框，展示 Excel 输入的数据，如图 2-41 所示。

图 2-41 【预览数据】对话框

任务 2.5 生成记录

在数据统计中，往往要生成固定行数和列数的记录，用于存放统计总数。为方便记

录 1~12 月份商品的销售总额，需要通过生成记录，生成一个月销售总额的数据表，包括商品名称和销售总额两个字段，记录销售的商品和当月商品统计销售总额，共生成 12 条记录。

任务分析

（1）建立【生成记录】转换工程。

（2）设置【生成记录】组件参数。

（3）预览结果数据。

2.5.1 建立生成记录转换工程

使用 Ctrl+N 组合键，创建【生成记录】转换工程，单击【核心对象】选项卡，展开【输入】对象，选中【生成记录】组件，并拖曳到右边工作区中，如图 2-42 所示。

图 2-42 创建【生成记录】组件

2.5.2 设置参数

双击图 2-42 所示的【生成记录】组件，弹出创建【生成记录】对话框，如图 2-43 所示。【生成记录】组件的参数，包含组件的基础参数和【字段】表参数，有关参数的说明如表 2-15 所示。

图 2-43 【生成记录】对话框

表 2-15 【生成记录】组件参数的说明

<table>
<tr><th colspan="2">参数名称</th><th>说　明</th></tr>
<tr><td rowspan="3">基础参数</td><td>步骤名称</td><td>表示生成记录组件的名称，在单个转换工程中，名称必须唯一。默认值为【生成记录】的组件名称</td></tr>
<tr><td>限制</td><td>表示生成记录的最大行数。默认值为 10</td></tr>
<tr><td>Never stop generating rows</td><td>表示在实时用例中，是否不停止正在运行的转换。这个组件的输出，用于驱动循环任务，如文件、队列、数据库……该参数是一个勾选框，默认不勾选。当设置为√时，才能设置下列参数。
（1）Interval in ms(delay)：生成记录之间的间隔(以毫秒为单位)。
（2）Current row time field name：Date 字段，生成当前记录的时间。
（3）Previous row time field name：Date 字段，生成前一记录的时间</td></tr>
<tr><td colspan="2">字段</td><td>表示要生成记录的字段，采用一个【字段】表来设置有关字段名称和字段参数。字段和字段参数的说明如表 2-16 所示</td></tr>
</table>

表 2-16 【字段】表参数的说明

参数名称	说　明
名称	表示生成记录的字段名称
类型	表示字段的数据类型
格式	表示原始字段格式的可选掩码。日期和数字使用公共有效日期和数字格式
长度	表示字段长度
精度	表示数字类型字段的浮点数的精确位数
货币类型	表示货币符号，例如，“￥”“$”或“€”等货币符号
小数	表示小数点符号，一般使用英文点号“.”
分组	表示数值分组符号，一般使用英文逗号“,”
值	表示该字段的值
设为空串?	表示是否设为字符串

在图 2-43 所示的【生成记录】对话框中，设置有关参数，生成 12 条记录的商品销售总额表，步骤如下。

（1）确定组件名称。【步骤名称】参数保留默认值。

（2）确定表的记录数。【限制】参数设置为“12”。

（3）设置字段参数。在【字段】表中，对各字段的参数进行设置，如图 2-44 所示，此时完成【生成记录】组件参数的设置。

图 2-44 【生成记录】组件的参数设置

2.5.3 预览结果数据

单击图 2-44 所示的【预览(P)】按钮，弹出【输入预览记录数】对话框，预览记录数采用默认值，单击【确定】按钮。弹出【预览数据】对话框，展示生成记录的数据，如图 2-45 所示。

预览数据

步骤 生成记录 的数据 (12 rows)

#	商品名称	销售总额
1	百香果汁	0.00
2	百香果汁	0.00
3	百香果汁	0.00
4	百香果汁	0.00
5	百香果汁	0.00
6	百香果汁	0.00
7	百香果汁	0.00
8	百香果汁	0.00
9	百香果汁	0.00
10	百香果汁	0.00
11	百香果汁	0.00
12	百香果汁	0.00

关闭(C)　显示日志(L)

图 2-45 【预览数据】对话框

任务 2.6　生成随机数

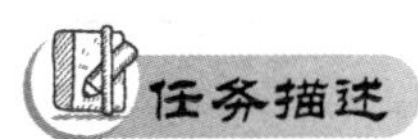

在工作中，往往需要生成随机数验证码，作为数据或文件的验证码。为方便给授权用户验证文件，需要通过生成随机数，生成一组 MD5 信息授权码，作为数据文件的认证授权码。

任务分析

（1）建立【生成随机数】转换工程。

（2）设置【生成随机数】组件参数。

（3）预览结果数据。

2.6.1 建立生成随机数转换工程

使用 Ctrl+N 组合键，创建【生成随机数】转换工程，单击【核心对象】选项卡，展开【输入】对象，选中【生成随机数】组件，并拖曳其到右边工作区中，如图 2-46 所示。

图 2-46 创建【生成随机数】组件

2.6.2 设置参数

双击图 2-46 所示的【生成随机数】组件，弹出【生成随机值】对话框，如图 2-47 所示。【生成随机数】组件的参数，包含组件的基础参数和【字段】表参数，有关参数的说明如表 2-17 所示。

图 2-47 【生成随机值】对话框

表 2-17 【生成随机数】组件参数的说明

参数名称		说明
基础参数	步骤名称	表示生成随机数组件名称，在单个转换工程中，名称必须唯一。默认值为【生成随机数】的组件名称
字段		表示生成随机数的字段，使用一个【字段】表来设置字段名称和类型。 （1）名称：字段的名称。 （2）类型：表示生成随机数的类型。单击输入框，从弹出【选择数据类型】对话框中选择，有以下类型。 ① 随机数：生成 0 和 1 之间的随机数。 ② 随机整数：生成一个 32 位的随机整数。 ③ 随机字符串：基于 64 位长随机值生成随机字符串。 ④ UUID：统一唯一标识符。 ⑤ UUID4：统一唯一标识符类型 4。 ⑥ HmacMD5：HmacMD5 随机消息认证码。 ⑦ HmacSHA1：HmacSHA1 随机消息认证码

在图 2-47 所示的【生成随机值】对话框中，设置参数，随机生成一组 MD5 信息授权码，步骤如下。

（1）确定组件名称。【步骤名称】参数保留默认值“生成随机值”。

（2）设置字段参数。在【字段】表中第 1 行，设置字段名称和类型。

① 单击【名称】参数输入框，键入“授权码”。

② 单击【类型】参数输入框，弹出【选择数据类型】对话框，选择【Random Message Authentication Code (HmacMD5)】类型，如图 2-48 所示。

③ 单击图 2-48 所示的【确定(O)】按钮，选中字段的数据类型。单击【确定】按钮，如图 2-49 所示，此时完成【生成随机数】组件的参数设置。

图 2-48 【选择数据类型】对话框

图 2-49 【生成随机数】组件的参数设置

2.6.3 预览结果数据

在图 2-46 所示的【生成随机数】转换工程中，单击【生成随机数】组件，再单击工作区上方的图标，弹出【转换调试窗口】对话框，展示生成随机数的数据，如图 2-50 所示。

单击图 2-50 所示的【快速启动】按钮，弹出【预览数据】对话框，展示生成随机数的授权码数据，如图 2-51 所示。

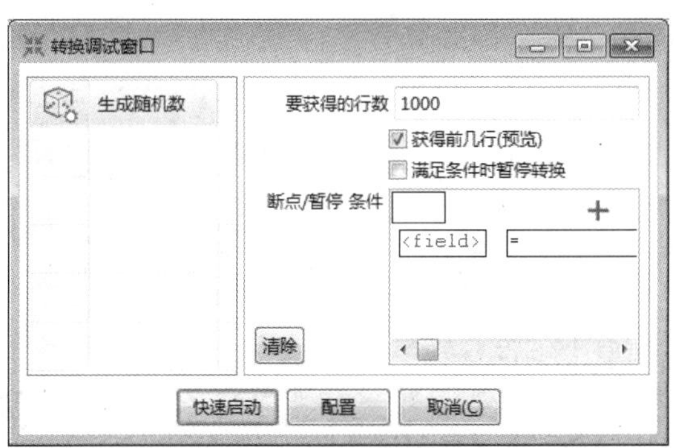

图 2-50 【转换调试窗口】对话框

图 2-51 【预览数据】对话框

任务 2.7 获取系统信息

系统信息是指 Kettle 系统环境的信息，包括计算机系统的日期、星期等时间类型信息，计算机名称、IP 地址等设备信息，Kettle 系统转换过程中的信息等。为方便读取计算机上到本月最后一天的交易数据文件，需要通过获取系统信息，获得当月最后一天的时间，以及当前计算机名称与 IP 地址等系统信息。

任务分析

（1）建立【获取系统信息】转换工程。

（2）设置【获取系统信息】组件参数。

（3）预览结果数据。

2.7.1 建立获取系统信息转换工程

使用 Ctrl+N 组合键，创建【获取系统信息】转换工程，单击【核心对象】选项卡，展开【输入】对象，选中【获取系统信息】组件，并拖曳其到右边工作区中，如图 2-52 所示。

图 2-52 创建【获取系统信息】组件

2.7.2 设置参数

双击图 2-52 所示的【获取系统信息】组件，弹出【获取系统信息】对话框，如图 2-53 所示。【获取系统信息】组件的参数包含组件的基础参数以及【字段】表参数，有关参数的说明如表 2-18 所示。

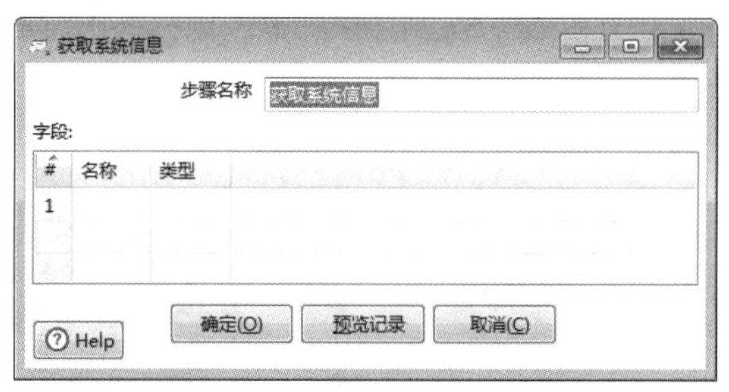

图 2-53 【获取系统信息】对话框

表 2-18 【获取系统信息】组件参数的说明

参数名称		说　明
基础参数	步骤名称	表示获取系统信息组件名称，在单个转换工程中，名称必须唯一。默认值为【获取系统信息】的组件名称
字段		表示获取系统信息的字段，采用一个【字段】表来分行设置字段名称和类型。 （1）名称：表示字段名称。 （2）类型：表示获取系统信息的类型，单击输入框，弹出【选择数据类型】对话框，选中以下类型（因类型浅显易懂，且内容较多，只列出类型所属归类）。 ① 时间类：包括现在、以前和将来时间，以及特定时间，如本月最后一天时间等。 ② 日期类：包括现在、以前和将来日期，以及特定日期，如昨天、今天、明天等。 ③ Kettle 系统类：包括转换工程、任务等名称，以及修改的用户、时间的等相关信息。 ④ 计算机和系统类：包括计算机名称、IP 地址等相关信息。 ⑤ JVM 类：包括 JVM 中各类内存大小、CPU 时间等运行信息。 ⑥ 其他类信息：其他转换过程的信息，如 Kettle 版本、美国时间、任务运行操作等信息

在图 2-53 所示的【获取系统信息】对话框中，设置参数，获取当月最后一天的时间，以及当前的计算机名称与 IP 地址等系统信息，步骤如下。

（1）确定组件名称。【步骤名称】参数保留默认值。

（2）设置字段参数。在【字段】表中，设置字段参数。

① 设置第 1 行参数。【名称】参数设置为“当月最后一天”。单击【类型】输入框，弹出【选择信息类型】对话框。选择“本月最后一天的 23:59:59”类型，如图 2-54 所示，并单击【确定(O)】按钮。

② 设置第 2 行参数。与设置第 1 行参数类似，第 2 行参数的【名称】参数设置为“计算机名称”，【类型】参数设置为“主机名”。

③ 设置第 3 行参数。与设置第 1 行参数类似，第 3 行参数的【名称】参数设置为“IP 地址”，【类型】参数设置为“IP 地址”，如图 2-55 所示，此时已完成【获取系统信息】组件的参数设置。

图 2-54 【选择信息类型】对话框

图 2-55 【获取系统信息】组件的参数设置

2.7.3 预览结果数据

单击图 2-55 所示的【浏览记录】按钮，弹出【Enter preview size】对话框，预览记录数采用默认值，单击【确定】按钮。弹出【预览数据】对话框，展示获取系统信息的数据，如图 2-56 所示。

图 2-56 【预览数据】对话框

小结

本章通过对抽取和生成数据两类方法的介绍，为之后的数据整合和处理打下了数据基础。首先，本章介绍了从数据库、CSV 和 Excel 这 3 种常用文件中抽取数据的方法，通过任务对源数据、建立抽取数据组件、设置参数和浏览抽取的数据进行了详细说明，阐述了各种抽取方法的特点和不同之处，实现了源数据的抽取；其次，介绍了生成记录、生成随机数和获取系统信息 3 种常用的生成数据的方法，通过任务对建立生成数据组件、设置参数和浏览生成数据进行了详细说明，实现了数据的生成。

课后习题

1. 选择题

（1）数据库连接方式，常用的有（　　）等选项。

A. JDBC　　B. ODBC　　C. JNDI　　D. A、B、C 都是

（2）表输入组件中，SQL 参数可以直接键盘输入，也可以单击【获取 SQL 查询语句】按钮，选择（　　），通过查询数据库表获取数据。

A. 数据库　　B. 数据库表　　C. 记录　　D. 字段

（3）关于 CSV 文件输入与 Excel 输入组件，下列描述错误的是（　　）。

A. 因为使用 Excel 可以打开 CSV 文件，所以 CSV 文件输入与 Excel 输入组件的参数是一样的

B. CSV 文件输入与 Excel 输入组件都要对字段参数进行设置

C. 设置 CSV 文件输入组件参数，必须设置列分隔符参数

D. 虽然使用 Excel 可以打开 CSV 文件，但是 CSV 文件输入与 Excel 输入组件的参数差异很大

（4）【多选题】在 Excel 输入组件中，下列描述正确的有（　　）。

A. 一个 Excel 输入组件可以获取多个 Excel 文件的数据

B. 一个 Excel 输入组件可以获取多个工作表的数据

C. 一个 Excel 输入组件只能获取 1 个 Excel 文件的数据，但是可以获取文件多个工作表的数据

D. 一个 Excel 输入组件可以获取多个 Excel 文件的数据，但是只能获取文件第 1 个工作表的数据

（5）下列描述正确的是（　　）。

A. 生成记录只能生成空的记录

B. 生成记录是在当前的数据记录中，新增一行新的记录

C. 生成记录，会生成新的字段和数据

D. 生成记录中生成数据，不能生成字段

2. 操作题

（1）自行构造一份通讯录 Excel 文件和数据记录，通讯录包括姓名、电话、地址、QQ 号码和微信号等字段，使用 Excel 输入组件，获取并预览通讯录的数据。

（2）建立数据库连接和表输入组件，在 MySQL 的“demodb”数据库中，获取“2020 年 4 月月考成绩”表的数据。

（3）自行构造一份通讯录 CSV 文件和数据记录，通讯录包括姓名、电话、地址、QQ 号码和微信号等字段，字段数据之间使用“,”分隔，使用 CSV 文件输入组件，获取并预览通讯录的数据。

第3章 记录处理

记录处理是以每条记录为处理对象，使用某种处理方法的统称。在 Kettle 中，常用的记录处理有排序记录、去除重复记录、替换 NULL 值、过滤记录、值映射、字符串替换和分组等组件。本章将分别介绍这些组件的使用方法，学习常用记录处理的方法。通过重复记录、NULL 值等处理，实现对数据的整理，提高数据质量，发展数字产业，增强科技实力。

学习目标

（1）了解记录处理常用组件的作用。

（2）掌握记录处理常用组件的参数及参数的设置方法。

（3）熟悉使用各个记录处理组件后的结果数据解读。

任务 3.1 排序记录

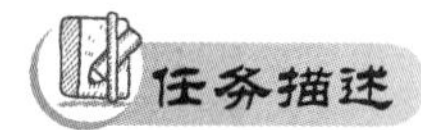

任务描述

排序是对数据中的无序记录，按照自然或客观规律，根据关键字段大小递增或递减的次序，对记录重新排列的过程。为了得出学生的成绩排名，需要对“2019 年 11 月月考数学成绩.xls”文件，使用【排序记录】组件，对学生的成绩从低到高排序。

任务分析

（1）建立【排序记录】转换工程。

（2）设置【排序记录】组件参数。

（3）预览结果数据。

3.1.1 建立排序记录转换工程

使用 Ctrl+N 组合键，创建【排序记录】转换工程。接着创建【Excel 输入】组件，设置参数，导入“2019 年 11 月月考数学成绩.xls”文件，预览数据，如图 3-1 所示，其中“数学”字段数据处于无序状态。

在【排序记录】转换工程中，单击【核心对象】选项卡，展开【转换】对象，选中【排序记录】组件，并拖曳其至右边工作区中。由【Excel 输入】组件指向【排序记录】组件，建立节点连接，如图 3-2 所示。

图 3-1 预览“2019 年 11 月月考数学成绩.xls”文件数据

图 3-2 建立【排序记录】组件和节点连接

3.1.2 设置参数

双击图 3-2 所示的【排序记录】组件，弹出【排序记录】对话框，如图 3-3 所示。【排序记录】组件的参数包含组件的基础参数和【字段】表参数，有关参数的说明如表 3-1 所示。其中,【字段】表参数是设置参与排序的字段参数，可以对多个字段设置参数。

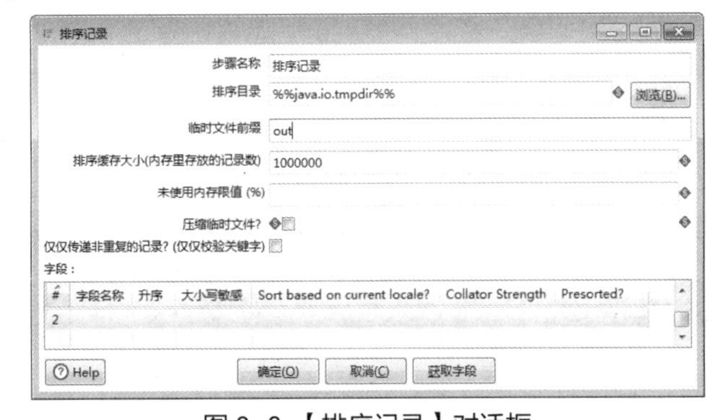

图 3-3 【排序记录】对话框

表 3-1 【排序记录】组件参数的说明

参数名称		说 明
基础参数	步骤名称	表示排序组件名称，在单个转换工程中，名称必须唯一。默认值是【排序记录】组件名称
	排序目录	表示排序时存放临时文件的目录，可以直接键盘设置，也可以单击【浏览(B)...】按钮，设置为计算机上已存在的目录。默认值是当前系统标准临时文件目录%%java.io.tmpdir%%
	临时文件前缀	表示临时文件前缀名称，排序时使用临时文件，可以加快和方便排序。当行数超过指定的排序大小的时候，系统将使用临时文件排序行。默认值为 out
	排序缓存大小（内存里存放的记录数）	表示存放在内存的记录数，存储在内存中的记录越多，排序过程就越快。默认值为 1000000
	未使用内存限值(%)	表示未使用内存的百分比限值。排序时，如果发现可用的空闲内存少于指定的数字，系统会将数据分页到磁盘。默认值为空

续表

参数名称		说　明
基础参数	压缩临时文件?	表示需要临时文件来完成排序时，是否压缩该临时文件。默认不勾选
	仅仅传递非重复的记录?（仅仅校验关键字）	表示是否启用仅向输出流传递唯一的记录。默认不勾选
字段		表示参加排序的字段，使用一个【字段】表来设置字段的参数。有关排序字段参数的说明如表 3-2 所示

表 3-2 【字段】表参数的说明

字段参数	说　明
字段名称	指定排序的字段名称,可用多个字段进行组合排序。可以直接键盘输入,也可以单击输入框,从下拉框中选中输入流的字段,还可以点击如图 3-3 所示的【获取字段】按钮，获取所有字段进行编辑，保留需要排序的关键字段，删除不参加排序的字段
升序	对指定的字段制定排序方向（升序/降序），选项有是、否
大小写敏感	指定排序时是否区分大小写，选项有是、否
Sort base on current locale?	是否根据当前位置排序，选项有是、否
Collator Strength	指定排序器强度，选项有 0、1、2、3
Presorted?	是否进行预排序，选项有是、否

在图 3-3 所示的【排序目录】对话框中，设置参数，将“数学”字段的数据按照从低到高进行排序，步骤如下。

（1）确定组件名称。【步骤名称】参数保留默认值“排序记录”。

（2）确定排序目录。【排序目录】参数保留默认值“%%java.io.tmpdir%%”。

（3）设置排序字段参数。在【字段】表中，对各字段的参数进行设置，此时完成【排序目录】组件参数的设置，如图 3-4 所示。

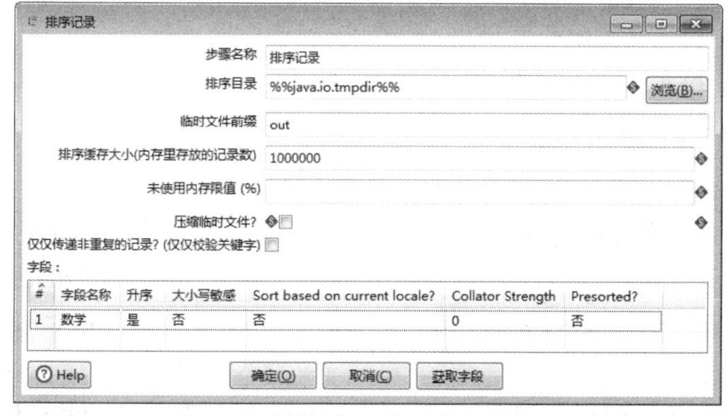

图 3-4 【排序记录】组件参数设置

3.1.3 预览结果数据

在【排序记录】排序工程中，单击【排序记录】组件，再单击工作区上方的图标。预览数据，展示排序后的数据，如图 3-5 所示。

图 3-5 排序后的数据

任务 3.2 去除重复记录

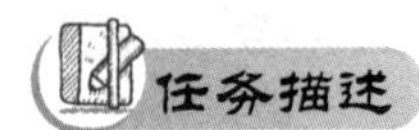

任务描述

由于输入或其他错误，数据文件中可能出现两条或多条数据完全相同的记录，这些相同的记录称为重复记录。重复的记录属于“脏数据”，会造成数据统计和分析不正确，必须清洗掉重复记录。由于在“期考成绩.xls”文件中，发现存在序号不同，但是学号、各科考试成绩完全相同的记录，所以需要使用【去除重复记录】组件，去除这些重复的数据。

任务分析

（1）建立【去除重复记录】转换工程。

（2）设置【去除重复记录】组件参数。

（3）预览结果数据。

3.2.1 建立去除重复记录转换工程

在去除重复记录（简称去重）之前，必须使用关键字段对数据记录进行排序，确定哪些记录属于重复记录。

使用 Ctrl+N 组合键，创建【去除重复记录】转换工程。接着创建【Excel 输入】组件，设置参数，导入“期考成绩.xls”文件。接着创建【排序记录】组件，并由【Excel 输入】组件指向【排序记录】组件，建立节点连接，如图 3-6 所示。

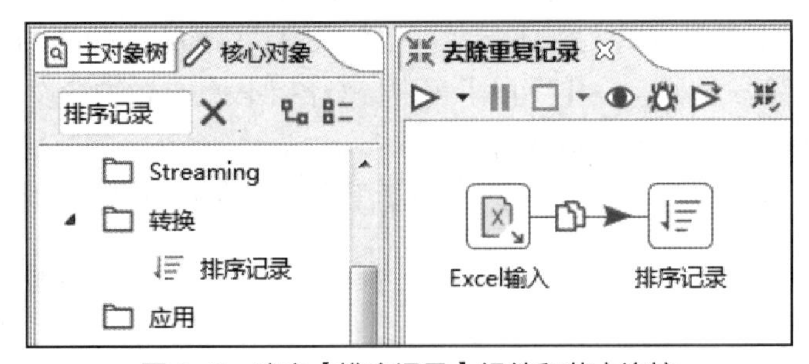

图 3-6 建立【排序记录】组件和节点连接

双击图 3-6 所示的【排序记录】组件，对“学号”字段按照升序进行排序后预览数据，如图 3-7 所示。除了“序号”字段数据外，“学号”分别为“201709023”“201709028”的数据各有两条记录，并且对应的“语文”“数学”等考试科目和“创建时间”的数据也相同。

在【去除重复记录】转换工程中，单击【核心对象】选项卡，展开【转换】对象，选中【去除重复记录】组件，并拖曳其至右边工作区中，并由【排序记录】组件指向【去除重复记录】组件，建立节点连接，如图 3-8 所示。

#	序号	学号	语文	数学	英语	物理	化学	生物	创建时间
22	22	201709022	96.0	69.0	76.0	73.0	76.0	76.0	2018/06/28
23	23	201709023	64.0	69.0	76.0	73.0	76.0	78.0	2018/06/28
24	24	201709023	64.0	69.0	76.0	73.0	76.0	78.0	2018/06/28
25	25	201709024	99.0	89.0	82.0	72.0	96.0	99.0	2018/06/28
26	26	201709025	91.0	76.0	78.0	83.0	97.0	91.0	2018/06/28
27	27	201709026	89.0	87.0	74.0	83.0	82.0	89.0	2018/06/28
28	28	201709027	76.0	78.0	68.0	95.0	78.0	76.0	2018/06/28
29	29	201709028	87.0	89.0	73.0	76.0	68.0	96.0	2018/06/28
30	30	201709028	87.0	89.0	73.0	76.0	68.0	96.0	2018/06/28

图 3-7　排序后的“期考成绩.xls”文件数据发现有重复记录

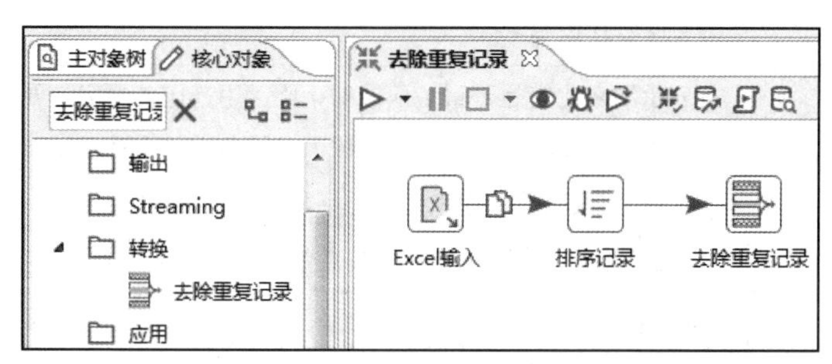

图 3-8　建立【去除重复记录】组件和节点连接

3.2.2　设置参数

双击图 3-8 所示的【去除重复记录】组件，弹出【去除重复记录】对话框，如图 3-9 所示。【去除重复记录】组件的参数包含组件的基础参数和【用来比较的字段】表参数，有关参数的说明如表 3-3 所示。

图 3-9　【去除重复记录】对话框

表 3-3 【去除重复记录】组件参数的说明

参数名称		说明
基础参数	步骤名称	表示去除重复组件名称，在单个转换工程中，名称必须唯一。默认值是【去除重复记录】的组件名称
	增加计数器到输出?	表示勾选此选项时，计数器计算重复记录的条数，并将计数器字段添加至输出流中。勾选后才能设置【计数器字段】参数名称。默认不勾选
	计数器字段	表示对重复记录计数的计数器字段名称，【增加计数器到输出】勾选时才能设置。默认值为空
	重定向重复记录	表示勾选此选项时，将重复的记录作为错误处理并将其重定向到组件的错误流中。如果不勾选，重复的记录将被删除。勾选后才能编辑【错误描述】内容，内容是指当组件检测到重复记录时显示的错误处理描述。默认不勾选
	错误描述	表示对出现重复记录现象的内容描述，【重定向重复记录】勾选时才能设置。默认值为空
用来比较的字段		表示用来比较是否重复记录的字段，用来比较的字段可以有多个，用一个表来分行设置不同的字段参数，字段参数如下。 （1）字段名称：用来比较的字段，默认值为空。 （2）忽略大小写：比较字段是否区分大小写，选项有 Y、N，默认值为空

在图 3-9 所示的【去除重复记录】对话框中，设置参数，去除学号相同的记录，步骤如下。

（1）确定组件名称。【步骤名称】参数保留默认值“去除重复记录”。

（2）确定计数器字段。【增加计数器到输出?】设置为“√”，【计数器字段】设置为“重复行数”。

（3）确定错误描述。【重定向重复记录】设置为“√”，【错误描述】设置为“重复输入”。

（4）设置用来比较的字段参数。在【用来比较的字段】表中，【字段名称】设置为“学号”，【忽略大小写】设置为“N”，此时完成【去除重复记录】组件参数的设置，如图 3-10 所示。

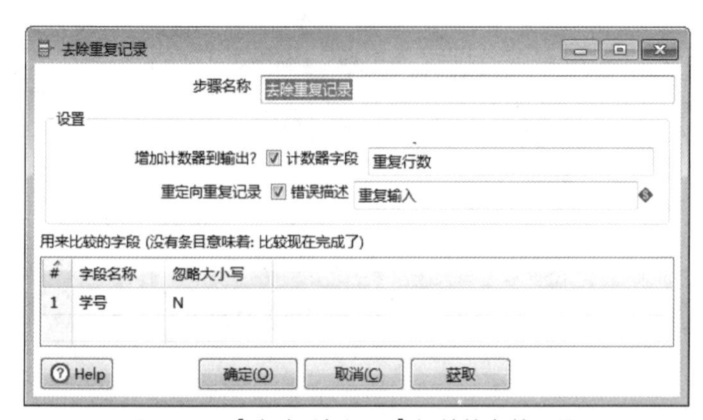

图 3-10 【去除重复记录】组件的参数设置

3.2.3 预览结果数据

在【去除重复记录】转换工程中，单击【去除重复记录】组件，再单击工作区上方的图标即可预览去除重复记录后的数据，如图 3-11 所示。

预览数据

步骤 去除重复记录 的数据 (52 rows)

#	序号	学号	语文	数学	英语	物理	化学	生物	创建时间
22	22	201709022	96.0	69.0	76.0	73.0	76.0	76.0	2018/06/28
23	23	201709023	64.0	69.0	76.0	73.0	76.0	78.0	2018/06/28
24	25	201709024	99.0	89.0	82.0	72.0	96.0	99.0	2018/06/28
25	26	201709025	91.0	76.0	78.0	83.0	97.0	91.0	2018/06/28
26	27	201709026	89.0	87.0	74.0	83.0	82.0	89.0	2018/06/28
27	28	201709027	76.0	78.0	68.0	95.0	78.0	76.0	2018/06/28
28	29	201709028	87.0	89.0	73.0	76.0	68.0	96.0	2018/06/28
29	31	201709029	91.0	89.0	84.0	73.0	71.0	64.0	2018/06/28

关闭(C)

图 3-11 去除重复记录后的数据

任务 3.3 替换 NULL 值

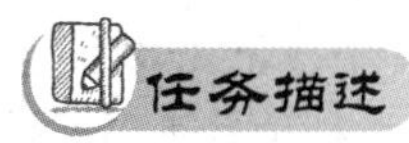

任务描述

在 Kettle 转换过程中，默认情况下，会将空值当作 NULL 值处理。如果数据类型字段出现 NULL 值，那么在计算时就会出现错误。在“2019 年 11 月月考英语成绩.xls”文件中，学号为“201709007”的同学没有参加考试，根据规定考试分数将按零分处理，需要使用【替换 NULL 值】组件，使用“0”替换该同学的英语考试分数。

任务分析

（1）建立【替换 NULL 值】转换工程。

（2）设置【替换 NULL 值】组件参数。

（3）预览结果数据。

3.3.1 建立替换 NULL 值转换工程

使用 Ctrl+N 组合键，创建【替换 NULL 值】转换工程。接着创建【Excel 输入】组件，设置参数，导入“2019 年 11 月月考英语成绩.xls”文件，预览数据，“学号”字段数据为“201709007”，所对应的“英语”字段数据为“<null>”（NULL），如图 3-12 所示。

预览数据

步骤 Excel输入 的数据 (51 rows)

#	序号	学号	英语
5	5	201709005	115.0
6	6	201709006	143.0
7	7	201709007	<null>
8	8	201709008	118.0
9	9	201709009	113.0

关闭(C)

图 3-12 “英语”字段数据中出现“<null>”

在【替换 NULL 值】转换工程中，单击【核心对象】选项卡，展开【应用】对象，选中【替换 NULL 值】组件，并拖曳其至右边工作区中。由【Excel 输入】组件指向【替换 NULL 值】组件，建立节点连接，如图 3-13 所示。

图 3-13　建立【替换 NULL 值】组件和节点连接

3.3.2　设置参数

双击图 3-13 所示的【替换 NULL 值】组件，弹出【替换 NULL 值】对话框，如图 3-14 所示。【替换 NULL 值】组件的参数除了包含组件的基础参数外，还包含【替换所有字段的 null 值】【选择字段】【选择值类型】3 种方式设置的参数，每种方式有多个不同的参数。有关参数的说明如表 3-4 所示。这 3 种方式只能三选一，默认是【替换所有字段的 null 值】方式，勾选【选择字段】参数后，通过【字段】表设置具体参数；勾选【选择值类型】参数后，通过【值类型】表设置具体参数。

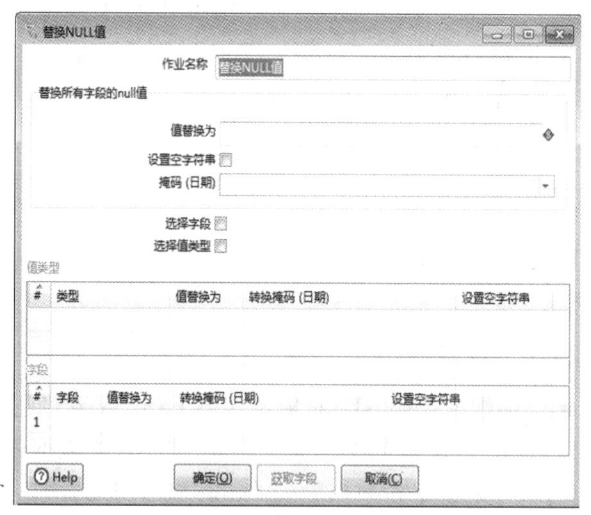

图 3-14　【替换 NULL 值】对话框

表 3-4　【替换 NULL 值】组件参数的说明

参数名称		说　明
基础参数	作业名称	表示【替换 NULL 值】组件名称，在单个转换工程中，名称必须唯一。默认值为【替换 NULL 值】组件名称
	选择字段	表示对所有记录的、指定字段的 NULL 值进行值替换的方式。默认不勾选
	选择值类型	表示对所有记录、指定的数据类型的 NULL 值进行替换的方式。默认不勾选

续表

参数名称	说明
替换所有字段的null值	表示对所有记录、所有字段的NULL值进行替换，为默认的替换方式。具体如下。 （1）值替换为：表示用来替换NULL的值，默认值为空。 （2）设置空字符串：表示是否设置空字符串，默认不勾选。 （3）掩码（日期）：表示日期字段的掩码格式，默认值为空
字段	表示勾选【选择字段】参数后，使用【字段】表设置参数，具体如下。 （1）字段：表示输入流的字段名称，单击下拉框选择设置。 （2）值替换为：表示要替换NULL的值。 （3）转换掩码（日期）：表示日期字段的掩码格式，默认值为空。 （4）设置空字符串：表示是否设置空字符串，选项有是、否，默认值为空
值类型	表示勾选【选择值类型】参数后，使用【值类型】表设置参数，具体如下。 （1）类型：表示选中数据类型，单击下拉框选择设置。 （2）值替换为：表示要替换NULL的值。 （3）转换掩码（日期）：表示日期字段的掩码格式，默认值为空。 （4）设置空字符串：表示是否设置空字符串，选项有是、否，默认值为空

在图3-14所示的【替换NULL值】对话框中，设置参数，用“0”替换“英语”字段的数据“null”，步骤如下。

（1）确定组件名称。【步骤名称】参数保留默认值“替换NULL值”。

（2）选择【选择字段】方式设置字段参数。【选择字段】设置为“√”，并在【字段】表中，对字段的参数进行设置。此时完成【替换NULL值】组件参数的设置，如图3-15所示。

图3-15 【替换NULL值】组件的参数设置

3.3.3 预览结果数据

在【替换 NULL 值】转换工程中，单击【替换 NULL 值】组件，再单击工作区上方的图标，预览替换 NULL 值后的数据，如图 3-16 所示。

#	序号	学号	英语
4	4	201709004	121.0
5	5	201709005	115.0
6	6	201709006	143.0
7	7	201709007	0.0
8	8	201709008	118.0
9	9	201709009	113.0

图 3-16 替换 NULL 值后的数据

任务 3.4 过滤记录

在数据处理时，往往要对数据所属类别、区域和时间等进行限制，将限制范围外的数据过滤掉。为了统计 2 班的考试人数和成绩，需要对“2019 年 10 月年级月考数学成绩.xls”文件，使用【过滤记录】组件，过滤掉不是 2 班的数据。

任务分析

（1）建立【过滤记录】转换工程。

（2）设置【过滤记录】组件参数。

（3）预览结果数据。

3.4.1 建立过滤记录转换工程

使用 Ctrl+N 组合键，创建【过滤记录】转换工程。接着创建【Excel 输入】组件，设置参数，导入“2019 年 10 月年级月考数学成绩.xls”文件，预览数据，如图 3-17 所示，文件包括 1 班、2 班的数据。

预览数据

步骤 Excel输入 的数据 (52 rows)

#	序号	学号	班级	数学
23	23	201709023	1班	109.0
24	24	201709024	1班	135.0
25	25	201709025	1班	143.0
26	26	201709026	2班	124.0
27	27	201709027	2班	132.0
28	28	201709028	2班	143.0

关闭(C)

图 3-17 预览“2019 年 10 月年级月考数学成绩.xls”数据

在【过滤记录】转换工程中，单击【核心对象】选项卡，展开【流程】对象，选中【过滤记录】组件，并拖曳其至右边工作区中。由【Excel 输入】组件指向【过滤记录】组件，建立节点连接，如图 3-18 所示。

图 3-18　建立【过滤记录】组件和节点连接

3.4.2　设置参数

双击图 3-18 所示的【过滤记录】组件，弹出【过滤记录】对话框，如图 3-19 所示。【过滤记录】组件的参数包含组件的基础参数和【条件】表达式参数，有关参数的说明如表 3-5 所示。

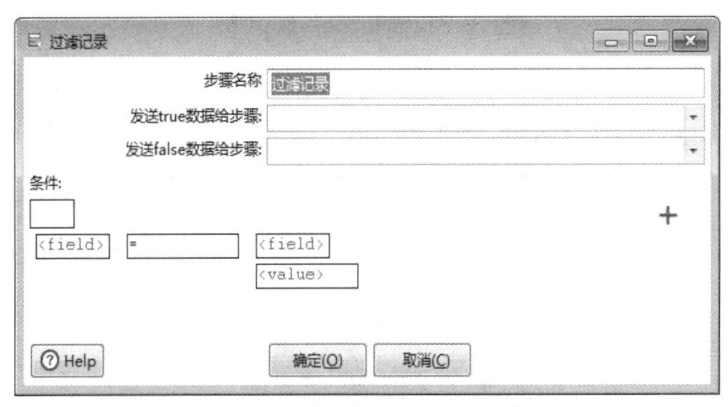

图 3-19　【过滤记录】对话框

表 3-5　【过滤记录】组件的参数说明

参数名称		说　明
基础参数	步骤名称	表示【过滤记录】组件名称，在单个转换工程中，名称必须唯一。默认值为【过滤记录】组件名称
	发送 true 数据给步骤	表示当条件为 true 时，记录被发送到此组件（步骤）。此参数也可以在与下一个组件（步骤）进行节点连接时设置。默认值为空
	发送 false 数据给步骤	表示当条件为 false 时，记录被发送到此组件（步骤）。此参数也可以在与下一个组件（步骤）进行节点连接时设置。默认值为空
条件		表示过滤条件的表达式，在【条件】表达式输入框中设置表达式中各个参数。默认值为空

条件表达式是由条件函数（运算符）构成的一个赋值语句，格式为：<字段><条件函数><表达式>，格式的中间为比较函数，左边为字段，右边为值表达式，如 a=5、a>（b+2）、 a<=10 等。为了方便读者理解，在图 3-19 所示的【条件】表达式输入框中，增加了条件表达式设置的指向说明，如图 3-20 所示。

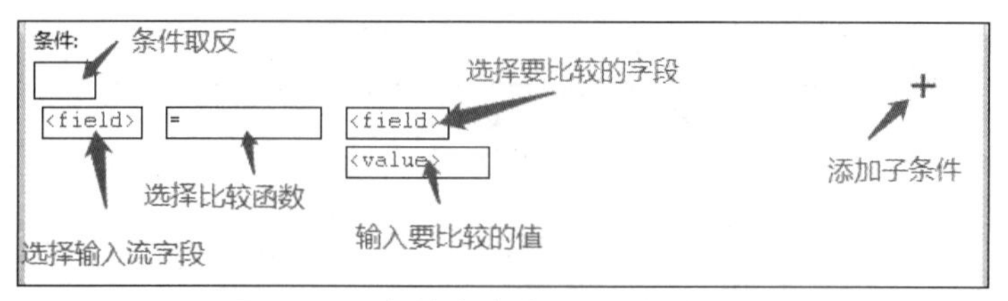

图 3-20　条件表达式设置的指向说明

1. 增加子条件

单击图 3-20 所示的+图标可以增加子条件，这时在【条件】表达式输入框中，显示出增加的条件表达式。初次生成的是一条“null=[ ]”的空表达式，如图 3-21 所示。

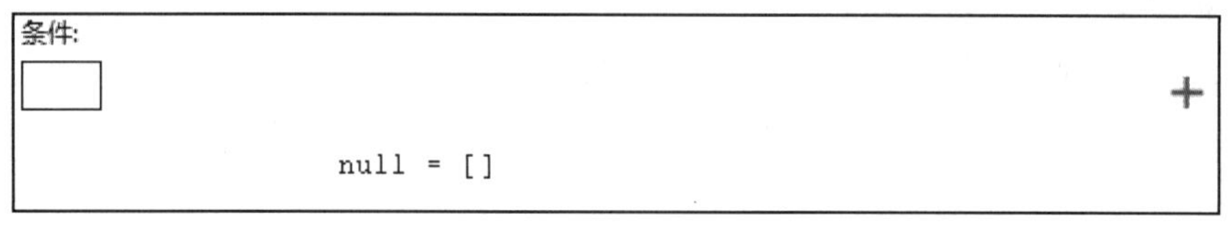

图 3-21　增加条件表达式

单击“null=[ ]”空表达式，可对该表达式进行设置，如图 3-22 所示。单击 ^^ 向上 ^^ 按钮可以向上切换回图 3-21 所示的条件表达式。

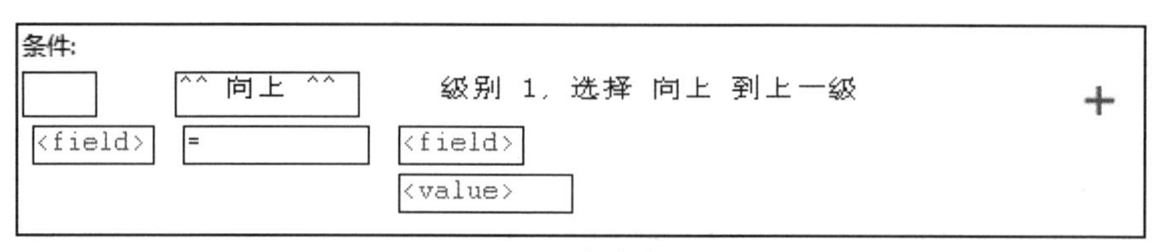

图 3-22　表达式设置

右键单击图 3-21 所示子条件表达式，弹出右键快捷菜单，可以对子条件进行编辑、删除、复制、粘贴、移动位置等操作，如图 3-23 所示。

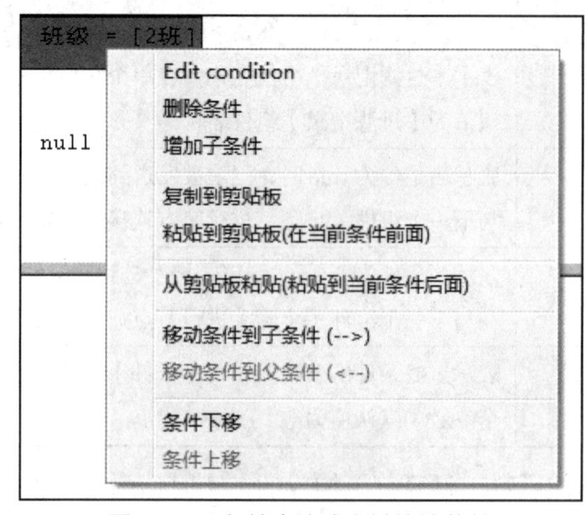

图 3-23　条件表达式右键快捷菜单

2. 选择输入流字段

单击图 3-20 所示的“选择输入流字段”指向的【<field>】字段输入框，弹出【字段】对话框，列出输入流字段表，选择需要过滤的字段，选中“班级”字段，如图 3-24 所示，单击下方【确定(O)】按钮，确定输入流字段。

图 3-24　输入流【字段】对话框

3. 选择比较函数

单击图 3-20 所示的“比较函数”指向的【=】函数输入框，弹出【函数】对话框，并列出过滤比较函数，有关过滤比较函数的说明如表 3-6 所示。选择“=”的过滤比较函数，如图 3-25 所示，单击【确定(O)】按钮，确认过滤比较函数。

表 3-6　过滤比较函数的说明

函数名称	说　明
=	表示等于，判断表达式字段是否等于右边的值，是比较【函数】默认值
<>	表示不等于，判断表达式字段是否不等于右边的值
<	表示小于，判断表达式字段是否小于右边的值
<=	表示小于等于，判断表达式字段是否小于等于右边的值
>	表示大于，判断表达式字段是否大于右边的值
>=	表示大于等于，判断表达式字段是否大于等于右边的值
REGEXP	表示正则表达式，判断表达式字段是否与模式匹配
IS NULL	表示为空，判断表达式字段是否为空
IS NOT NULL	表示不为空，判断表达式字段是否不为空
IN LIST	表示在列表中，判断表达式字段是否在指定的 list 列表中
CONTAINS	表示包含，判断表达式字段是否包含右边的值
STARTS WITH	表示以什么开始，判断表达式字段是否以右边的值开始
ENDS WITH	表示以什么结束，判断表达式字段是否以右边的值结束
LIKE	表示包括，判断表达式字段是否包括右边的值
TRUE	表示真，判断表达式字段是否为真

4. 输入要比较的值

单击图 3-20 所示“输入要比较的值”指向的【<value>】值输入框，弹出【E 输入一个值】对话框，输入比较的值，如图 3-26 所示。有关【E 输入一个值】对话框中的参数的说明如表 3-7 所示。需要注意，若设置“输入要比较的值”指向的【<value>】值参数，则不能设置“选择要比较的字段”指向的【<field>】字段参数，二者只能选其一。

图 3-25 【函数】对话框

图 3-26 【E 输入一个值】对话框

表 3-7 【E 输入一个值】对话框中的参数的说明

参数名称	说　明
类型	表示值的类型。类型选项有 BigNumber、Binary、Boolean、Date、Integer、Internet Address、Number、String、Timestamp。默认值为 String
值	表示值，可以是具体值或表达式。默认值为 1
转换格式	表示值的转换格式，默认值为空
长度	表示值的长度，默认值为-1
精度	表示值的精度，默认值为-1

5. 选择要比较的字段

单击图 3-20 所示“选择要比较的字段”指向的【<field>】字段输入框，弹出与图 3-24 类似的【字段】对话框，选中要比较的字段，单击【确定(O)】按钮，确定要比较的字段。同样，若设置了“选择要比较的字段”指向的【<field>】字段参数，则不能设置“输入要比较的值”指向的【<value>】值参数，二者只能选其一。

6. 条件取反

鼠标移向图 3-20 所示的“条件取反”指向的输入框，显示出 NOT 黑底红字的“NOT”，单击该输入框并移开鼠标，此时显示为 NOT 白底黑字的“NOT”，表示条件取反，即若表达式为 True，则条件为 False；若表达式为 False，则条件为 True。“条件取反”指向的输入框为一个奇偶输入框，单击取反，再次单击则取正。

在导入的“2019 年 10 月年级月考数学成绩.xls”文件中，过滤掉不是 2 班的数据，对图 3-22 的条件表达式按照表 3-8 的设置，此时完成【过滤记录】组件参数的设置，如图 3-27 所示。

表 3-8　条件表达式的参数设置

输入流【<field>】字段	【=】比较函数	【<Value>】输入一个值
班级	=	单击【<field>】输入框，弹出【E 输入一个值】对话框，对参数进行设置，如图 3-28 所示

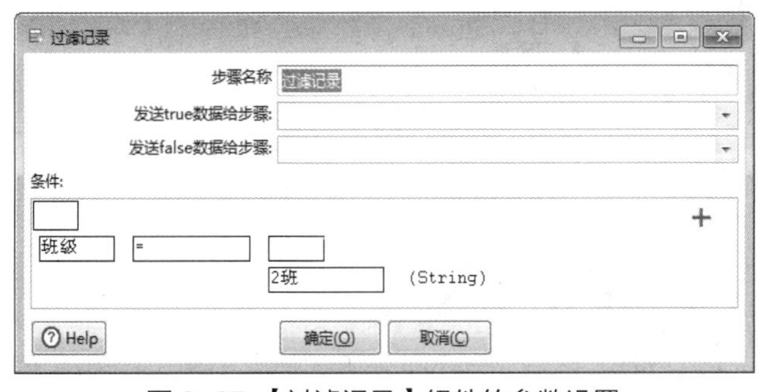

图 3-27　【过滤记录】组件的参数设置

图 3-28　【E 输入一个值】对话框中的参数设置

3.4.3　预览结果数据

在【过滤记录】转换工程中，单击【过滤记录】组件，再单击工作区上方的图标，预览过滤记录后的数据，如图 3-29 所示。

#	序号	学号	班级	数学
1	26	201709026	2班	124.0
2	27	201709027	2班	132.0
3	28	201709028	2班	143.0
4	29	201709029	2班	124.0
5	30	201709030	2班	128.0
6	31	201709031	2班	132.0

图 3-29　过滤记录后的数据

任务 3.5　值映射

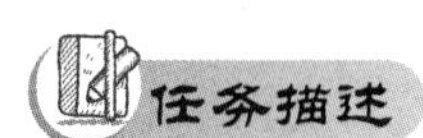

任务描述

在数据处理系统中，为了加快处理速度、减少内存和存储空间消耗，往往使用数字、字母或它们的组合表示真实的数据含义，例如，用“1”和“0”分别表示性别，难以直接看懂。在某校学生的“学籍信息.xls”文件中，性别字段数据分别用“1”或“0”表示。为了更加直观、一目了然地读懂学生的学籍信息，需要使用【值映射】组件，还原其对应的值“男”或“女”。

任务分析

（1）建立【值映射】转换工程。

（2）设置【值映射】组件参数。

（3）预览结果数据。

3.5.1　建立值映射转换工程

使用 Ctrl+N 组合键，创建【值映射】转换工程。接着创建【Excel 输入】组件，设置参数，导入“学籍信息.xls”文件，预览数据，如图 3-30 所示。当前数据中，“性别”字段的数据以“0”或“1”表示；“学籍”字段的数据以“H”或“J”表示；“籍贯”字段有一些数据前面有空格。

图 3-30 预览“学籍信息.xls”文件的数据

在【值映射】转换工程中，单击【核心对象】选项卡，展开【转换】对象，选中【值映射】组件，并拖曳其至右边工作区中。由【Excel 输入】组件指向【值映射】组件，建立节点连接，如图 3-31 所示。

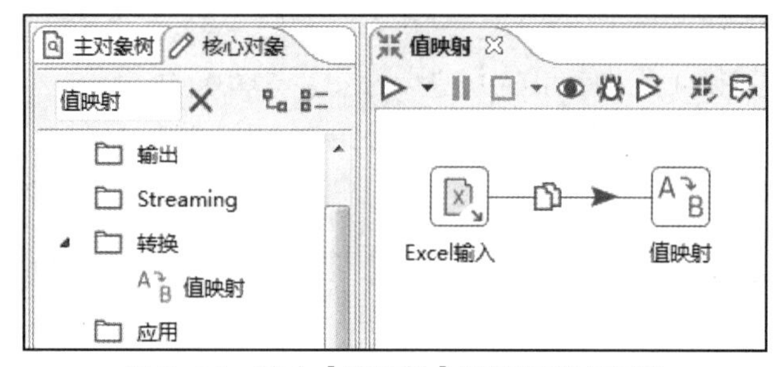

图 3-31 建立【值映射】组件和节点连接

3.5.2 设置参数

双击图 3-31 所示的【值映射】组件，弹出【值映射】对话框，如图 3-32 所示。【值映射】组件的参数包含组件的基础参数和【字段值】表参数，有关参数的说明如表 3-9 所示。

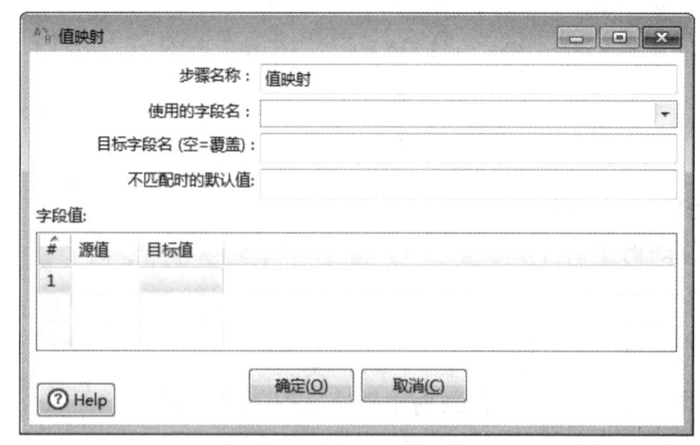

图 3-32 【值映射】对话框

表 3-9 【值映射】组件的参数说明

	参数名称	说　　明
基础参数	步骤名称	表示【值映射】组件名称，在单个转换工程中，名称必须唯一。默认值是【值映射】组件名称
	使用的字段名	表示需要进行值映射的输入流字段名称。默认值为空
	目标字段名（空=覆盖）	表示进行值映射后输出流新字段名称，为空时覆盖原来字段。默认值为空
	不匹配时默认值	表示不匹配字段值数据时的默认值。默认值为空
字段值		表示需要进行值映射的字段值参数表，使用【字段值】表设置参数，有关参数如下。 （1）源值：映射字段的源数据值，默认值为空。 （2）目标值：映射后的目标数据值，默认值为空

对图 3-32 所示的参数进行设置，将“性别”字段中“1”“0”数据分别用“男”“女”映射替换，此时完成【值映射】组件参数的设置，如图 3-33 所示。

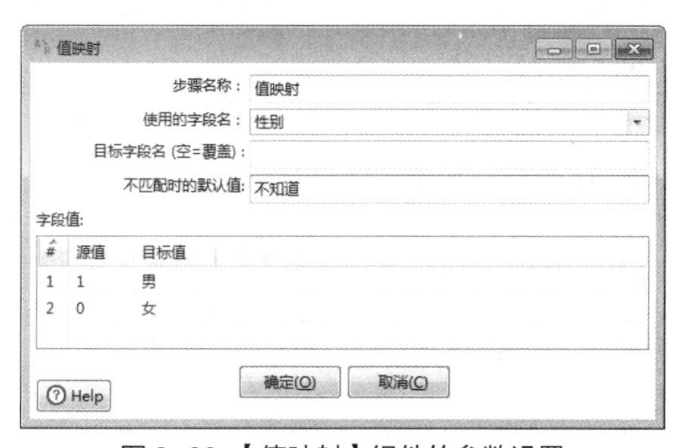

图 3-33 【值映射】组件的参数设置

3.5.3 预览结果数据

在【值映射】转换工程中，单击【值映射】组件，再单击工作区上方的👁图标，预览进行值映射后的数据，如图 3-34 所示。

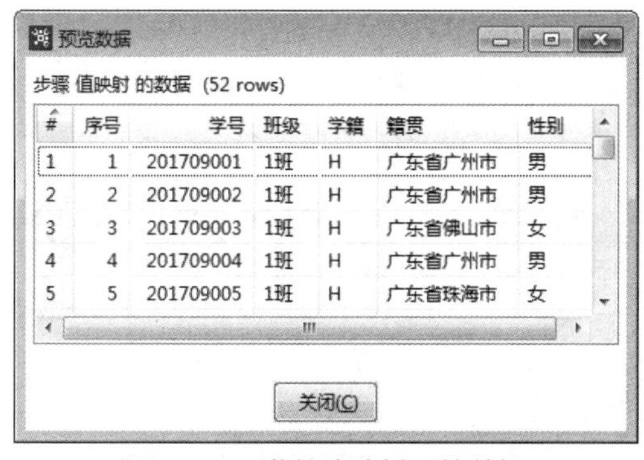

图 3-34 进行值映射后的数据

任务 3.6 字符串替换

任务描述

字符串替换与值映射非常类似，不同之处在于，字符串替换的字段值是字符串，值映射的字段可以是多种数据类型。由于在“学籍信息.xls”文件中，学籍数据用“H”或“J”表示，需要使用【字符串替换】组件，分别还原其对应的值“户籍生”和“借读生”。

任务分析

（1）建立【字符串替换】转换工程。

（2）设置【字符串替换】组件参数。

（3）预览结果数据。

3.6.1 建立字符串替换转换工程

使用 Ctrl+N 组合键，创建【字符串替换】转换工程。接着创建【Excel 输入】组件，设置参数，导入“学籍信息.xls”文件。

在【字符串替换】转换工程中，单击【核心对象】选项卡，展开【转换】对象，选中【字符串替换】组件，并拖曳其至右边工作区中。由【Excel 输入】组件指向【字符串替换】组件，建立节点连接，如图 3-35 所示。

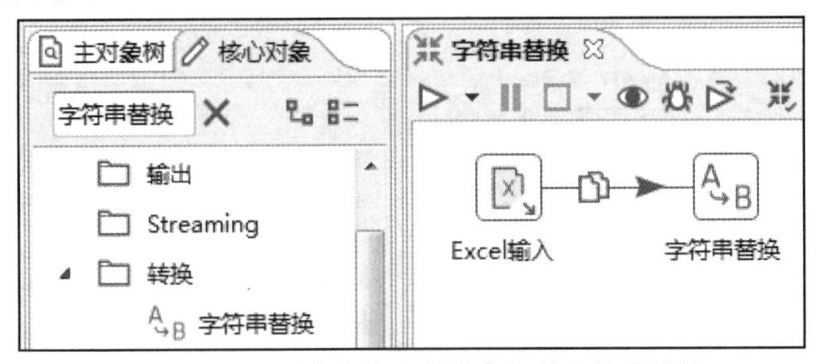

图 3-35 建立【字符串替换】组件和节点连接

3.6.2 设置参数

双击图 3-35 所示的【字符串替换】组件，弹出【字符串替换】对话框，如图 3-36 所示。【字符串替换】组件的参数包含组件的基础参数和【字段】表参数，有关参数说明如表 3-10 所示。

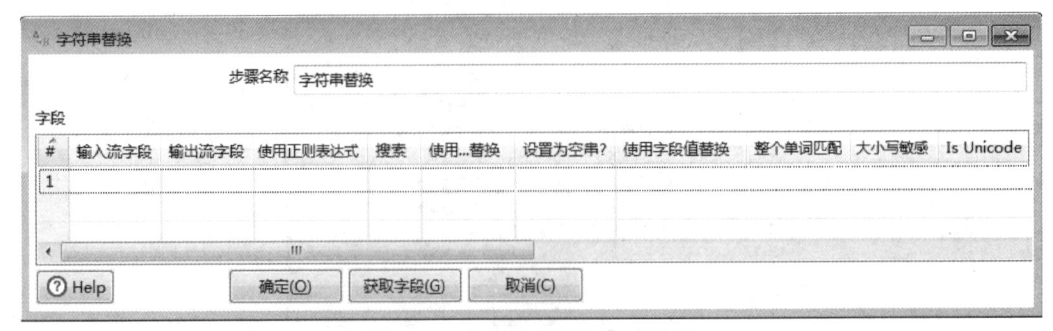

图 3-36 【字符串替换】对话框

表 3-10 【字符串替换】组件的参数说明

参数名称		说明
基础参数	步骤名称	表示【字符串替换】组件名称，在单个转换工程中，名称必须唯一。默认值是【字符串替换】组件名称
字段		表示对将要进行字符串替换的字段参数，使用一个【字段】表对字段参数进行设置，有关参数说明如表 3-11 所示

表 3-11 【字段】表的参数说明

参数名称	说明
输入流字段	表示要进行字符串替换的输入流字段。默认值为空
输出流字段	表示进行字符串替换后的输出流新字段，为空时覆盖原来要进行替换的输入流字段。默认值为空
使用正则表达式	表示是否使用正则表达式，选项有 Y、N。默认值为空
搜索	表示是否搜索此字符串的匹配值。默认值为空
使用...替换	表示要替换匹配值的字符串数据。默认值为空
设置为空串?	表示是否设置空字符串，选项有 Y、N。默认值为空
使用字段值替换	表示使用一个字段值替换字符串。默认值为空
整个单词匹配	表示是否要整个单词都匹配，选项有 Y、N。默认值为空
大小写敏感	表示是否区分大小写，选项有 Y、N。默认值为空
Is Unicode	表示是否设置 Unicode，选项有 Y、N。默认值为空

在图 3-36 所示的【字符串替换】对话框中，设置参数，对输入数据中“学籍”字段中数据“H”和“J”，分别使用“户籍生”和“借读生”进行替换，步骤如下。

（1）确认组件名称。【步骤名称】保留默认值，设置为“字符串替换”。

（2）确定字段参数。对【字段】表的参数进行设置。此时完成【字符串替换】组件参数的设置，如图 3-37 所示。

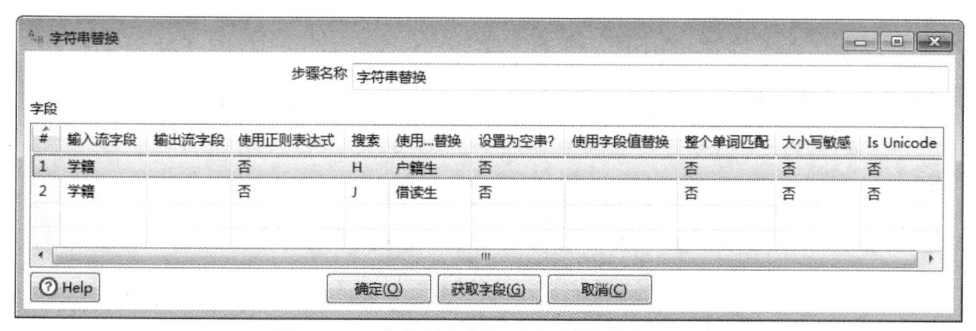

图 3-37 【字符串替换】组件的参数设置

3.6.3　预览结果数据

在【字符串替换】转换工程中，单击【字符串替换】组件，再单击工作区上方的👁图标，预览进行字符串替换后的数据，如图 3-38 所示。

#	序号	学号	班级	学籍	籍贯	性别
23	23	201709023	1班	户籍生	广东省江门市	0
24	24	201709024	1班	借读生	湖北省武汉市	0
25	25	201709025	1班	借读生	广东省惠州市	1
26	26	201709026	2班	户籍生	广东省湛江市	1
27	27	201709027	2班	户籍生	广东省广州市	0
28	28	201709028	2班	户籍生	广东省广州市	1

图 3-38　字符串替换后的数据

任务 3.7　字符串操作

在数据输入过程中，有时候会不小心输入多余的空格、错误的字符等，字符串操作是指将数据中不需要的字符处理掉。由于在“学籍信息.xls”文件中，学生学籍信息的籍贯字段数据前后有多余的空格，需要使用【字符串操作】去除这些空格，规范学籍信息。

任务分析

（1）建立【字符串操作】转换工程。

（2）设置【字符串操作】组件参数。

（3）预览结果数据。

3.7.1　建立字符串操作转换工程

使用 Ctrl+N 组合键，创建【字符串操作】转换工程。接着创建【Excel 输入】组件，设置参数，导入“学籍信息.xls”文件。

在【字符串操作】转换工程中，单击【核心对象】选项卡，展开【转换】对象，选中【字符串操作】组件，并拖曳其至右边工作区中。由【Excel 输入】组件指向【字符串操作】组件，建立节点连接，如图 3-39 所示。

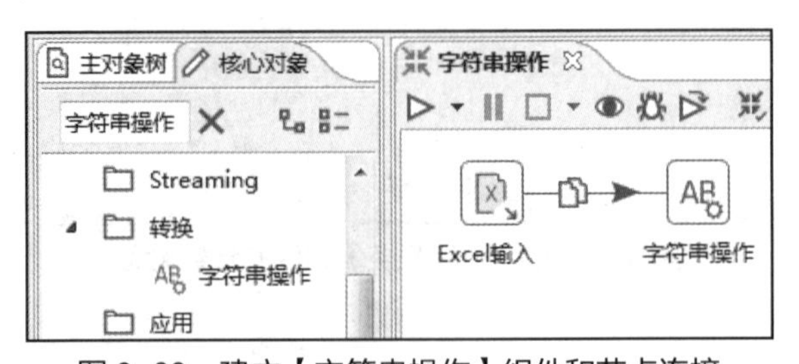

图 3-39　建立【字符串操作】组件和节点连接

3.7.2 设置参数

双击图 3-39 所示的【字符串操作】组件，弹出【String operations】对话框，如图 3-40 所示。【字符串操作】组件的参数包含组件的基础参数和【The fields to process】表字段参数，有关参数的说明如表 3-12 所示。

图 3-40 【String operations】对话框

表 3-12 【字符串操作】组件的字段参数说明

参数名称		说明
基础参数	Step name	表示【字符串操作】组件名称，在单个转换工程中，名称必须唯一。默认值是【字符串操作】组件名称
The fields to process	In stream field	表示输入流中要进行字符串操作字段名称，可以单击【Get fields】按钮，获取字段名称。默认值为空
	Out stream field	表示输出流目标字段，进行字符串操作后的目标字段，当为空时，覆盖原字段。默认值为空
	Trim type	表示修剪处理的类型，选项有 none、left、right、both。默认值为空
	Lower/Upper	表示进行字母大小写处理，选项有 none、lower、upper。默认值为空
	Padding	表示填充处理，选项有 none、left、right。默认值为空
	Pad char	表示使用填充字符处理，输入要填充的字符。默认值为空
	Pad Length	表示填充的长度，输入要填充的长度。默认值为空
	InitCap	表示是否初始化，选项有是、否。默认值为空
	Escape	表示转义或取消 XML、HTML、CDATA 和 SQL 等转义。默认值为空
	Digits	表示对数字是返回删除，还是什么都不做，选项有 none、only、remove。默认值为空
	Remove Special character	表示删除特殊字符。默认值为空

在图 3-40 所示的【String operations】对话框中，设置参数，删除“籍贯”字段数据中的空格，步骤如下。

（1）确定组件名称。【Step name】参数保留默认值“字符串操作”。

（2）设置字符串操作的字段参数。在【The fields to process】表中设置字段参数，在表中第 1 行，单击【In stream field】输入框，在输入流字段中选中“籍贯”字段，单击【Trim type】输入框，在选项中选中“both”，其他参数使用默认值。此时完成【字符串操作】组件参数的设置，如图 3-41 所示。

图 3-41 【字符串操作】组件的参数设置

3.7.3 预览结果数据

在【字符串操作】转换工程中，单击【字符串操作】组件，再单击工作区上方的👁图标，预览进行字符串操作后的数据，如图 3-42 所示。

图 3-42 字符串操作后的数据

任务 3.8 分组

在进行数据统计中，往往要对类别、区域、型号等范围进行统计。分组是对指定的字段或字段集合的数据进行分组统计。为了了解各班级和学生的学业情况，需要对“2019 年 10 月月考英语成绩.xls”文件使用【分组】组件，统计各班的人数和平均分数。

任务分析

（1）建立【分组】转换工程。

（2）设置【分组】组件参数。

（3）预览结果数据。

3.8.1 建立分组转换工程

在分组之前，必须使用关键字段对数据记录进行排序，确定哪些记录分组在一起。参考 3.1 小节介绍的排序记录操作过程，建立排序并浏览“2019 年 10 月月考英语成绩.xls”文件数据。

使用 Ctrl+N 组合键，创建【分组】转换工程。接着创建【Excel 输入】组件，设置参数，导入“2019 年 10 月月考英语成绩.xls”文件。再创建【排序记录】组件，并由【Excel 输入】组件指向【排序记录】组件，建立节点连接，如图 3-43 所示。

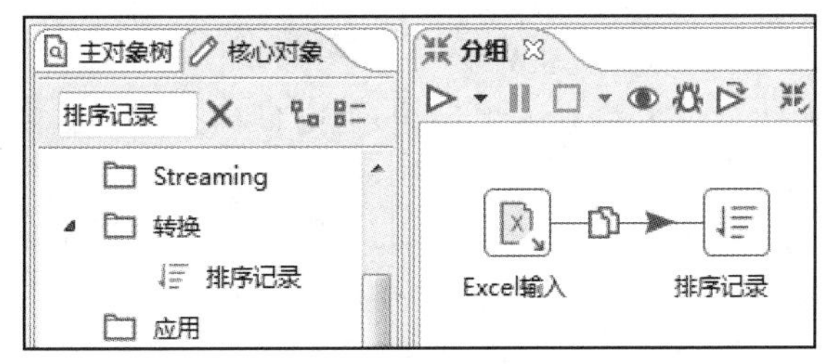

图 3-43　建立【排序记录】组件和节点连接

双击图 3-43 所示的【排序记录】组件，设置“班级”字段参数，按照升序排序，预览排序记录数据，如图 3-44 所示，“1 班”和“2 班”分别被排序在一起。

预览数据

步骤 排序记录　的数据 (52 rows)

#	序号	学号	班级	英语
23	23	201709023	1班	95.0
24	24	201709024	1班	121.0
25	25	201709025	1班	130.0
26	26	201709026	2班	109.0
27	27	201709027	2班	135.0
28	28	201709028	2班	148.0

关闭(C)

图 3-44　“1 班”和“2 班”分别被排序在一起

在【分组】转换工程中，单击【核心对象】选项卡，展开【统计】对象，找到【分组】组件，并拖曳其到右边工作区中，并由【排序记录】组件指向【分组】组件，建立节点连接，如图 3-45 所示。

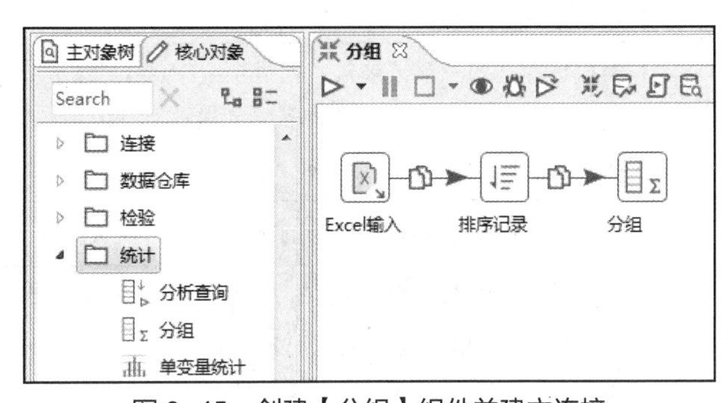

图 3-45　创建【分组】组件并建立连接

3.8.2 设置参数

双击图 3-45 所示的【分组】组件，弹出【分组】对话框，如图 3-46 所示。【分组】组件参数包含组件的基础参数，以及【构成分组的字段】和【聚合】字段参数。参数说明如表 3-13 所示。

图 3-46 【分组】对话框

表 3-13 【分组】组件的参数说明

参数名称		说　明
基础参数	步骤名称	表示分组的组件名称，在单个转换工程中，名称必须唯一。默认值是【分组】的组件名称
	包括所有的行?	表示是否包括所有记录。使用勾选框设置参数，希望在输出中包含所有记录，则勾选；只想输出聚合记录，则不勾选。默认不勾选
	排序目录	表示指定存储临时文件的目录。分组的记录数超过 5000 个时，必须指定一个目录。此参数只有勾选【包括所有的行?】参数后才能设置。默认值是系统的标准临时目录%%java.io.tmpdir%%
	临时文件前缀	表示命名临时文件的文件前缀，只有勾选【包括所有的行?】参数后才能设置。默认值为 grp
	增加行号，每组重新开始	表示是否添加一个记录号，在每个组中从 1 重新启动。勾选此参数时所有记录都包含在输出中，且每个记录都有一个记录号。此参数只有勾选【包括所有的行?】参数后才有效。默认不勾选
	行号列名	表示要为每个新组添加记录的字段名称。默认值为空
	总返回一个结果行	表示是否即使没有输入记录，也返回结果记录。当没有输入记录时，返回计数 0。如果只想有输入时才输出结果记录，则此参数不勾选。默认不勾选

续表

参数名称	说　　明
构成分组的字段	表示分组的字段参数。分组的字段可以有多个，使用一个【构成分组的字段】表设置【分组字段】参数，可以设置多个分组字段。需要注意的是，如果没有分组的字段，那么该表留空来计算整个数据集的聚合函数。默认值为空
聚合	表示聚合字段的参数，使用一个【聚合】表来设置聚合字段名称、聚合方法和输出结果新字段名称。有关聚合字段的参数说明如表 3-14 所示

表 3-14 【聚合】字段的参数说明

参数名称	说　　明
名称	表示聚合字段的名称，输出结果的新字段名称，默认值为空
Subject	表示对其使用聚合方法的对象字段，默认值为空
类型	表示聚合方法。在下拉框中选取聚合方法，默认值为空。聚合方法的选择如下。 （1）求和：求字段的和。 （2）平均：求字段的平均值。 （3）Median：求字段的中间值。 （4）Percentile(linear interpolation)：求字段的百分位（线性插值）。 （5）最小：求字段的最小值。 （6）最大：求字段的最大值。 （7）个数：求字段的数量（N）。 （8）使用，连接同组字符串：连接由“,”分隔的字符串。 （9）第一个非空值：获取字段第一个非空值。 （10）最后一个非空值：获取字段最后一个非空值。 （11）第一个值（包括 null）：获取字段第一个值。 （12）最后一个值（包括 null）：获取字段最后一个值。 （13）累积和（对所有行）：求字段的累积和。 （14）累积平均值（对所有行）：求字段的累积平均值。 （15）标准偏差：求字段的标准偏差。 （16）使用指定字符连接同组字符串：使用指定字符连接同组的字符串。 （17）Number of distinct values：求字段中不同值的数量。 （18）Number of rows(without field argument)：求记录数（没有字段参数）。 （19）Standard deviation(sample)：求字段的标准偏差（样本）。 （20）Percentile(nearest-rank method)：求字段的百分位（nearest-rank 方法）
值	表示聚合的值，默认值为空

在图 3-46 所示的【分组】对话框中，设置参数，分组统计各班的人数和平均分数，步骤如下。

（1）设置组件名称。【步骤名称】参数采用默认值“分组”。

（2）确定分组字段。在【构成分组的字段】表的第 1 行，【分组字段】设置为“班级”。

（3）确定聚合字段并设置参数。对【聚合】表的参数进行设置。此时完成【分组】组件参数的设置，如图 3-47 所示。

图 3-47 【分组】组件的参数设置

3.8.3 预览结果数据

在【分组】转换工程中，单击【分组】组件，再单击工作区上方的图标，预览数据分组后的数据，如图 3-48 所示。

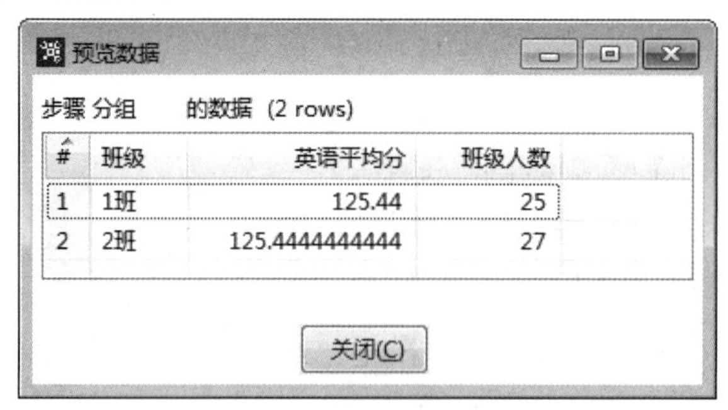

图 3-48 展示分组后的数据

小结

本章主要介绍了排序记录、去除重复记录、替换 NULL 值、过滤记录、值映射、字符串替换、字符串操作和分组这 8 种常用的记录处理组件，阐述了抽取源数据后，对数据进行典型记录处理的方法和步骤。通过任务，以抽取数据、建立记录处理组件和组件之间的连接、设置参数和浏览经过记录处理后的数据为整体介绍流程，指出了各种记录处理的特点和不同之处，实现了对源数据进行初步的处理。

课后习题

1. 选择题

（1）在去除重复记录之前，必须使用（ ）对数据记录进行（ ）。

A. 关键字段，排列　　B. 关键字段，排序

C. 任意字段，排列　　D. 任意字段，排序

（2）替换 NULL 值，是因为（ ）。

A. 在 Kettle 数据中，不允许存在 NULL 值

B. 确保数据整齐好看

C. 字符串字段出现 NULL 值时，必须进行替换

D. 数据类型字段出现 NULL 时，在计算时就会出现错误

（3）关于过滤记录，描述正确的是（ ）。

A. 过滤记录前，必须对关键字段进行排序

B. 过滤记录，是设定过滤条件表达式，保留满足条件的记录，过滤掉不满足条件的记录

C. 过滤记录，是设定过滤条件表达式，过滤掉满足条件的记录，保留不满足条件的记录

D. 过滤记录，是过滤掉字段中的垃圾数据

（4）值映射是使用（ ）替换（ ）。

A. 目标值，源值　　B. 字符串值，数值

C. 数值，字符串值　　D. 汉字，英文

（5）分组是对指定的字段或字段集合的数据进行分组统计，下列描述正确的是（ ）。

A. 分组是对数值类型字段进行统计

B. 分组前必须对关键字段进行排序

C. 分组是对某个字段数据相同的分组排列在一起

D. 分组不能输出新的字段

2. 操作题

（1）采用任务 3.8 小节中“2019 年 10 月月考英语成绩.xls”文件的数据，过滤掉 1 班的数据，统计 2 班学生的英语平均分，以及最高分和最低分。

（2）在“2018 年 4 月月考成绩.xls”文件中，分别统计月考参加考试的人数、各科平均分、最高分。

第4章 字段处理

字段是指数据中某一专题信息对象的统称。例如，在通讯录中，姓名、联系电话和单位名称等列是所有行（记录）共有的属性，分别称这些列为姓名字段、联系电话字段和单位名称字段。字段处理，是指处理对象为字段，并对字段的具体数据进行某种处理的过程。常用的字段处理组件有字段选择、增加常量、将字段值设置为常量、剪切字符串、拆分字段、数值范围、计算器和增加序列等，本章将分别介绍这些字段处理常用组件的使用方法，学习常用字段处理的知识。

学习目标

（1）了解字段处理常用组件的作用。

（2）掌握字段处理各常用组件的参数及参数的设置方法。

（3）熟悉使用字段处理各常用组件后结果数据的解读。

任务 4.1 字段选择

数据文件中有些字段全是数字，如电话号码字段会被系统当成浮点型处理，有些字段在某个场景里用不上，也有个别字段使用了不恰当或错误的名称。对于这些问题，都需要对相对应的字段进行改变类型、去除字段和改变名称等字段处理。为了统计语文、数学和英语 3 门基础学科的分数，需要对某年级的“2018 年 4 月月考成绩.xls”文件，使用【字段选择操作】组件，选择语文、数学和英语字段，并且把创建时间改为考试时间。

任务分析

（1）建立【字段选择】转换工程。

（2）设置【字段选择】组件参数。

（3）预览结果数据。

4.1.1 建立字段选择转换工程

使用 Ctrl+N 组合键，创建【字段选择】转换工程。接着创建【Excel 输入】组件，设置参数，导入“2018 年 4 月月考成绩.xls”文件，预览数据，如图 4-1 所示。“序号”“学号”字段出现小数，有“创建时间”而没有“考试时间”。

预览数据

步骤 Excel输入 的数据 (52 rows)

#	序号	学号	语文	数学	英语	物理	化学	生物	创建时间
1	1.0	201709001.0	121.0	148.0	121.0	96.0	85.0	91.0	2018/04/30
2	2.0	201709002.0	115.0	143.0	118.0	97.0	93.0	89.0	2018/04/30
3	3.0	201709003.0	130.0	124.0	113.0	82.0	96.0	76.0	2018/04/30
4	4.0	201709004.0	109.0	128.0	124.0	78.0	83.0	87.0	2018/04/30
5	5.0	201709005.0	104.0	132.0	118.0	74.0	81.0	89.0	2018/04/30

关闭(C)

图 4-1　预览“2018 年 4 月月考成绩.xls”文件数据

在【字段选择】转换工程中，单击【核心对象】选项卡，展开【转换】对象，选中【字段选择】组件，并拖曳其到右边工作区中。由【Excel 输入】组件指向【字段选择】组件，建立节点连接，如图 4-2 所示。

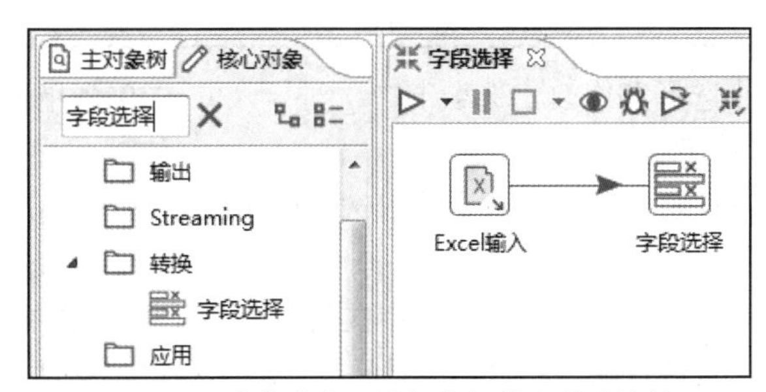

图 4-2　建立【字段选择】组件和节点连接

4.1.2　设置参数

双击图 4-2 所示的【字段选择】组件，弹出【选择/改名值】对话框，如图 4-3 所示。【字段选择】组件的参数包含组件的基础参数和【选择和修改】【移除】【元数据】3 个选项卡参数。

在组件的基础参数中，【步骤名称】参数表示字段选择组件的名称，在单个转换工程中，名称必须唯一，采用默认值“字段选择”。

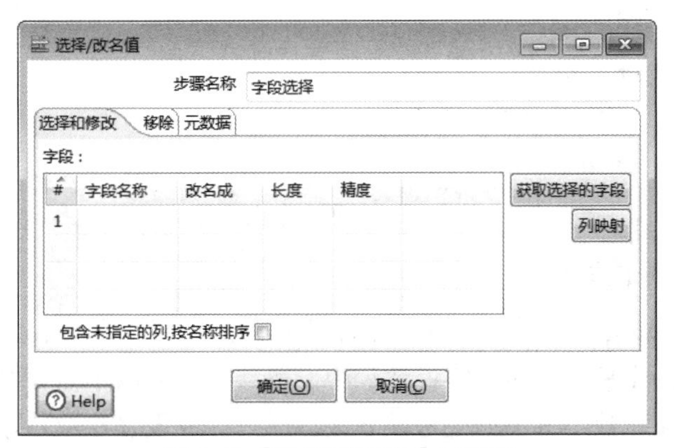

图 4-3　【选择/改名值】对话框

1.【选择和修改】选项卡参数

在图 4-3 所示的【选择和修改】选项卡中，使用一个【字段】参数表设置字段参数。有关参数的说明如表 4-1 所示。

表 4-1 【选择和修改】选项卡的参数说明

参数名称	说　明
字段	表示要选择和修改字段，使用一个字段表设置有关字段参数。字段参数如下。 （1）字段名称：要选择和修改的字段名称，可以单击【获取选择的字段】按钮，获取输入流字段名称。默认值为空。 （2）改名成：字段改名后的目标名称，如果不希望改名，那么为空。默认值为空。 （3）长度：字段的长度。默认值为空。 （4）精度：数字类型字段的浮点数的精确位数。默认值为空
包含未指定的列，按名称排序	是否包含输入流中未在字段表中显式选择的字段，默认不勾选

在图 4-3 所示的【选择和修改】选项卡中，对导入的“2018 年 4 月月考成绩.xls”文件中的字段进行选择和修改，步骤如下。

（1）确定选择和修改的字段。单击【获取选择的字段】按钮，获取导入文件的所有字段，添加到【字段】表中。

（2）修改字段名称。“创建时间”字段所在行的【改名成】设置为“考试时间”，如图 4-4 所示。需要注意的是，输入流“创建时间”字段名称已经被改名为“考试时间”，该字段的【长度】【精度】参数暂时不进行设置。

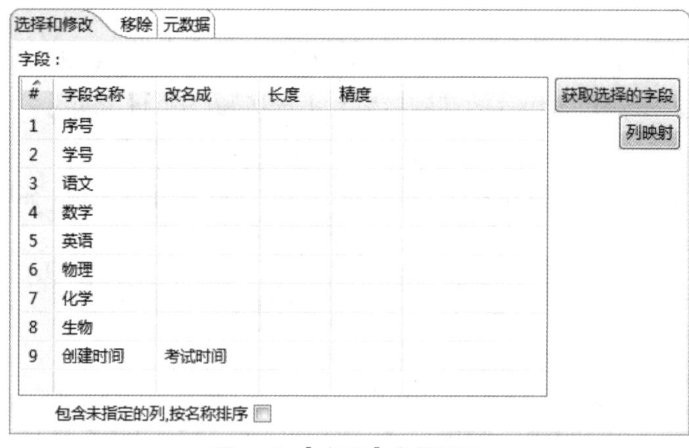

图 4-4 【字段】参数设置

2.【移除】选项卡参数

单击图 4-4 所示的【移除】选项卡，展示【移除的字段】参数表，如图 4-5 所示。

在图 4-5 所示的【移除的字段】参数表中设置参数，移除不需要的字段。因为只需选择 3 门基础课程语文、数学和英语的考试分数，所以需要设置参数移除物理、化学和生物

3门课程，操作步骤如下。

（1）添加输入流字段。单击【获取移除的字段】按钮，添加输入流的字段名称到【移除的字段】参数表中。

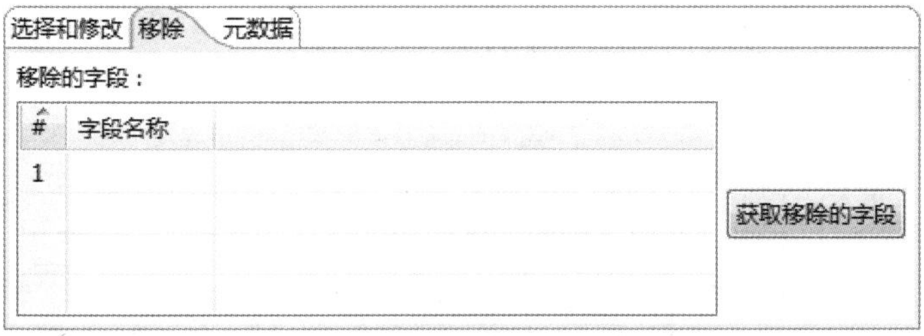

选择和修改　移除　元数据

移除的字段：

#	字段名称
1	

获取移除的字段

图4-5 【移除的字段】参数表

（2）确定要移除的字段。在【移除的字段】参数表中，单击字段名称所在的行号数，如图4-6所示。按计算机键盘上【Delete】按钮，或右键单击选中的行，单击快捷菜单的【删除选中的行】选项，删除非移除的字段，保留要移除的字段，输入流中的“物理”“化学”“生物”字段将被移除。

选择和修改　移除　元数据

移除的字段：

#	字段名称
1	物理
2	化学
3	生物

获取移除的字段

图4-6 【移除的字段】参数的设置

3.【元数据】选项卡参数

单击图4-6所示的【元数据】选项卡，展示【需要改变元数据的字段】参数表，如图4-7所示。

图4-7 【元数据】选项卡

在图4-7所示的【元数据】选项卡中，使用【需要改变元数据的字段】参数表设置字段参数。有关参数的说明如表4-2所示。

表 4-2 【需要改变元数据的字段】参数的说明

参数名称	说明
字段名称	表示需要改变元数据的字段的名称。可以通过【获取改变的字段】或直接使用键盘设置。默认值为空
改名成	表示字段改名后的目标名称，如果不希望改名，那么为空。默认值为空
类型	表示字段的数据类型。类型选项有 BigNumber、Binary、Boolean、Date、Integer、Internet Address、Number、String、Timestamp。默认值为空
长度	表示字段长度。默认值为空
精度	表示数字类型字段的浮点数的精确位数。默认值为空
Binary to Normal?	表示是否将字符串转换为数字数据类型，选项有是、否。默认值为空
格式	表示转换时，原始字段格式的可选掩码。有关公共有效日期和数字格式的信息，请参阅有关公共格式参考书。默认值为空
Date Format Lenient?	表示日期格式解析器是严格还是宽松的。选项有是、否。设置为“是”时，只接受严格有效的日期值；设置为“否”时，解析器会尝试把错误日期纠正为正确的日期。默认值为空
Date Locale	表示日期地区区域。为空时，以系统上默认日期区域编码设置。默认值为空
Date Time Zone	表示日期时区。为空时，以系统上默认日期编码设置。默认值为空
Lenient number conversion?	表示数字转换是否是宽松的。选项有是、否。设置为“是”时，将解析数字，直到找到一个非数字值，如破折号或斜杠，解析然后停止，不报告错误；当设置为“否”时，如果输入的数字无效，解析器将报告错误。默认值为空
Encoding	表示文本文件编码。为空时，在系统上使用默认编码。从系统上提供的编码列表中选择。默认值为空
分组	表示数值分组符号，一般使用“,”英文逗号。默认值为空
货币符号	表示货币符号，例如，“¥”“$”“€”等货币符号。默认值为空

在图 4-7 所示的【需要改变元数据的字段】参数表中，设置需要改变元数据的字段参数，步骤如下。

（1）获取源数据字段。单击【获取改变的字段】按钮，添加输入流的字段到【需要改变元数据的字段】表中，如图 4-8 所示。

（2）设置字段的参数。有关字段参数按照表 4-3 进行设置，此时完成【字段选择】组件参数的设置，如图 4-9 所示。

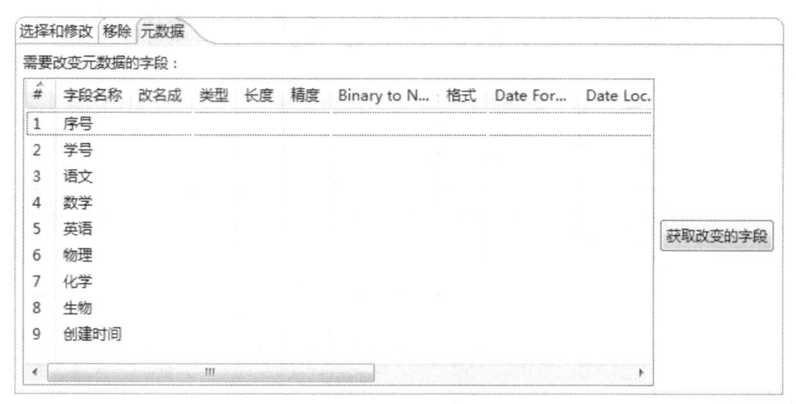

图 4-8　获取改变元数据的字段

表 4-3 【需要改变元数据的字段】参数的设置

参　数	字段名称					
字段名称	序号	学号	语文	数学	英语	考试时间
类型	Integer	Integer	Number	Number	Number	Date
长度	4	9	5	5	5	10
精度	0	0	1	1	1	—
Binary to Normal?	否	否	否	否	否	否
格式	#	#	0.0	0.0	0.0	yyyy-MM-dd
Date Format Lenient?	否	否	否	否	否	否
Lenient number conversion?	否	否	否	否	否	否

选择和修改　移除　元数据

需要改变元数据的字段：

#	字段名称	改名成	类型	长度	精度	Binary to Normal?	格式
1	序号		Integer	4	0	否	#
2	学号		Integer	9	0	否	#
3	语文		Number	5	1	否	0.0
4	数学		Number	5	1	否	0.0
5	英语		Number	5	1	否	0.0
6	考试时间		Date	10		否	yyyy-MM.

获取改变的字段

图 4-9 【元数据】选项卡的参数设置

4.1.3　预览结果数据

在【字段选择】转换工程中，单击【字段选择】组件，再单击工作区上方的图标，预览字段选择后的数据，如图 4-10 所示。

预览数据

步骤 字段选择 的数据 (52 rows)

#	序号	学号	语文	数学	英语	考试时间
1	1	201709001	121.0	148.0	121.0	2018-04-30
2	2	201709002	115.0	143.0	118.0	2018-04-30
3	3	201709003	130.0	124.0	113.0	2018-04-30
4	4	201709004	109.0	128.0	124.0	2018-04-30
5	5	201709005	104.0	132.0	118.0	2018-04-30

关闭(C)

图 4-10 【预览数据】对话框

任务 4.2　增加常量

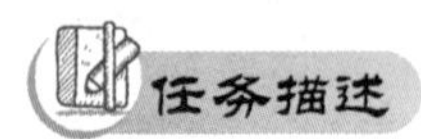

常量是指在计算机程序运行过程中其值不能改变的量。常量可以是任何的数据类型，例如，圆周率“3.14159”、中国首都“北京”等都可以是常量。增加常量是指在数据中增加一个字段，并给字段设置一个固定的值。为了方便统计学生考试的平均分数，需要在某年级的“2018 年上学期期末考试成绩.xls”文件中，使用增加常量组件，增加“考试课程数”字段，并设置值为“6”。

任务分析

（1）建立【增加常量】转换工程。

（2）设置【增加常量】组件参数。

（3）预览结果数据。

4.2.1　建立增加常量转换工程

使用 Ctrl+N 组合键，创建【增加常量】转换工程。接着创建【Excel 输入】组件，设置参数，导入“2018 年上学期期末考试成绩.xls”文件，预览数据，如图 4-11 所示，没有“考试课程数”字段。

预览数据

步骤 Excel输入 的数据 (52 rows)

#	序号	学号	语文	数学	英语	物理	化学	生物
1	1	201709001	121.0	148.0	121.0	96.0	85.0	91.0
2	2	201709002	115.0	143.0	118.0	97.0	93.0	89.0
3	3	201709003	130.0	124.0	113.0	82.0	96.0	76.0
4	4	201709004	109.0	128.0	124.0	78.0	83.0	87.0
5	5	201709005	104.0	132.0	118.0	74.0	81.0	89.0

关闭(C)

图 4-11　预览“2018 年上学期期末考试成绩.xls”文件的数据

在【增加常量】转换工程中，单击【核心对象】选项卡，展开【转换】对象，选中【增加常量】组件，并拖曳其到右边工作区中。由【Excel 输入】组件指向【增加常量】组件，建立节点连接，如图 4-12 所示。

图 4-12　建立【增加常量】组件和节点连接

4.2.2　设置参数

双击图 4-12 所示的【增加常量】组件，弹出创建【增加常量】对话框，如图 4-13 所示。【增加常量】组件参数包含组件的基础参数和【字段】表参数，有关参数如表 4-4 所示。

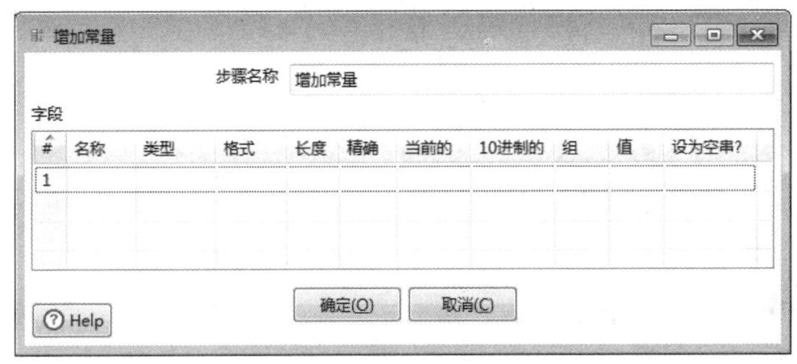

图 4-13 【增加常量】对话框

表 4-4 【增加常量】组件的参数说明

参数名称		说　明
基础参数	步骤名称	表示增加常量组件名称，在单个转换工程中，名称必须唯一。默认值为【增加常量】组件名称
字段	名称	表示增加常量的字段名称。默认值为空
	类型	表示字段的数据类型。类型选项有 BigNumber、Binary、Boolean、Date、Integer、Internet Address、Number、String、Timestamp。默认值为空
	格式	表示转换时，原始字段格式的可选掩码。使用公共有效日期和数字格式的信息，请参阅有关公共格式参考书。默认值为空
	长度	表示字段长度。默认值为空
	精度	表示数字类型字段的浮点数的精确位数。默认值为空
	当前的	表示是否对当前记录处理。默认值为空
	10 进制的	表示数字类型字段是否为 10 进制。默认值为空
	组	表示数值分组符号，一般使用英文逗号“,”。默认值为空
	值	表示增加常量字段的值。默认值为空
	设为空串?	表示是否设为空字符串。默认值为空

在图 4-13 所示的【增加常量】对话框中，因为学生考试课程数都是一样的，所以增加“考试课程数”字段，并设置值为“6”，操作步骤如下。

（1）确定组件名称。保留【增加常量】默认值为“增加常量”。

（2）设置增加常量的字段参数。对【字段】参数进行设置，如图 4-14 所示，此时完成【增加常量】组件参数的设置。

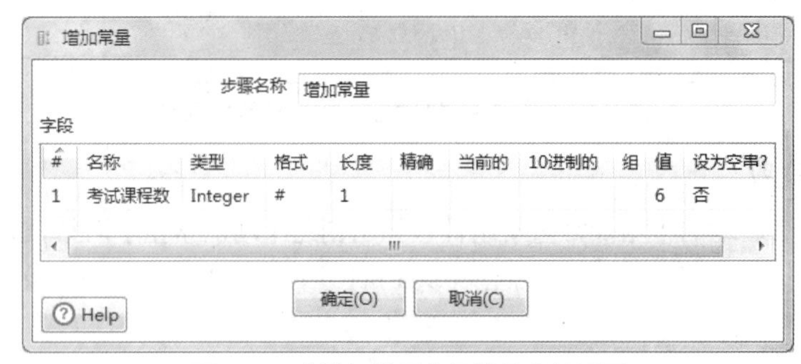

图 4-14 【增加常量】组件的参数设置

4.2.3 预览结果数据

在【增加常量】转换工程中，单击【增加常量】组件，再单击工作区上方的图标，预览增加常量后的数据，如图 4-15 所示。

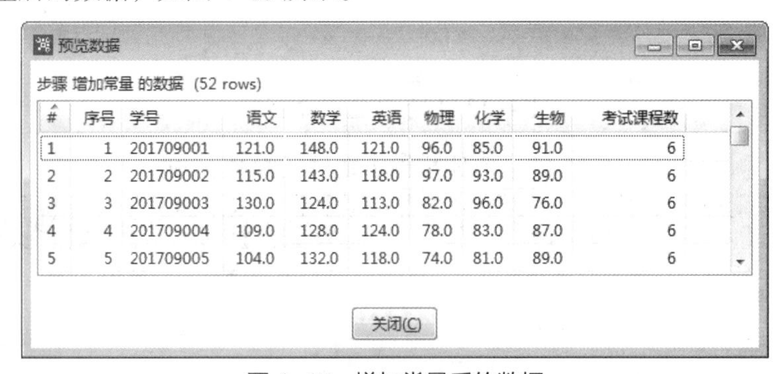
预览数据

步骤 增加常量 的数据 (52 rows)

#	序号	学号	语文	数学	英语	物理	化学	生物	考试课程数
1	1	201709001	121.0	148.0	121.0	96.0	85.0	91.0	6
2	2	201709002	115.0	143.0	118.0	97.0	93.0	89.0	6
3	3	201709003	130.0	124.0	113.0	82.0	96.0	76.0	6
4	4	201709004	109.0	128.0	124.0	78.0	83.0	87.0	6
5	5	201709005	104.0	132.0	118.0	74.0	81.0	89.0	6

关闭(C)

图 4-15 增加常量后的数据

任务 4.3 将字段值设置为常量

增加常量是增加字段，并给该字段赋值。与增加常量类似，将字段值设置为常量，是对现有的字段重新赋一个新的固定值。为了统计课程考试的平均分数，需要在“2018 年上学期期末语数英考试成绩.xls”文件中，对其中数据为空的“基础课程数”字段，采用将字段值设置为常量组件，设置“基础课程数”字段的数据为“3”，表示语文、数学和英语等 3 门基础课程数。

任务分析

（1）建立【将字段值设置为常量】转换工程。

（2）设置【将字段值设置为常量】组件参数。

（3）预览结果数据。

4.3.1　建立将字段值设置为常量转换工程

使用 Ctrl+N 组合键，创建【将字段值设置为常量】转换工程。接着创建【Excel 输入】组件，设置参数，导入“2018 年上学期期末语数英考试成绩.xls”文件，预览数据，如图 4-16 所示，发现“基础课程数”数据为“<null>”。

预览数据

步骤 Excel输入 的数据 (52 rows)

#	序号	学号	语文	数学	英语	基础课程数
1	1	201709001	121.0	148.0	121.0	<null>
2	2	201709002	115.0	143.0	118.0	<null>
3	3	201709003	130.0	124.0	113.0	<null>
4	4	201709004	109.0	128.0	124.0	<null>
5	5	201709005	104.0	132.0	118.0	<null>

关闭(C)　显示日志(L)

图 4-16　预览“2018 年上学期期末语数英考试成绩.xls”文件的数据

在【将字段值设置为常量】转换工程中，单击【核心对象】选项卡，展开【转换】对象，选中【将字段值设置为常量】组件，并拖曳其到右边工作区中。由【Excel 输入】组件指向【将字段值设置为常量】组件，建立节点连接，如图 4-17 所示。

图 4-17　建立【将字段值设置为常量】组件和节点连接

4.3.2　设置参数

在图 4-17 所示的【将字段值设置为常量】转换工程中，双击【将字段值设置为常量】组件，弹出【将字段值设置为常量】对话框，如图 4-18 所示。【将字段值设置为常量】组件的参数包含组件的基础参数和【字段】表参数，有关参数如表 4-5 所示。

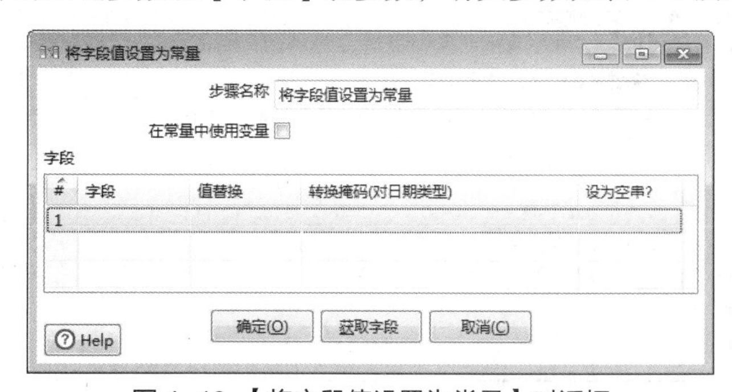

图 4-18　【将字段值设置为常量】对话框

表 4-5 【将字段值设置为常量】组件的参数说明

参数名称		说　明
基础参数	步骤名称	表示将字段值设置为常量组件名称，在单个转换工程中，名称必须唯一。默认值为【将字段值设置为常量】组件名称
	在常量中使用变量	表示常量是否使用变量的值。默认不勾选
字段	字段	表示将字段值设置为常量的字段名称。默认值为空
	值替换	表示替换数据的值。默认值为空
	转换掩码（对日期类型）	表示转换时，对于日期型字段，采用的可选掩码。有关使用的公共有效日期和数字格式的信息，请参阅有关公共格式参考书。默认值为空
	设为空串?	表示是否设置为空串，选项为：是、否。默认值为空

在图 4-18 所示的【将字段值设置为常量】对话框中，对于所有的考生，基础课程数都是 3 门，将“基础课程数”字段设置为“3”，步骤如下。

（1）确定组件名称。保留【将字段值设置为常量】参数默认值“将字段值设置为常量”。

（2）设置将字段值设置为常量的字段参数。对【字段】表参数进行设置，如图 4-19 所示，此时完成【将字段值设置为常量】组件参数的设置。

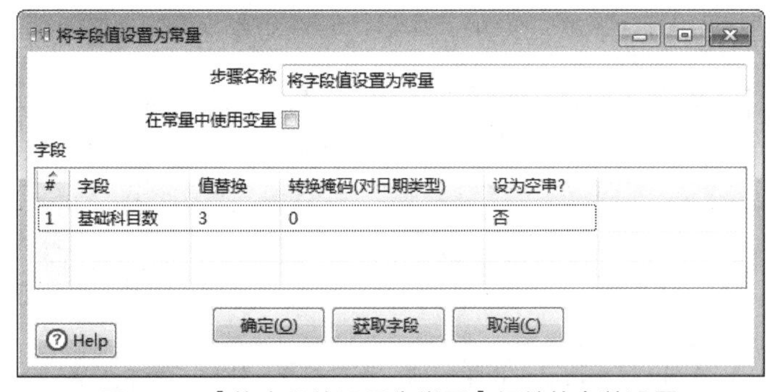

图 4-19 【将字段值设置为常量】组件的参数设置

4.3.3 预览结果数据

在【将字段值设置为常量】转换工程中，单击【将字段值设置为常量】组件，再单击工作区上方的👁图标，预览将字段值设置为常量后的数据，如图 4-20 所示。

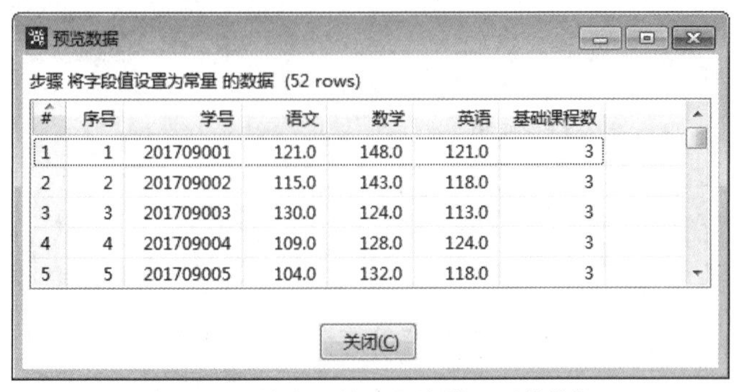

图 4-20 将字段值设置为常量后的数据

任务 4.4 剪切字符串

任务描述

字符串（String）是由数字、字母和下划线等组成，由一对英文双引号或单引号包括起来的用于表示文本的数据类型。剪切字符串，就是在字符串中，去除多余的内容，保留需要的内容，例如，在“Hello,World!”字符串中，只保留“Hello”，而去除其余部分。为了简化数据，需要在“2018 年 12 月月考考试成绩.xls”文件中，采用剪切字符串组件，使“考试时间”字段只保留年月的数据。

任务分析

（1）建立【剪切字符串】转换工程。

（2）设置【剪切字符串】组件参数。

（3）预览结果数据。

4.4.1 建立剪切字符串转换工程

使用 Ctrl+N 组合键，创建【剪切字符串】转换工程。接着创建【Excel 输入】组件，设置参数，导入“2018 年 12 月月考考试成绩.xls”文件。注意，在设置字段参数中，“考试时间”字段由“Date”日期型设置为“String”字符串类型，格式设置为“yyyy-MM-dd HH:mm:ss”，以便进行字符串剪切，如图 4-21 所示。预览数据，如图 4-22 所示。发现当前数据中，“考试时间”字段数据为完整的年、月、日和具体时间。

文件 工作表 内容 错误处理 字段 其他输出字段

#	名称	类型	长度	精度	去除空格...	重复	格式
1	序号	Integer	4	-1	none	否	#
2	学号	Integer	9	-1	none	否	#
3	语文	Number	5	1	none	否	0.0
4	数学	Number	5	1	none	否	0.0
5	英语	Number	5	1	none	否	0.0
6	物理	Number	5	1	none	否	0.0
7	化学	Number	5	1	none	否	0.0
8	生物	Number	5	1	none	否	0.0
9	考试时间	String	30	1	none	否	yyyy-MM-dd HH:mm:ss

获取来自头部数据的字段...

图 4-21 导入文件的字段参数设置

预览数据

步骤 Excel输入 的数据 (52 rows)

#	序号	学号	语文	数学	英语	物理	化学	生物	考试时间
1	1	201709001	132.0	143.0	124.0	95.0	91.0	76.0	2018-12-15 08:00:00
2	2	201709002	139.0	124.0	128.0	76.0	87.0	72.0	2018-12-15 08:00:00
3	3	201709003	113.0	132.0	132.0	72.0	87.0	83.0	2018-12-15 08:00:00
4	4	201709004	104.0	139.0	143.0	83.0	76.0	83.0	2018-12-15 08:00:00
5	5	201709005	98.0	117.0	124.0	83.0	94.0	95.0	2018-12-15 08:00:00

关闭(C)

图 4-22 预览“2018 年 12 月月考考试成绩.xls”文件的数据

在【剪切字符串】转换工程中，单击【核心对象】选项卡，展开【转换】对象，选中【剪切字符串】组件，并拖曳其到右边工作区中。由【Excel 输入】组件指向【剪切字符串】组件，建立节点连接，如图 4-23 所示。

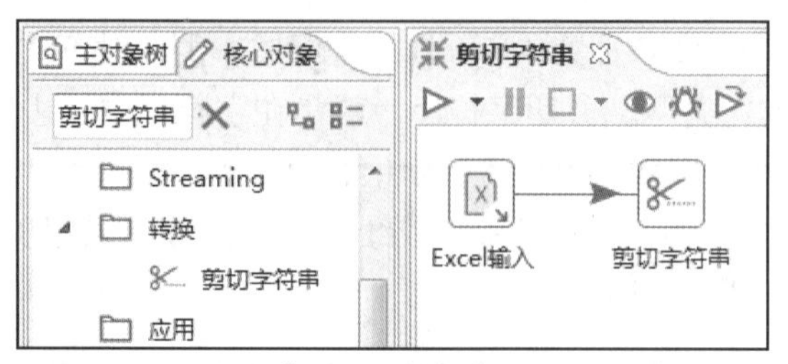

图 4-23　建立【剪切字符串】组件和节点连接

4.4.2　设置参数

双击图 4-23 所示的【剪切字符串】组件，弹出【剪切字符串】对话框，如图 4-24 所示。【剪切字符串】组件的参数包含组件的基础参数，以及【要剪切的字段】表参数，有关参数说明如表 4-6 所示。

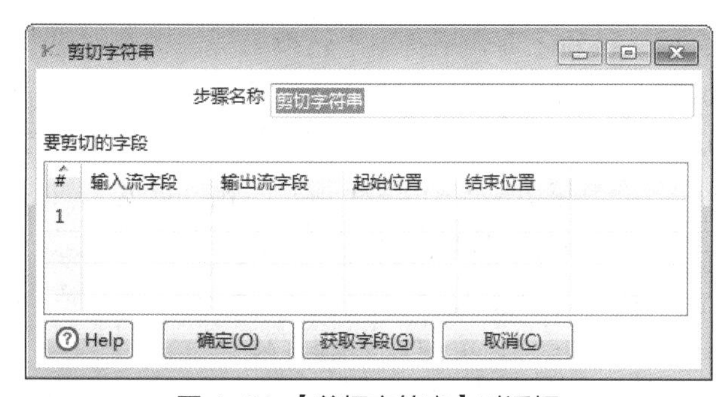

图 4-24　【剪切字符串】对话框

表 4-6　【剪切字符串】组件的参数说明

参数名称		说　明
基础参数	步骤名称	表示剪切字符串组件名称，在单个转换工程中，名称必须唯一。默认值为【剪切字符串】组件名称
要剪切的字段	输入流字段	要剪切的字段名称。默认值为空
	输出流字段	剪切后的新字段名称。默认值为空
	起始位置	表示剪切的起始位置，位置从 0 开始计算。默认值为空
	结束位置	表示结束对字符串剪切的位置。默认值为空

在图 4-24 所示的【剪切字符串】对话框中，月考的考试时间只需保留年、月即可，步骤如下。

（1）确定组件名称。保留【剪切字符串】参数为默认值“剪切字符串”。

（2）设置要剪切的字符串字段的参数。对【要剪切的字段】参数进行设置，如图 4-25 所示，此时完成【剪切字符串】组件参数的设置。

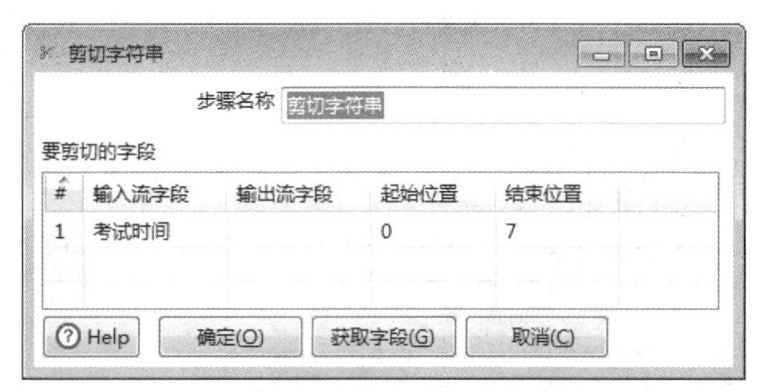

图 4-25 【剪切字符串】组件的参数设置

4.4.3 预览结果数据

在【剪切字符串】转换工程中，单击【剪切字符串】组件，再单击工作区上方的图标，预览剪切字符串后的数据，如图 4-26 所示。

预览数据

步骤 剪切字符串 的数据 (52 rows)

#	序号	学号	语文	数学	英语	物理	化学	生物	考试时间
1	1	201709001	132.0	143.0	124.0	95.0	91.0	76.0	2018-12
2	2	201709002	139.0	124.0	128.0	76.0	87.0	72.0	2018-12
3	3	201709003	113.0	132.0	132.0	72.0	87.0	83.0	2018-12
4	4	201709004	104.0	139.0	143.0	83.0	76.0	83.0	2018-12
5	5	201709005	98.0	117.0	124.0	83.0	94.0	95.0	2018-12

关闭(C)

图 4-26 剪切字符串后的数据

任务 4.5 拆分字段

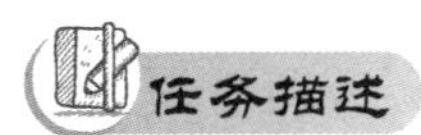

在工作中经常将数据导出并备份到文件中，这时文件的数据由于没有数据库系统的规范字段格式管理，数据显得很乱，也很不方便管理。为了方便浏览日志内容，需要在某软件系统的操作日志“系统操作日志.xls”文件中，采用拆分字段组件，从日志内容中拆分出用户 ID、操作时间、操作内容和 IP 地址字段，并对应到相关的数据。

任务分析

（1）建立【拆分字段】转换工程。

（2）设置【拆分字段】组件参数。

（3）预览结果数据。

4.5.1 建立拆分字段转换工程

使用 Ctrl+N 组合键，创建【拆分字段】转换工程。接着创建【Excel 输入】组件，设置参数，导入“系统操作日志.xls”文件中，预览数据，如图 4-27 所示。图 4-27 中只有一个“系统日志”字段，内容显得很乱。

图 4-27　预览“系统操作日志.xls”文件的数据

在【拆分字段】转换工程中，单击【核心对象】选项卡，展开【转换】对象，选中【拆分字段】组件，并拖曳其到右边工作区中。由【Excel 输入】组件指向【拆分字段】组件，建立节点连接，如图 4-28 所示。

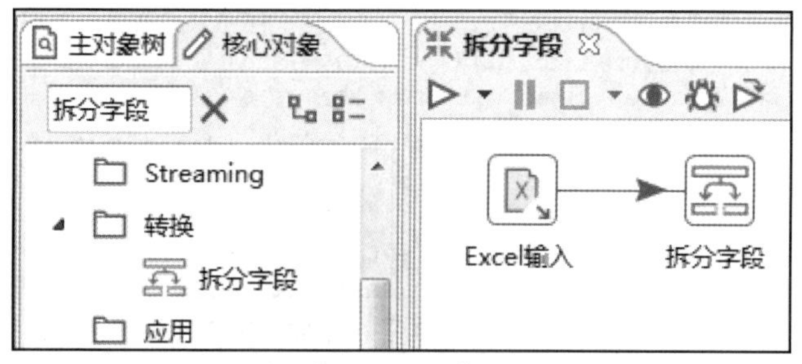

图 4-28　建立【拆分字段】组件和节点连接

4.5.2　设置参数

双击图 4-28 的【拆分字段】组件，弹出【拆分字段】对话框，如图 4-29 所示。【拆分字段】组件的参数包含组件的基础参数和【字段】表参数，有关参数说明如表 4-7 所示。

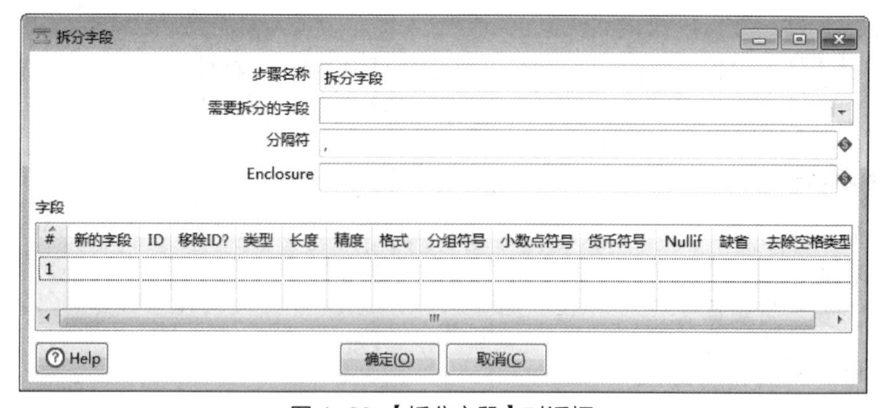

图 4-29　【拆分字段】对话框

表 4-7 【拆分字段】组件的参数说明

参数名称		说　明
基础参数	步骤名称	表示拆分字段组件名称，在单个转换工程中，名称必须唯一。默认值为【拆分字段】组件名称
	需要拆分的字段	表示要拆分字段的名称。默认值为空
	分隔符	表示确定字段的分隔符。特殊字符（如 CHAR ASCII HEX01）可以用$[value]格式设置，如$[01]或$[6F,FF,00,1F]。默认值为“,”
	Enclosure	表示忽略括号内的分隔符。默认值为空
字段		表示拆分的新字段名称，使用【字段】表，设置新字段参数。对于新字段，必须定义字段名称、数据类型和其他属性，【字段】表参数说明如表 4-8 所示

表 4-8 【字段】参数说明

参数名称	说　明
新的字段	表示拆分出的新的字段名称。默认值为空
ID	表示给拆分出新字段的 ID 编号，方便移除字段时使用。默认值为空
移除 ID?	表示是否要移除该编号的字段，选项有 Y、N。默认值为空
类型	表示字段的数据类型。类型选项有 BigNumber、Binary、Boolean、Date、Integer、Internet Address、Number、String、Timestamp。默认值为空
长度	表示字段长度。默认值为空
精度	表示数字类型字段的浮点数的精确位数。默认值为空
格式	表示转换时，原始字段格式的可选掩码。有关使用的公共有效日期和数字格式的信息，请参阅有关公共格式参考书。默认值为空
分组符号	表示数值分组符号，一般使用英文逗号“,”。默认值为空
小数点符号	表示小数点符号，一般使用英文点号“.”。默认值为空
货币符号	表示货币符号，例如，“￥”“$”“€”等货币符号。默认值为空
Nullif	表示 Nullif 名称。默认值为空
缺省	表示缺省值。默认值为空
去除空格类型	表示去除空格的类型，选项有不去掉空格、去掉左空格、去掉右空格、去掉左右两端空格。默认值为不去掉空格

在图 4-29 所示的【拆分字段】对话框中，设置参数，从操作日志数据中分拆出用户 ID、操作时间、操作内容和 IP 地址等字段数据，步骤如下。

（1）设置【拆分字段】组件名称。【步骤名称】参数保留默认值“拆分字段”。

（2）确定需要拆分的字段名称以及内容分隔符。【需要拆分的字段】参数设置为“系统日志”；保留【分隔符】默认值“,”。

（3）设置拆分后新字段参数。对要拆分的字段参数进行设置，【新的字段】【ID】【移除ID?】【类型】参数的设置如图 4-30 所示，【去除空格类型】参数统一设为“不去掉空格”，此时完成【拆分字段】组件参数的设置。

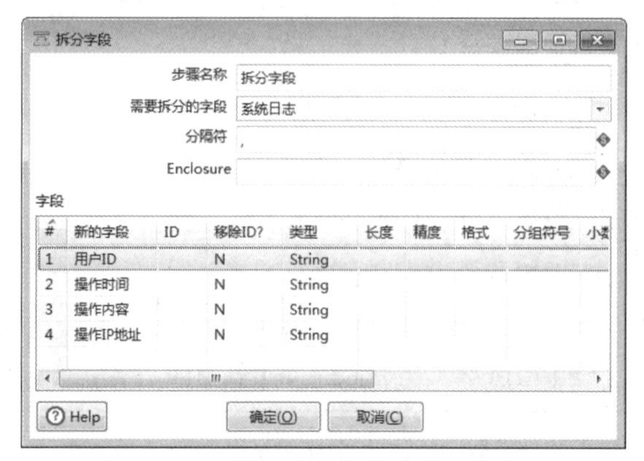

图 4-30 【拆分字段】组件的参数设置

4.5.3 预览结果数据

在【拆分字段】转换工程中，单击【拆分字段】组件，再单击工作区上方的👁图标，预览拆分字段后的数据，如图 4-31 所示。

图 4-31 拆分字段后的数据

任务 4.6 数值范围

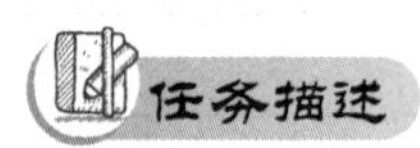

数值范围是给定下限和上界数值的区间范围，划分出多个数值范围。为了了解学生分数的分布情况，需要在“2019 年 10 月年级月考英语成绩.xls”文件中，使用数值范围组件，对英语分数划分范围，以便统计各范围区间的人数：小于 80 分、80~90 分、90~100 分、100~110 分、100~120 分、120~130 分、130~140 分、140~150 分、150 分满分。

任务分析

（1）建立【数值范围】转换工程。

（2）设置【数值范围】组件参数。

（3）预览结果数据。

4.6.1 建立数值范围转换工程

使用 Ctrl+N 组合键，创建【数值范围】转换工程。接着创建【Excel 输入】组件，设置参数，导入“2019 年 10 月年级月考英语成绩.xls”文件，预览数据如图 4-32 所示。

预览数据

步骤 Excel输入 的数据 (52 rows)

#	序号	学号	班级	英语
1	1	201709001	1班	124.0
2	2	201709002	1班	128.0
3	3	201709003	1班	132.0
4	4	201709004	1班	143.0
5	5	201709005	1班	124.0
6	6	201709006	1班	128.0
7	7	201709007	1班	132.0
8	8	201709008	1班	139.0

关闭(C)

图 4-32 预览“2019 年 10 月年级月考英语成绩.xls”文件的数据

在【数值范围】转换工程中，单击【核心对象】选项卡，展开【转换】对象，选中【数值范围】组件，并拖曳其到右边工作区中。由【Excel 输入】组件指向【数值范围】组件，建立节点连接，如图 4-33 所示。

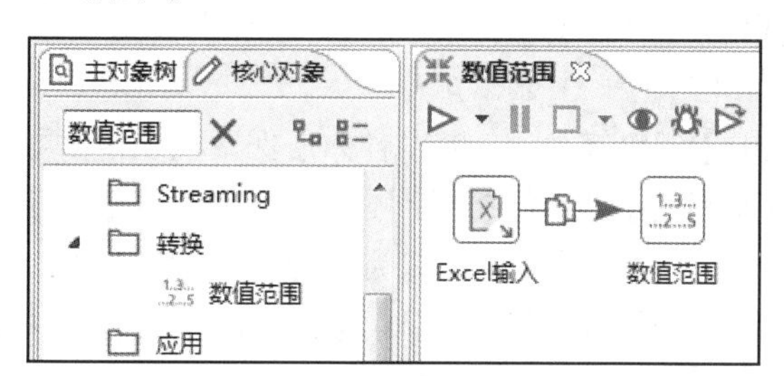

图 4-33 建立【数值范围】组件和节点连接

4.6.2 设置参数

双击图 4-33 所示的【数值范围】组件，弹出【数值范围】对话框，如图 4-34 所示。【数值范围】组件的参数包含组件的基础参数和【范围 (最小<=X<最大)】参数。有关参数如表 4-9 所示。

数值范围

步骤名称 数值范围

输入字段

输出字段: range

缺省值(如果没有匹配到范围) unknown

范围 (最小 <= x< 最大):

#	下限	上界	值
1		5.0	Less than 5
2	5.0	10.0	5-10
3	10.0		More than 10

Help OK Cancel

图 4-34 【数值范围】对话框

表 4-9 【数值范围】组件的参数说明

参数名称		说 明
基础参数	步骤名称	表示数值范围的组件名称，在单个转换工程中，名称必须唯一。默认值为【数值范围】的组件名称
	输入字段	表示要对其划分数值范围的输入流数值型字段，在输入流字段列表中选取。默认值为空
	输出字段	表示划分数值范围的新字段名称。默认值为 range
	缺省值（如果没有匹配到范围）	表示要划分数值范围的字段数据，没有在划分的范围内的值。默认值为 unknown
范围 (最小<=x<最大)		表示要划分的设置范围区间。使用一个表，分行设置多个范围。范围的参数如下。 （1）下限：该范围取值的最小值（<=）。 （2）上界：该范围取值的最大值（<）。 （3）值：该范围的名称。 默认值如图 4-34 所示

在图 4-34 所示的【数值范围】对话框中，设置参数，对英语分数划分以下范围：小于 80 分、80~90 分、90~100 分、100~110 分、100~120 分、120~130 分、130~140 分、140~150 分、150 分满分，步骤如下。

（1）设置【数值范围】组件名称。【步骤名称】保留默认值“数值范围”。

（2）确定划分数值范围的字段。【输入字段】设置为“英语”字段。

（3）确定输出的字段。【输出字段】设置为“分数范围”字段。

（4）确定【缺省值(如果没有匹配到范围)】的内容。【缺省值(如果没有匹配到范围)】设置为“不知道”。

（5）划分数值范围。对【范围 (最小<=x<最大)】表的参数进行设置，如图 4-35 所示，此时完成【数值范围】组件参数的设置。

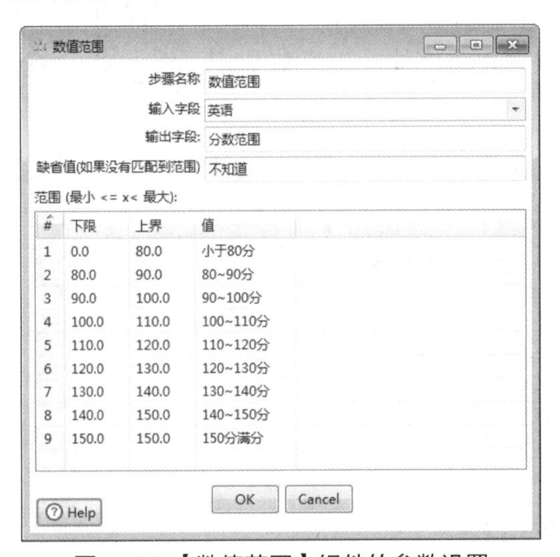

图 4-35 【数值范围】组件的参数设置

4.6.3 预览结果数据

在【数值范围】转换工程中，单击【数值范围】组件，再单击工作区上方的图标，预览设置数值范围后的数据，如图 4-36 所示。

#	序号	学号	班级	英语	分数范围
1	1	201709001	1班	124.0	120~130分
2	2	201709002	1班	128.0	120~130分
3	3	201709003	1班	132.0	130~140分
4	4	201709004	1班	143.0	140~150分
5	5	201709005	1班	124.0	120~130分
6	6	201709006	1班	128.0	120~130分
7	7	201709007	1班	132.0	130~140分
8	8	201709008	1班	139.0	130~140分

图 4-36 划定数值范围后的数据

计算器

任务描述

计算器除了进行加、减、乘和除等简单运算外，还可以进行乘方、开方、指数、对数、三角函数和统计等方面的运算。Kettle 软件提供计算器组件，可对数值型的字段数据进行运算。为了详细地了解学生的基础和全部课程的考试情况，需要在“2018 年上学期期末考试成绩.xls”文件中，使用计算器组件，分别计算学生语文、数学和英语 3 门基础课程的总分数，以及全部 6 门课程的总分数。

任务分析

（1）建立【计算器】转换工程。

（2）设置【计算器】组件参数。

（3）预览结果数据。

4.7.1 建立计算器转换工程

使用 Ctrl+N 组合键，创建【计算器】转换工程。接着创建【Excel 输入】组件，设置参数，导入“2018 年上学期期末考试成绩.xls”文件，预览数据如图 4-37 所示，只有各科课程分数，没有统计分数。

在【计算器】转换工程中，单击【核心对象】选项卡，展开【转换】对象，选中【计算器】组件，并拖曳其到右边工作区中。由【Excel 输入】组件指向【计算器】组件，建立节点连接，如图 4-38 所示。

图 4-37　预览“2018 年上学期期末考试成绩.xls”文件的数据

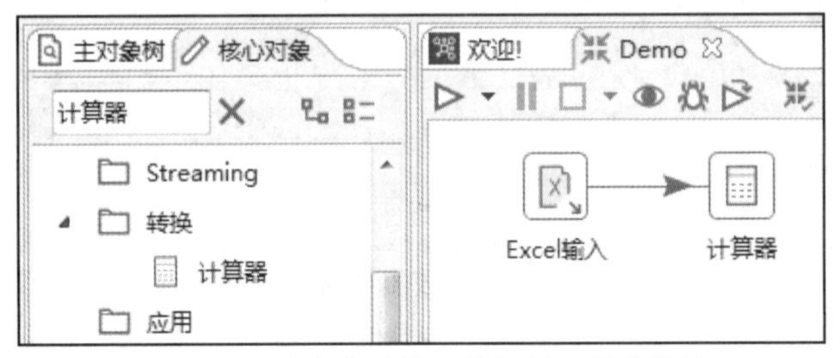

图 4-38　建立【计算器】组件和节点连接

4.7.2　设置参数

双击图 4-38 所示的【计算器】组件，弹出【计算器】对话框，如图 4-39 所示。【计算器】组件的参数包含组件的基础参数和【字段】参数，有关参数说明如表 4-10 所示。

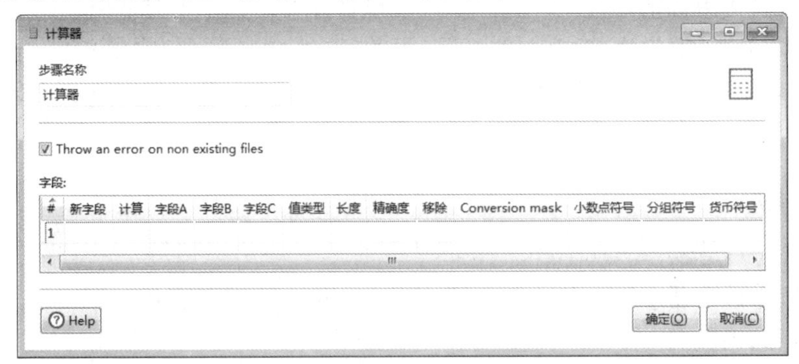

图 4-39　【计算器】对话框

表 4-10　【计算器】组件的参数说明

参数名称		说　明
基础参数	步骤名称	表示计算器组件名称，在单个转换工程中，名称必须唯一。默认值为【计算器】组件名称
	Throw an error on non existing files	表示文件不存在是否抛出一个错误，默认勾选
字段		表示保存计算器运算结果的新字段，使用一个【字段】表，设置新字段参数，字段参数如表 4-11 所示

表 4-11 【字段】表的参数说明

参数名称	说明
新字段	表示保存计算器运算结果的新字段名称。默认值为空
计算	表示计算公式，从系统提供的计算公式中选择。默认值为空
字段 A	表示参加计算的第一个字段，从输入流中选取，也可直接键盘设置。默认值为空
字段 B	表示参加计算的第二个字段，从输入流中选取，也可直接键盘设置。默认值为空
字段 C	表示参加计算的第三个字段，从输入流中选取，也可直接键盘设置。默认值为空
值类型	表示字段的数据类型。类型选项有 BigNumber、Binary、Boolean、Date、Integer、Internet Address、Number、String、Timestamp。默认值为空
长度	表示字段长度。默认值为空
精确度	表示数字类型字段的浮点数的精确位数。默认值为空
移除	表示所在行的新字段只参加运算，不出现在输出流中。默认值为空
Conversion mask	表示所在行的新字段的掩码。默认值为空
小数点符号	表示小数点符号，一般使用“.”英文点号。默认值为空
分组符号	表示数值分组符号，一般使用“,”英文逗号表示。默认值为空
货币符号	表示货币符号，例如，“￥”“$”“€”等货币符号。默认值为空

在图 4-39 所示的【计算器】对话框中，设置参数，统计基础课程语、数、英的总分数和全部 6 门考试课程的总分数，步骤如下。

（1）设置【计算器】组件名称。【步骤名称】保留默认值“计算器”。

（2）设置统计字段的参数。对【字段】表参数进行设置，如图 4-40 所示，此时完成【计算器】组件参数的设置。

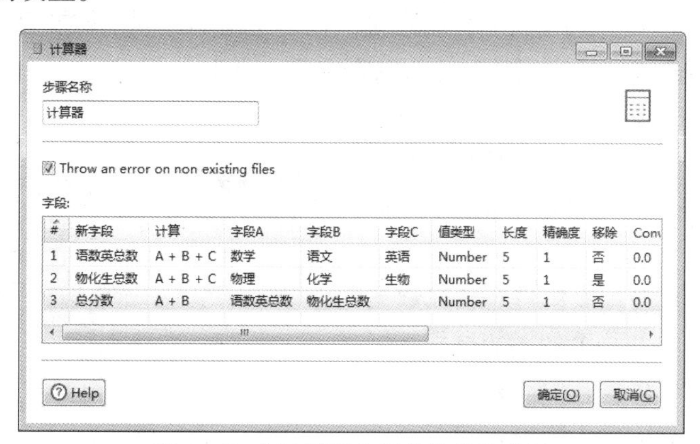

图 4-40 【计算器】组件的参数设置

4.7.3 预览结果数据

在【计算器】转换工程中，单击【计算器】组件，再单击工作区上方的图标，预览使用计算器后的数据，如图 4-41 所示。

#	序号	学号	语文	数学	英语	物理	化学	生物	语数英总数	总分数
1	1	201709001	121.0	148.0	121.0	96.0	85.0	91.0	390.0	662.0
2	2	201709002	115.0	143.0	118.0	97.0	93.0	89.0	376.0	655.0
3	3	201709003	130.0	124.0	113.0	82.0	96.0	76.0	367.0	621.0
4	4	201709004	109.0	128.0	124.0	78.0	83.0	87.0	361.0	609.0
5	5	201709005	104.0	132.0	118.0	74.0	81.0	89.0	354.0	598.0
6	6	201709006	98.0	139.0	113.0	73.0	87.0	76.0	350.0	586.0

图 4-41 使用计算器后的数据

任务 4.8 增加序列

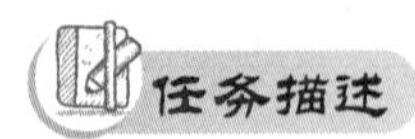

序列是按照一定规律次序排好的行列，有特定起始值和增量值，是不断变化的整数值行列。例如，“1，2，3，4……”，以及“1，2，3，1，2，3……”等都是序列。由于在“2019 年 11 月月考数学成绩.xls”文件中，存在着重复记录，在去除重复记录后，序号不能按顺序连贯排列，需要使用增加序列组件，生成新序号，以便序号能够顺序排列。

任务分析

（1）建立【增加序列】转换工程。

（2）设置【增加序列】组件参数。

（3）预览结果数据。

4.8.1 建立增加序列转换工程

建立增加序列转换工程，导入数据文件，增加新的序列，步骤如下。

（1）创建转换工程。使用 Ctrl+N 组合键，创建【增加序列】转换工程。

（2）创建文件输入和排序组件，导入数据文件，并对数据进行排序。参考 3.1 小节的操作过程，建立【Excel 输入】【排序记录】组件和连接，导入“2019 年 11 月月考数学成绩.xls”文件，并根据“学号”字段对数据进行排序。

（3）创建去除重复记录组件，去除数据的重复记录。参考 3.2 小节的操作过程，创建【去除重复记录】组件，由【排序记录】组件指向【去除重复记录】组件，建立节点连接，设置去除重复记录参数，去除数据中的重复记录。

（4）浏览去除重复记录后的数据。浏览数据，如图 4-42 所示，数据序号不连续，出

#	序号	学号	数学
22	22	201709022	117.0
23	23	201709023	109.0
24	25	201709024	132.0
25	26	201709025	139.0
26	27	201709026	143.0
27	28	201709027	124.0
28	29	201709028	148.0
29	31	201709029	143.0

图 4-42 去除重复记录后“序号”字段数据不连续

现数据序号从“23”跳到“25”、从“29”跳到“31”等情况。

在【增加序列】转换工程中，单击【核心对象】选项卡，展开【转换】对象，选中【增加序列】组件，并拖曳其到右边工作区中。由【去除重复记录】组件指向【增加序列】组件，这时弹出包括【主输出步骤】和【错误处理步骤】选项的选项框，选择【主输出步骤】选项建立节点连接，如图 4-43 所示。

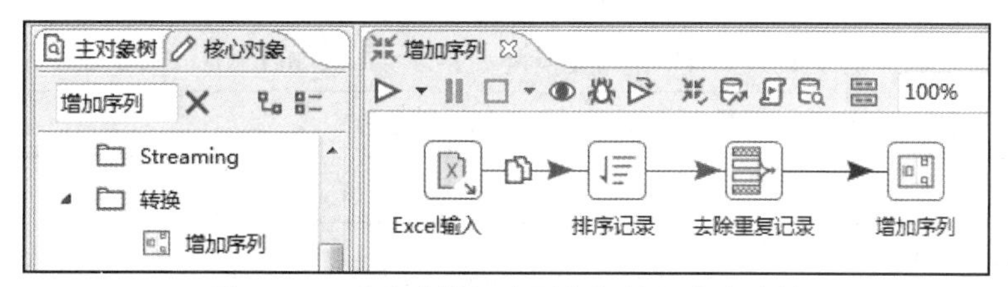

图 4-43 建立【增加序列】组件和节点连接

4.8.2 设置参数

双击图 4-43 所示的【增加序列】组件，弹出【增加序列】对话框，如图 4-44 所示。【增加序列】组件包含组件的基础参数、【使用数据库来生成序列】和【使用转换计数器来生成序列】两种方式参数，有关参数如表 4-12 所示。

图 4-44 【增加序列】对话框

表 4-12 【增加序列】组件的参数说明

参数名称		说　明
基础参数	步骤名称	表示增加序列组件名称，在单个转换工程中，名称必须唯一。默认值为【增加序列】组件名称
	值的名称	表示增加序列的字段名称。默认值为 valuename

续表

参数名称		说　明
使用数据库来生成序列	使用 DB 来获取 sequence?	表示是否使用 DB 来获取序列。默认不勾选
	数据库连接	表示数据库的连接名称。默认值为空或当前工程中已经存在的数据库连接名称。也可以单击【编辑...】【新建...】和【Wizard...】按钮编辑数据库连接
	模式名称	表示数据库模式名称。默认值为空
	Sequence 名称	表示序列名称。默认值为 SEQ_
使用转换计数器来生成序列	使用计数器来计算 sequence?	表示是否使用计数器来获取序列。默认勾选
	计数器名称（可选）	表示计数器的名称。默认值为空
	起始值	表示序列起始值。默认值为 1
	增长根据	表示序列增加或减少的步长。默认值为 1
	最大值	表示序列的最大值。默认值为 999999999

在图 4-44 所示的【增加序列】对话框中，使用转换计数器来生成序列，增加一个名称为“新序号”字段，表示是新增加的序列号。步骤如下。

（1）确定【增加序列】组件名称。【增加序列】采用默认值“增加序列”。

（2）设置新序列的名称。设置【值的名称】为“新序号”。

（3）使用转换计数器来生成序列数据。

①【起始值】设置为“1”。

②【增长根据】设置为“1”。

③【最大值】采用默认值，如图 4-45 所示，此时完成【增加序列】组件参数设置。

图 4-45 【增加序列】组件的参数设置

4.8.3　预览结果数据

在【增加序列】转换工程中，单击【增加序列】组件，再单击工作区上方的图标，预览增加序列后的数据，如图 4-46 所示。

#	序号	学号	数学	新序号
22	22	201709022	117.0	22
23	23	201709023	109.0	23
24	25	201709024	132.0	24
25	26	201709025	139.0	25
26	27	201709026	143.0	26
27	28	201709027	124.0	27
28	29	201709028	148.0	28
29	31	201709029	143.0	29

图 4-46　增加序列后的数据

小结

本章介绍了字段选择、增加常量、将字段值设置为常量、剪切字符串、拆分字段、数值范围、计算器和增加序列这 8 种常用的字段处理方法，阐述了抽取源数据后，对数据进行典型字段处理的方法和步骤。按抽取数据、建立字段处理组件和组件之间的连接、设置参数、浏览处理后的数据为整体流程进行介绍，指出了各种字段处理方法的特点和不同之处，实现了对源数据的初步处理。

课后习题

1. 选择题

（1）选择字段可以（　　）。

A. 选择和修改所需的字段

B. 移除不需要的字段

C. 根据需要改变某个字段的数据类型

D. A、B、C 均可以

（2）下面的数据，可以拆分字段的是（　　）（多选题）。

A. 广州市黄埔区开泰大道 36 号

B. 广州市，黄埔区，开泰大道 36 号

C. 广州市,黄埔区,开泰大道 36 号

D. 广州市。黄埔区,开泰大道 36 号

（3）现有 a1、a2、a3、a4 这 4 个数值型数据，使用公式组件，对它们求和，至少要分（　　）步才能完成求和。

A. 1　　B. 2　　C. 3　　D. 4

（4）从“2019 年 12 月月考考试成绩”字符串中剪切出“12 月月考”字符串，剪切的起始和结束位置分别是（　　）。

A. 6、13　　B. 6、14　　C. 7、13　　D. 7、14

（5）有关增加常量描述正确的是（　　）。

A. 增加常量是指给某个已存在的字段，增加一个常用的数值

B. 增加常量需要增加一个字段，并赋予一个固定的数值

C. 增加常量是指给某个已存在的字段的所有记录，增加一个固定的数值

D. 增加常量是给第一行记录、某个字段增加一个固定的值

2. 操作题

（1）对“2018 年上学期期末考试成绩.xls”文件的数据，使用计算器组件，计算每个学生的平均分，并且平均分按照从高到低进行排序。

（2）在（1）操作题中，平均分按照从高到低进行排序后，序号出现无序状况，使用增加序列组件，将序号重新按顺序排列。

第5章 高级转换

相对于记录处理、字段处理中的常用组件，高级转换是处理更为复杂的数据的组件，个别组件还使用了编写脚本的方法。高级转换中典型的组件有记录集连接、多路数据合并连接、单变量统计、公式、利用 Janino 计算 Java 表达式、JavaScript 代码、设置变量和获取变量等组件。本章将分别介绍这些组件的使用方法，学习高级转换处理的知识。

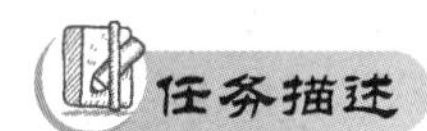

学习目标

（1）了解高级转换常用组件的作用。

（2）掌握高级转换常用组件的参数及参数的设置方法。

（3）熟悉使用高级转换常用组件后的结果数据解读。

任务 5.1 记录集连接

任务描述

记录集连接是将具有相同关键字字段的两个记录表进行合并。某年级的月考成绩分散在“月考语文成绩.xls”“月考英语成绩.xls”两个文件中，为了统计学生考试成绩的总分，需要使用记录集连接组件，将成绩数据合并在一起。

任务分析

（1）建立【记录集连接】转换工程。

（2）设置【记录集连接】组件的参数。

（3）预览结果数据。

5.1.1 建立记录集连接转换工程

在记录集连接之前，需要预先对数据记录根据关键字段进行排序。在两个考试成绩文件中，“学号”是关键字段，因为每个学生在学校期间，“学号”是唯一的，所以对“学号”字段进行排序。建立记录集连接转换工程步骤如下。

（1）创建记录集连接转换工程。使用 Ctrl+N 组合键，创建【记录集连接】转换工程。

（2）创建 Excel 输入和排序记录组件，分别导入月考语文成绩和英语成绩文件，并进行排序，预览排序后的结果。

① 创建【Excel 输入】组件，将组件名称命名为“语文成绩”，导入“月考语文成绩.xls”文件，并预览数据；接着创建【排序记录】组件，并将组件名称命名为“语文成绩排序”，再由【语文成绩】组件指向【语文成绩排序】组件，建立节点连接，设置排序参数，对“学号”字段进行排序。

② 与步骤①类似，创建【英语成绩】和【英语成绩排序】组件，导入“月考英语成绩.xls”文件，并建立它们之间的节点连接，设置排序参数，对“学号”字段进行排序，如图 5-1 所示。

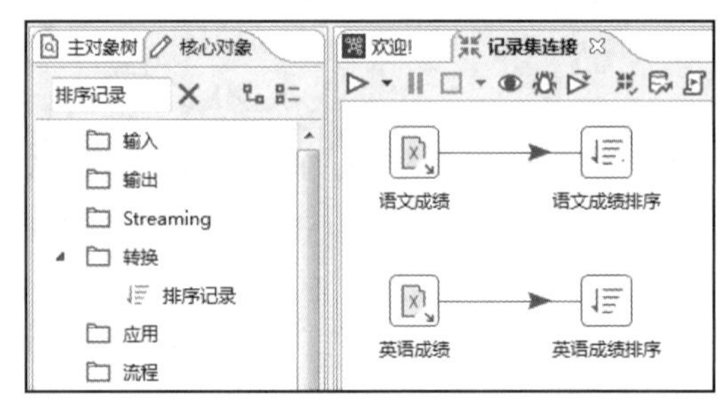

图 5-1　创建 Excel 输入和排序记录组件并建立节点连接

③ 单击图 5-1 所示的工作区上方的图标，分别预览【语文成绩排序】【英语成绩排序】组件的排序结果，如图 5-2 和图 5-3 所示。

#	序号	学号	语文
1	1	201709001	128.0
2	2	201709002	132.0
3	3	201709003	139.0
4	4	201709004	141.0
5	5	201709005	117.0
6	6	201709006	109.0
7	7	201709007	121.0
8	8	201709008	115.0
9	9	201709009	128.0
10	10	201709010	132.0

图 5-2　月考语文成绩排序结果

#	序号	学号	英语
1	1	201709001	121.0
2	2	201709002	118.0
3	3	201709003	113.0
4	4	201709004	124.0
5	5	201709005	118.0
6	6	201709006	113.0
7	7	201709007	117.0
8	8	201709008	109.0
9	9	201709009	106.0
10	10	201709010	96.0

图 5-3　月考英语成绩排序结果

（3）创建【记录集连接】组件和连接。在图 5-1 所示的【记录集连接】转换工程中，单击【核心对象】选项卡，展开【连接】对象，选中【记录集连接】组件，并拖曳其到右边工作区中，并由【语文成绩排序】组件指向【记录集连接】组件，由【英语成绩排序】组件指向【记录集连接】组件，分别建立两个节点连接，如图 5-4 所示。

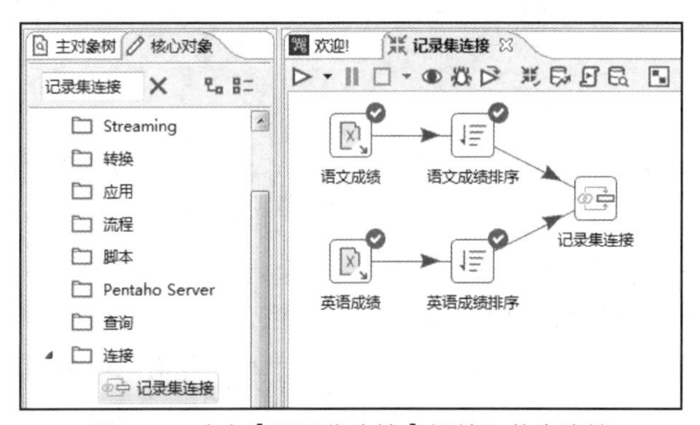

图 5-4　建立【记录集连接】组件和节点连接

5.1.2　设置参数

双击图 5-4 所示的【记录集连接】组件，弹出【合并排序】对话框，如图 5-5 所示。【记录集连接】组件的参数包含组件的基础参数和连接字段表参数，有关参数说明如表 5-1 所示。

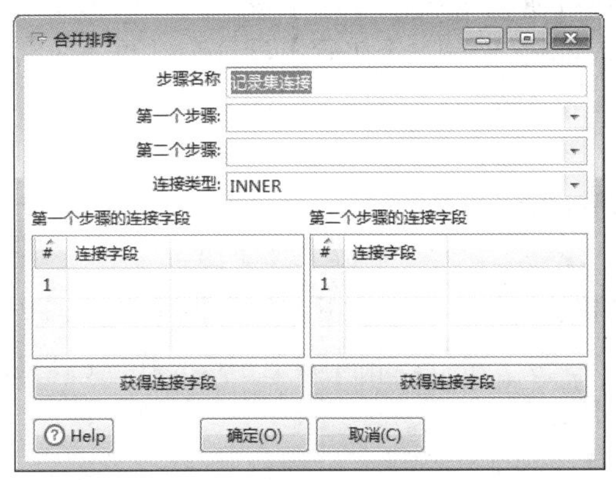

图 5-5 【合并排序】对话框

表 5-1 【记录集连接】组件的参数说明

参数名称	说　明
步骤名称	表示记录集连接组件名称，在单个转换工程中，名称必须唯一。默认值是【记录集连接】的组件名称
第一个步骤	表示连接合并的第一个输入组件名称（左方），在选择框中选择输入组件名称。默认值为空
第二个步骤	表示连接合并的第二个输入组件名称（右方），在选择框中选择输入组件名称。默认值为空
连接类型	表示两个源数据表的连接类型。在下拉框中选择连接类型，默认值为 INNER。连接类型如下。 （1）FULL OUTER：连接结果包含来自两个数据源表的所有记录，而不匹配的记录，字段值被系统设为空（null）。 （2）LEFT OUTER：连接结果包含第一个数据源的所有记录（左外），第二个数据流中的关键字段值不匹配的记录，字段值被系统设为空（null）。 （3）RIGHT OUTER：连接结果包含第二个数据源的所有记录（右外），第一个数据流中的关键字段值不匹配的记录，字段值被系统设为空（null）。 （4）INNER：只有在两个源中具有相同关键字段值的记录才会包含在连接结果中（内连接）
第一个步骤的连接字段	表示第一个步骤（组件）用来连接的字段名称。使用一个表，设置连接字段参数，可以单击表格下方的【获得连接字段】导入有关字段，进行设置。默认值为空
第二个步骤的连接字段	表示第二个步骤（组件）用来连接的字段名称。使用一个表，设置连接字段参数，可以单击表格下方的【获得连接字段】导入有关字段，进行设置。默认值为空

在图 5-5 所示的【合并排序】对话框中，设置参数，使用“学号”字段作为关键字段进行记录集连接合并，步骤如下。

（1）确定组件名称。保留【步骤名称】默认值“记录集连接”。

（2）确定第一个步骤名称。【第一个步骤】设置为“语文成绩排序”。

（3）确定第二个步骤名称。【第二个步骤】设置为“英语成绩排序”。

（4）确定连接类型。【连接类型】设置为“INNER”。

（5）确定连接字段。

① 单击【第一个步骤的连接字段】表下方的【获得连接字段】按钮，导入“语文成绩排序”中的字段，保留“学号”字段，删除其他字段。

② 单击【第二个步骤的连接字段】表下方的【获得连接字段】按钮，导入“英语成绩排序”中的字段，保留“学号”字段，删除其他字段，设置结果如图 5-6 所示。此时完成【记录集连接】组件的参数设置。

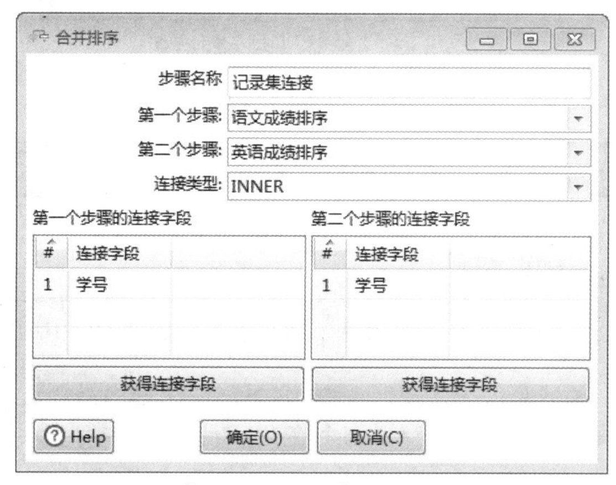

图 5-6 【记录集连接】组件的参数设置

5.1.3 预览结果数据

单击图 5-4 所示【记录集连接】组件，再单击工作区上方的图标，预览记录集连接后的数据，如图 5-7 所示。

预览数据

步骤 记录集连接 的数据 (52 rows)

#	序号	学号	语文	序号_1	学号_1	英语
1	1	201709001	128.0	1	2017090...	121.0
2	2	201709002	132.0	2	2017090...	118.0
3	3	201709003	139.0	3	2017090...	113.0
4	4	201709004	141.0	4	2017090...	124.0
5	5	201709005	117.0	5	2017090...	118.0
6	6	201709006	109.0	6	2017090...	113.0
7	7	201709007	121.0	7	2017090...	117.0
8	8	201709008	115.0	8	2017090...	109.0
9	9	201709009	128.0	9	2017090...	106.0
10	10	201709010	132.0	10	2017090...	96.0

关闭(C)

图 5-7 记录集连接后的结果数据

任务 5.2 多路数据合并连接

记录集连接是两个记录集的合并，而 3 个及以上的记录集，需采用多路数据合并连接（Multiway merge join）的方式。多路数据合并连接，是对多个记录集的合并，效率更高，速度更快。由于某次月考成绩分散在“月考语文成绩.xls”“月考英语成绩.xls”“月考数学成绩.xls”3 个文件中，为了统计学生语、数、英的考试分数，需要使用多路数据合并连接组件，合并这 3 个文件的成绩数据。

任务分析

（1）建立【多路数据合并连接】转换工程。

（2）设置【多路数据合并连接】组件参数。

（3）预览结果数据。

5.2.1 建立多路数据合并连接转换工程

与记录集连接一样，在进行多路数据合并连接前，也需要对数据记录根据关键字段进行排序，“学号”是关键字段，因此需要对“学号”字段进行排序。建立多路数据合并连接转换工程步骤如下。

（1）创建多路数据合并连接转换工程。使用 Ctrl+N 组合键，创建【多路数据合并连接 Multiway merge join】转换工程。

（2）创建【Excel 输入】和【排序记录】组件，分别导入月考语文成绩、数学成绩和英语成绩，并进行排序。

① 创建【Excel 输入】组件，并命名组件名称为“语文成绩”，导入“月考语文成绩.xls”文件，设置参数并预览数据；接着创建【排序记录】组件，并将组件名称命名为“语文成绩排序”，再由【语文成绩】组件指向【语文成绩排序】组件，建立节点连接，设置排序参数，对“学号”字段进行排序。

② 与步骤①类似，创建【数学成绩】和【数学成绩排序】组件，导入“月考数学成绩.xls”文件，并建立它们之间的节点连接，设置排序参数，对“学号”字段进行排序。

③ 与步骤①类似，创建【英语成绩】和【英语成绩排序】组件，导入“月考英语成绩.xls”文件，并建立它们之间的节点连接，设置排序参数，对“学号”字段进行排序。创建语文成绩、数学成绩和英语成绩排序组件的结果，如图 5-8 所示。

④ 单击图 5-8 工作区上方的👁图标，分别预览【语文成绩排序】【数学成绩排序】【英语成绩排序】的排序结果，分别如图 5-9、图 5-10 和图 5-11 所示。

（3）创建【Multiway merge join】组件和连接。在图 5-8 所示的【多路数据合并连接 Multiway merge join】转换工程中，单击【核心对象】选项卡，展开【连接】对象，选中【Multiway merge join】组件，并拖曳其到右边工作区中，并由【语文成绩排序】【数学成绩排序】【英语成绩排序】组件分别指向【Multiway merge join】组件，分别建立 3 个节点连接，如图 5-12 所示。

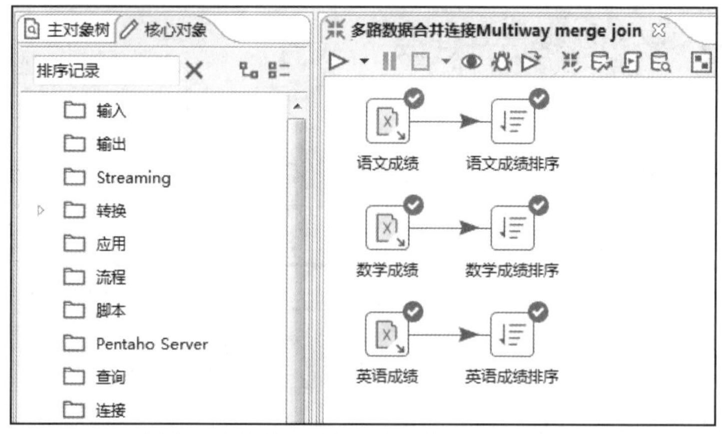

图 5-8　创建语文成绩、数学成绩和英语成绩排序组件的结果

#	序号	学号	语文
1	1	201709001	128.0
2	2	201709002	132.0
3	3	201709003	139.0
4	4	201709004	141.0
5	5	201709005	117.0
6	6	201709006	109.0
7	7	201709007	121.0
8	8	201709008	115.0
9	9	201709009	128.0
10	10	201709010	132.0

图 5-9　语文成绩排序结果

#	序号	学号	数学
1	1	201709001	148.0
2	2	201709002	143.0
3	3	201709003	124.0
4	4	201709004	128.0
5	5	201709005	132.0
6	6	201709006	139.0
7	7	201709007	113.0
8	8	201709008	104.0
9	9	201709009	98.0
10	10	201709010	135.0

图 5-10　数学成绩排序结果

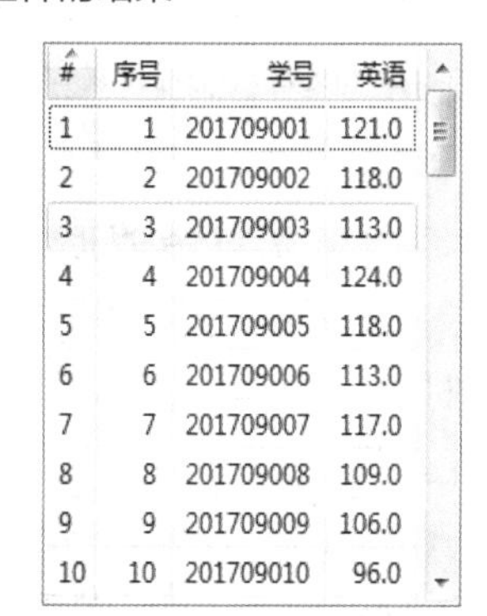

#	序号	学号	英语
1	1	201709001	121.0
2	2	201709002	118.0
3	3	201709003	113.0
4	4	201709004	124.0
5	5	201709005	118.0
6	6	201709006	113.0
7	7	201709007	117.0
8	8	201709008	109.0
9	9	201709009	106.0
10	10	201709010	96.0

图 5-11　英语成绩的排序结果

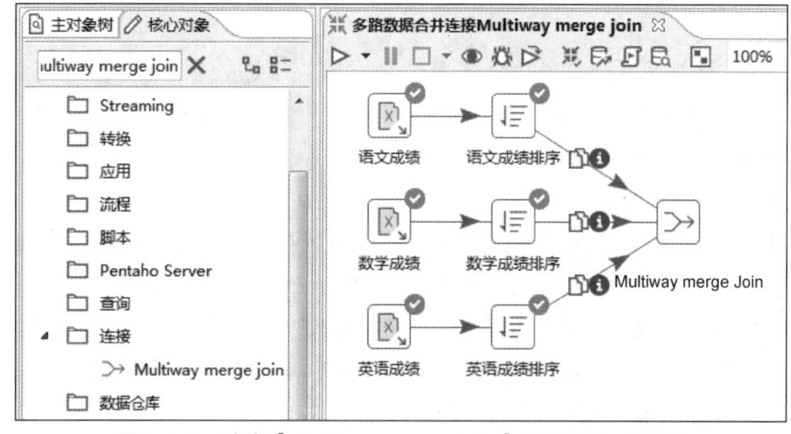

图 5-12　建立【Multiway merge join】组件和节点连接

5.2.2　设置参数

双击图 5-12 所示的【Multiway merge join】组件，弹出【Multiway merge join】对话框，进行参数设置，如图 5-13 所示。【Multiway merge join】组件的参数包含【Step name】组件名称、Input Step*N*（*N*=1,2,3，…）输入组件名称、【Join Keys】连接关键字（Input Step*N* 与【Join Keys】参数需两两配对）和【Join Type】连接类型参数。有关参数说明如表 5-2 所示。

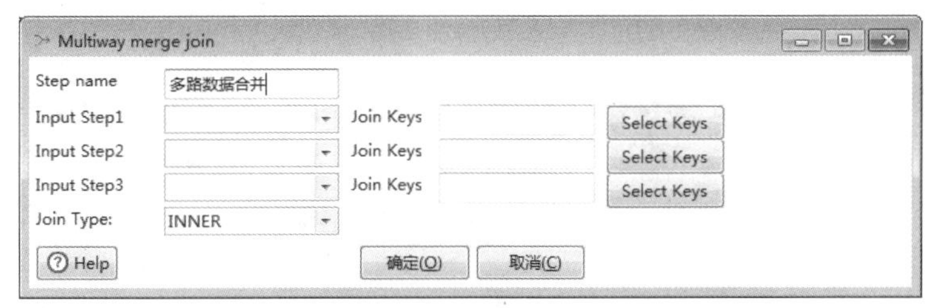

图 5-13 【Multiway merge join】对话框

表 5-2 【Multiway merge join】组件的参数说明

参数名称	说　明
Step name	表示多路数据合并连接组件名称，在单个转换工程中，名称必须唯一。默认值是【Multiway merge join】的组件名称
Input Step$N$	表示合并连接的第 N（N=1,2,3,4,…）个输入组件的名称，在下拉框中选择输入组件名称。默认值为空
Join Keys	表示对应所在行 Input Step$N$ 输入组件的连接关键字段。单击所在行的【Select Keys】按钮，在弹出的对话框中选择字段名称。默认值为空
Join Type	表示多个源数据表的连接类型。在下拉框中选择连接类型，默认值为 INNER。连接类型如下。 （1）FULL OUTER：连接结果包含来自多个数据源表的所有记录，而不匹配的记录，字段值被系统设为空（null）。 （2）INNER：只有在多个源数据表中具有相同关键字段值的记录才会包含在连接结果中（内连接）

因为学生的学号是唯一的，所以使用“学号”字段作为连接的关键字段。在图 5-13 所示的【Multiway merge join】对话框中，设置【Multiway merge join】相关参数，对语文、数学和英语成绩这 3 个数据表进行合并。

（1）确定组件名称。【Step name】参数设置为“多路数据合并连接”。

（2）确定各个输入组件名称和连接关键字段。

① 【Input Step1】参数设置为“语文成绩排序”，同一行的【Join Keys】参数设置为“学号”。也可以单击同一行【Select Keys】按钮，弹出【Join Keys】对话框，在【Keys】表中的第 1 行单击【Key Field】下的第一个输入框，在下拉框中选择“学号”，单击【确定(O)】按钮，添加“学号”字段名称至【Join Keys】参数中，如图 5-14 所示。

图 5-14 【Join Keys】关键字段对话框

② 与步骤①类似的操作，【Input Step2】参数设置为“数学成绩排序”，同一行的【Join Keys】参数设置为“学号”。

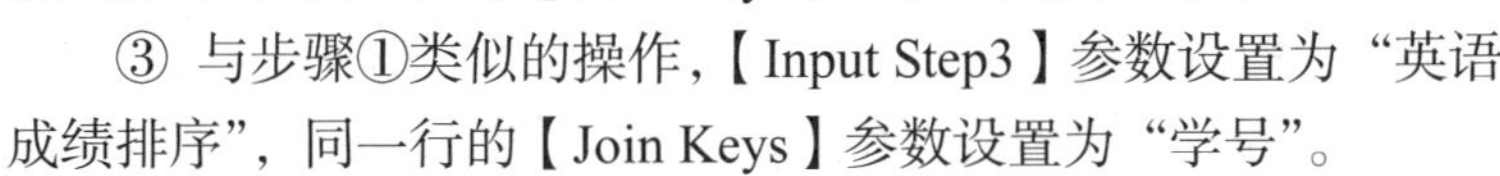

③ 与步骤①类似的操作，【Input Step3】参数设置为“英语成绩排序”，同一行的【Join Keys】参数设置为“学号”。

（3）确定连接类型。【Join Type】参数设置为“INNER”，此时完成参数设置，如图 5-15

所示。

Multiway merge join

Step name	多路数据合并连接		
Input Step1	语文成绩排序	Join Keys	学号
Input Step2	数学成绩排序	Join Keys	学号
Input Step3	英语成绩排序	Join Keys	学号
Join Type:	INNER		

Help　确定(O)　取消(C)

图 5-15 【Multiway merge join】参数设置

单击图 5-15 所示的【确定（O）】按钮，这时【Multiway merge join】组件的名称已经被改名为“多路数据合并连接”，组件的参数设置也已设置完成，如图 5-16 所示。

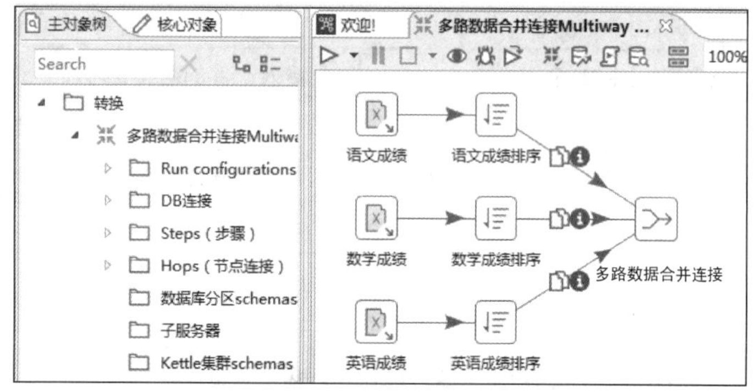

图 5-16 【多路数据合并连接】组件

5.2.3 预览结果数据

单击图 5-16 所示的【多路数据合并连接】组件，再单击工作区上方的图标，预览进行多路数据合并连接后的数据，如图 5-17 所示。

预览数据

步骤 多路数据合并 的数据 (52 rows)

#	序号	学号	语文	序号_1	学号_1	数学	序号_2	学号_2	英语
1	1	201709001	128.0	1	201709001	148.0	1	201709001	121.0
2	2	201709002	132.0	2	201709002	143.0	2	201709002	118.0
3	3	201709003	139.0	3	201709003	124.0	3	201709003	113.0
4	4	201709004	141.0	4	201709004	128.0	4	201709004	124.0
5	5	201709005	117.0	5	201709005	132.0	5	201709005	118.0
6	6	201709006	109.0	6	201709006	139.0	6	201709006	113.0
7	7	201709007	121.0	7	201709007	113.0	7	201709007	117.0
8	8	201709008	115.0	8	201709008	104.0	8	201709008	109.0
9	9	201709009	128.0	9	201709009	98.0	9	201709009	106.0
10	10	201709010	132.0	10	201709010	135.0	10	201709010	96.0

关闭(C)

图 5-17 多路数据合并连接后的数据

在图 5-17 所示的【预览数据】对话框中，语文、数学和英语成绩连接合并至一张表中，因为 3 个源数据表的“序号”“学号”字段名称一样，而连接合并为一个表后字段名称不能相同，所以合并后第 2、3 个表的“序号”“学号”字段名称分别被系统改名。在实际应用中，可以使用字段选择组件移除这些多余的字段。

任务 5.3 单变量统计

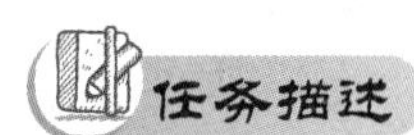

单变量统计是对数据进行单个变量的数据统计，以字段为单变量，可以分别对多个字段进行数据统计，统计类型有 N（统计数量）、最小值、最大值、平均值、样本标准差、中位数和任意百分位数等。在“2018 年上学期期末考试成绩.xls”文件中，为了了解学生考试的统计数据，对语文和数学两门主科进行数据统计，使用单变量统计组件，分别统计学生的考试人数、最低分、最高分、平均分和中位数等。

任务分析

（1）建立【单变量统计】转换工程。

（2）设置【单变量统计】组件参数。

（3）预览结果数据。

5.3.1 建立单变量统计转换工程

建立单变量统计转换工程步骤如下。

（1）创建单变量统计转换工程。使用 Ctrl+N 组合键，创建【单变量统计】转换工程。

（2）创建 Excel 输入组件，导入考试成绩数据文件。创建【Excel 输入】组件，如图 5-18 所示，设置参数，导入“2018 年上学期期末考试成绩.xls”文件。

图 5-18 创建【Excel 输入】组件

（3）预览考试成绩数据。单击图 5-18 工作区上方的图标，预览数据，如图 5-19 所示。在当前源数据中，只有各科课程的分数，没有统计分数。

预览数据

步骤 Excel输入 的数据 (52 rows)

#	序号	学号	语文	数学	英语	物理	化学	生物
1	1	201709001	121.0	148.0	121.0	96.0	85.0	91.0
2	2	201709002	115.0	143.0	118.0	97.0	93.0	89.0
3	3	201709003	130.0	124.0	113.0	82.0	96.0	76.0
4	4	201709004	109.0	128.0	124.0	78.0	83.0	87.0
5	5	201709005	104.0	132.0	118.0	74.0	81.0	89.0
6	6	201709006	98.0	139.0	113.0	73.0	87.0	76.0
7	7	201709007	135.0	113.0	117.0	71.0	87.0	89.0
8	8	201709008	121.0	104.0	109.0	73.0	76.0	72.0

关闭(C)　显示日志(L)

图 5-19 预览“2018 年上学期期末考试成绩.xls”数据

（4）创建【单变量统计】组件和连接。在【单变量统计】转换工程中，单击【核心对象】选项卡，单击展开【统计】对象，选中【单变量统计】组件，并拖曳其到右边工作区中。由【Excel 输入】组件指向【单变量统计】组件，建立节点连接，如图 5-20 所示。

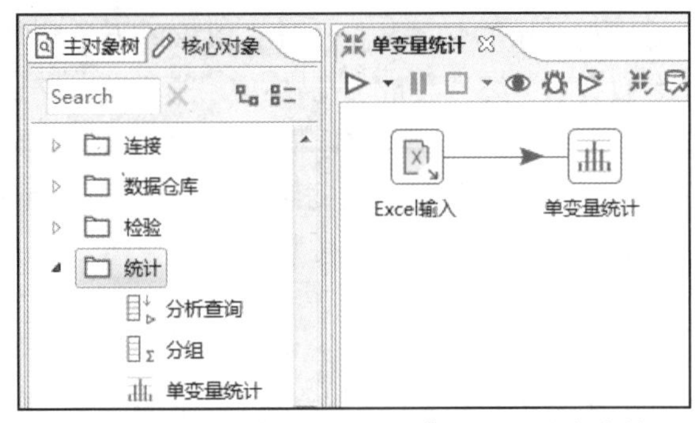

图 5-20　建立【单变量统计】组件和节点连接

5.3.2　设置参数

双击图 5-20 所示的【单变量统计】组件，弹出【Univariate statistics】对话框，如图 5-21 所示。【单变量统计】组件的参数包含组件的基础参数和【Input fields and derived stats】参数，有关参数说明如表 5-3 所示。

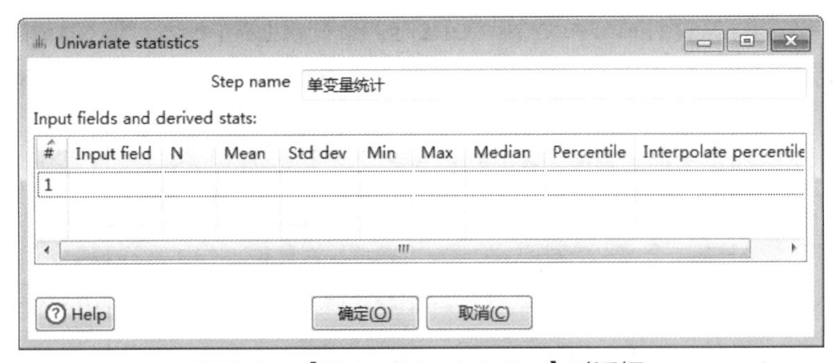

图 5-21　【Univariate statistics】对话框

表 5-3　【单变量统计】组件的参数说明

参数名称		说　明
基础参数	Step name	表示单变量统计组件名称，在单个转换工程中，名称必须唯一。默认值是【单变量统计】组件名称
Input fields and derived stats	Input field	表示进行统计的字段名称，单击下拉框选择字段名称。默认值为空
	N	表示是否统计字段记录数量，从下拉框中选择，选项有 true、false。默认值为空
	Mean	表示是否统计字段的均值，选项有 true、false。默认值为空
	Std dev	表示是否统计数值字段的标准差（Standard deviation），选项有 true、false。默认值为空
	Min	表示是否统计数值字段的最小值，选项有 true、false。默认值为空
	Max	表示是否统计数值字段的最大值，选项有 true、false。默认值为空

续表

参数名称		说　明
Input fields and derived stats	Median	表示是否统计数值字段的中位数，选项有 true、false。默认值为空
	Percentile	表示数值字段百分位数。默认值为空
	Interpolate percentile	表示是否统计数值字段的插入百分位数，选项有 true、false。默认值为空

在图 5-21 所示的【Univariate statistics】对话框中，设置参数，对学生语文、数学考试成绩进行统计。

（1）设置组件名称。保留【Step name】默认值“单变量统计”。

（2）在【Input fields and derived stats】表中，设置统计的各个字段参数，如图 5-22 所示，此时完成【单变量统计】组件的参数设置。

图 5-22 【单变量统计】组件的参数设置

5.3.3　预览结果数据

在【单变量统计】工程中，单击【单变量统计】组件，再单击工作区上方的图标，预览进行单变量统计后的数据，如图 5-23 和图 5-24 所示。

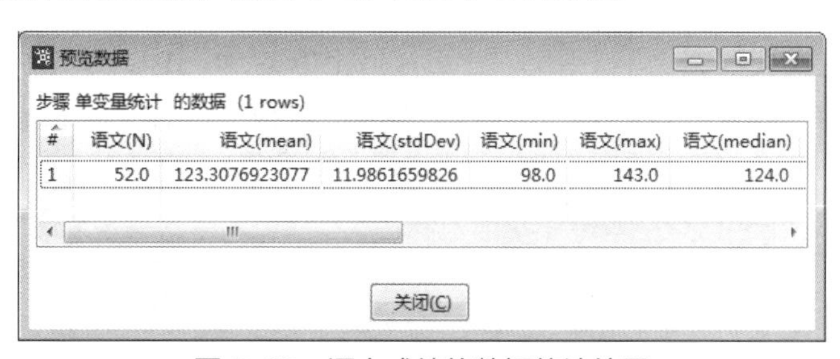

图 5-23　语文成绩的数据统计结果

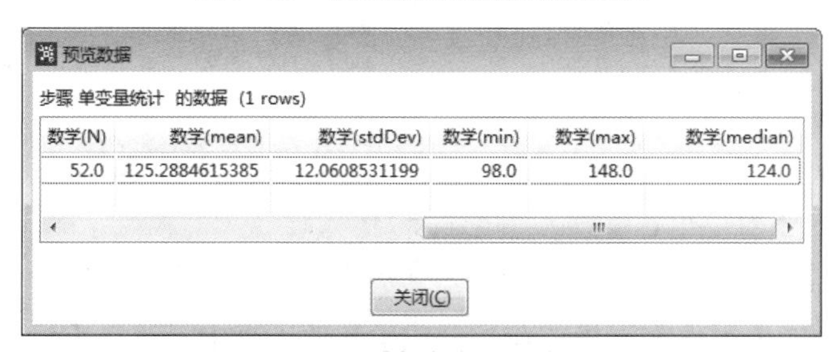

图 5-24　数学成绩的数据统计结果

任务 5.4　公式

公式是用来计算数据流中数据的表达式的。公式可以是“A+B”这样的简单计算，也可以是类似“if/then”复杂业务逻辑判断的表达式。在某年级的“2018 年上学期期末考试成绩.xls”文件中，为了统计成绩以表彰优秀的学生，需要使用公式组件，统计学生所有考试科目的总分，并对总分 650 分以上的学生标注“优秀”。

任务分析

（1）建立【公式】转换工程。

（2）设置【公式】组件参数。

（3）预览结果数据。

5.4.1　建立公式转换工程

建立公式转换工程步骤如下。

（1）创建公式转换工程。使用 Ctrl+N 组合键，创建【公式】转换工程。

（2）创建 Excel 输入组件和导入数据。创建【Excel 输入】组件，如图 5-25 所示，设置参数，导入“2018 年上学期期末考试成绩.xls”文件。

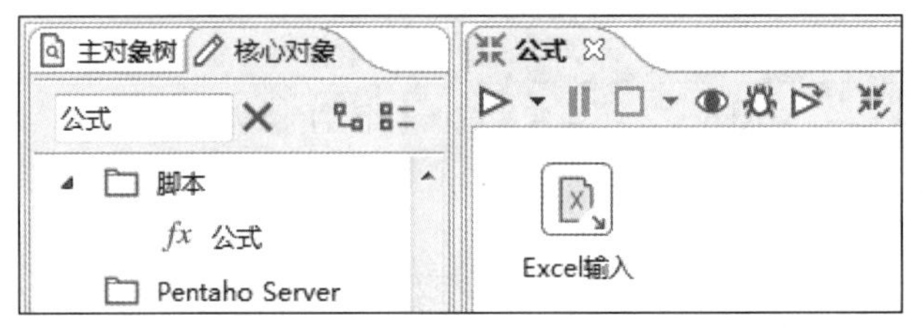

图 5-25　创建 Excel 输入组件

（3）预览考试成绩数据。单击图 5-25 工作区上方的图标，预览学生考试成绩数据，如图 5-26 所示。在当前源数据中，只有各科课程的成绩，没有统计总分。

预览数据

步骤 Excel输入 的数据 (52 rows)

#	序号	学号	语文	数学	英语	物理	化学	生物
1	1	201709001	121.0	148.0	121.0	96.0	85.0	91.0
2	2	201709002	115.0	143.0	118.0	97.0	93.0	89.0
3	3	201709003	130.0	124.0	113.0	82.0	96.0	76.0
4	4	201709004	109.0	128.0	124.0	78.0	83.0	87.0
5	5	201709005	104.0	132.0	118.0	74.0	81.0	89.0
6	6	201709006	98.0	139.0	113.0	73.0	87.0	76.0
7	7	201709007	135.0	113.0	117.0	71.0	87.0	89.0
8	8	201709008	121.0	104.0	109.0	73.0	76.0	72.0

关闭(C)　显示日志(L)

图 5-26　预览“2018 年上学期期末考试成绩.xls”文件

（4）创建【公式】组件和连接。在【公式】转换工程中，单击【核心对象】选项卡，单击展开【脚本】对象，选中【公式】组件，并拖曳其到右边工作区中。由【Excel 输入】

组件指向【公式】组件，建立节点连接，如图 5-27 所示。

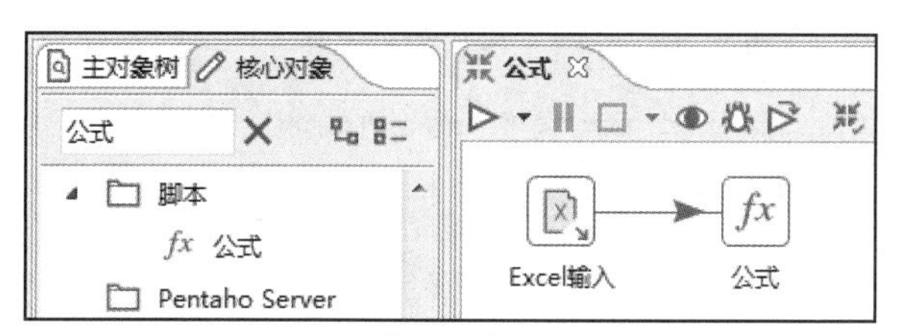

图 5-27 建立【公式】组件和节点连接

5.4.2 设置参数

双击图 5-27 所示的【公式】组件，弹出【公式】对话框，如图 5-28 所示。【公式】组件的参数包含组件的基础参数和【字段】表参数，有关参数说明如表 5-4 所示。

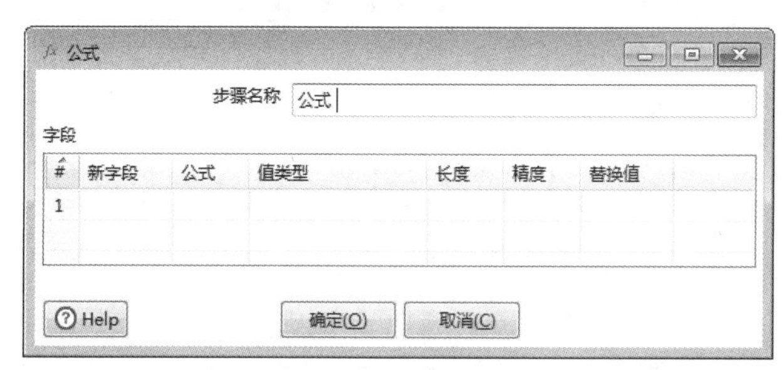

图 5-28 【公式】对话框

表 5-4 【公式】参数说明

参数名称		说 明
基础参数	步骤名称	表示公式组件名称，在单个转换工程中，名称必须唯一。默认值是【公式】组件名称
字段	新字段	表示新增加的字段名称。默认值为空
	公式	表示计算公式，单击单元格时，系统打开公式编辑器窗口，提供可用函数的帮助，方便用户编辑计算公式。默认值为空
	值类型	表示字段的数据类型。类型选项有 BigNumber、Binary、Boolean、Date、Integer、Internet Address、Number、String、Timestamp。默认值为空
	长度	表示字段长度。默认值为空
	精度	表示数字类型字段的浮点数的精确位数。默认值为空
	替换值	表示字段需要替换值。默认值为空

在图 5-28 所示的【公式】对话框中，设置参数，利用公式计算总分，根据总分标注成绩优秀的学生。

（1）设置组件名称。保留【步骤名称】默认值“公式”。

（2）设置添加字段参数。在【字段】表中，添加【总分】【评优】两个新字段，分别单击两个新字段所在的单元格，编辑公式。编辑【总分】字段，如图 5-29 所示。设置【字段】

表参数，如图 5-30 所示。此时完成【公式】组件的参数设置。

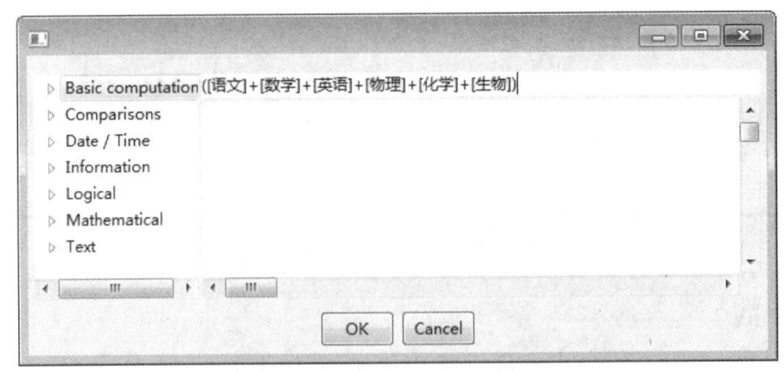

图 5-29　编辑【总分】字段公式

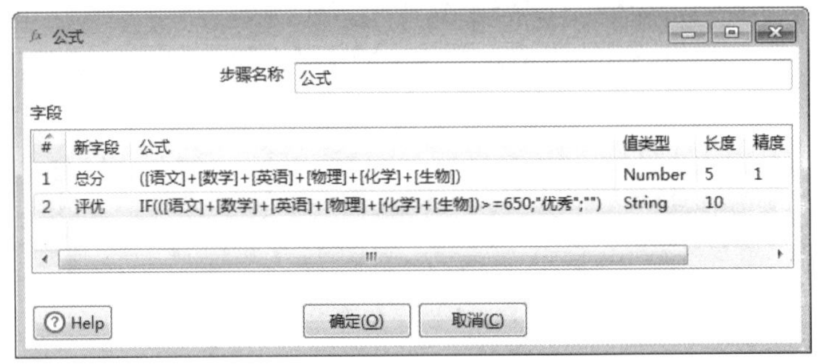

图 5-30 【公式】组件的参数设置

5.4.3　预览结果数据

在【公式】转换工程中，单击【公式】组件，再单击工作区上方的👁图标，预览使用公式计算后的数据，如图 5-31 所示。

预览数据

步骤 公式 的数据 (52 rows)

#	序号	学号	语文	数学	英语	物理	化学	生物	总分	评优
1	1	201709001	117.0	109.0	132.0	87.0	87.0	76.0	608.0	
2	2	201709002	109.0	135.0	139.0	89.0	76.0	72.0	620.0	
3	3	201709003	113.0	148.0	141.0	99.0	69.0	83.0	653.0	优秀
4	4	201709004	124.0	143.0	117.0	91.0	99.0	83.0	657.0	优秀
5	5	201709005	118.0	124.0	109.0	87.0	73.0	95.0	606.0	
6	6	201709006	113.0	132.0	121.0	87.0	99.0	76.0	628.0	
7	7	201709007	117.0	139.0	115.0	76.0	91.0	73.0	611.0	
8	8	201709008	109.0	117.0	143.0	69.0	87.0	76.0	601.0	

关闭(C)

图 5-31　使用公式计算后的结果数据

任务 5.5　利用 Janino 计算 Java 表达式

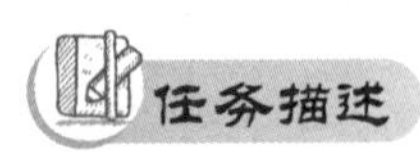

Janino 是一个超小型、超快的 Java 编译器，Kettle 可以利用 Janino 提供类和对象，定义 Java 表达式来计算新值。在某年级的“2020 年 4 月月考成绩.xls”文件中，为了了解学

生的考试情况，需要采用Janino计算Java表达式组件，统计每个学生月考成绩的总分，并按照四舍五入的方法，计算每个学生的平均分。

任务分析

（1）建立【利用Janino计算Java表达式】转换工程。

（2）设置【利用Janino计算Java表达式】组件参数。

（3）预览结果数据。

5.5.1 建立利用Janino计算Java表达式转换工程

建立利用Janino计算Java表达式转换工程步骤如下。

（1）创建利用Janino计算Java表达式转换工程。使用Ctrl+N组合键，创建【利用Janino计算Java表达式】转换工程。

（2）创建Excel输入组件和导入数据。创建【Excel输入】组件，如图5-32所示，设置参数，导入“2020年4月月考成绩.xls”文件。

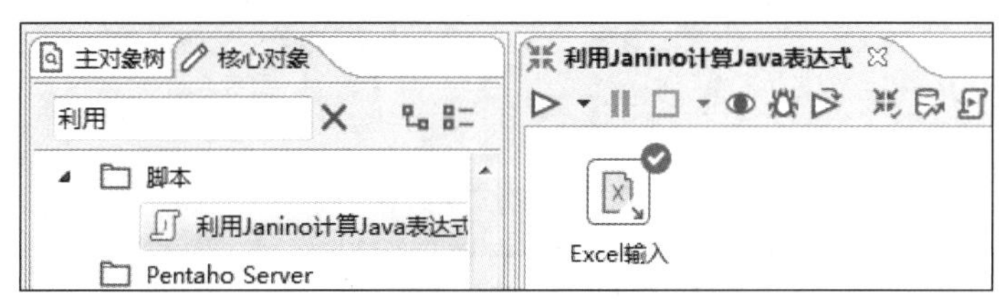

图5-32 创建【Excel输入】组件

（3）预览考试成绩数据。单击图5-32工作区上方的图标，预览学生考试成绩数据，如图5-33所示。在当前源数据中，只有各科课程的分数，没有统计总分和平均分。

预览数据

步骤 Excel输入 的数据 (52 rows)

#	序号	学号	语文	数学	英语	物理	化学	生物
1	1	201709001	115.0	130.0	110.0	96.0	83.0	91.0
2	2	201709002	143.0	109.0	124.0	64.0	83.0	89.0
3	3	201709003	124.0	104.0	118.0	76.0	95.0	76.0
4	4	201709004	128.0	98.0	113.0	71.0	87.0	87.0
5	5	201709005	132.0	135.0	117.0	86.0	93.0	89.0
6	6	201709006	143.0	121.0	109.0	96.0	96.0	76.0
7	7	201709007	124.0	113.0	121.0	97.0	83.0	89.0
8	8	201709008	128.0	118.0	130.0	78.0	81.0	72.0

关闭(C) 显示日志(L)

图5-33 学生各科成绩数据

（4）创建【利用Janino计算Java表达式】组件和连接。在【利用Janino计算Java表达式】转换工程中，单击【核心对象】选项卡，单击展开【脚本】对象，选中【利用Janino计算Java表达式】组件，并拖曳其到右边工作区中。由【Excel输入】组件指向【利用Janino计算Java表达式】组件，建立节点连接，如图5-34所示。

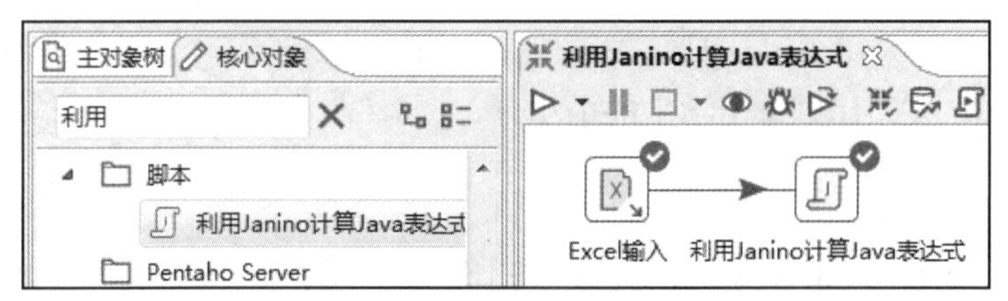

图 5-34　创建【利用 Janino 计算 Java 表达式】组件并建立节点连接

5.5.2　设置参数

双击图 5-34 所示的【利用 Janino 计算 Java 表达式】组件，弹出【User defined Java expression】对话框，如图 5-35 所示。【利用 Janino 计算 Java 表达式】组件的参数包含组件的基础参数和【Fields】表参数，有关参数说明如表 5-5 所示。

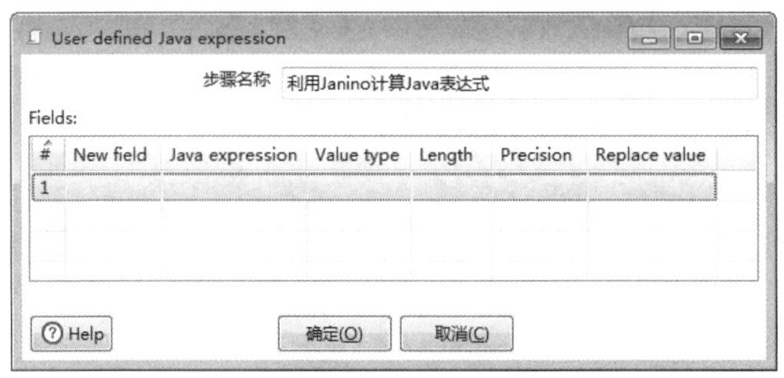

图 5-35 【利用 Janino 计算 Java 表达式】对话框

表 5-5 【利用 Janino 计算 Java 表达式】组件的参数说明

参数名称		说　明
基础参数	步骤名称	表示利用 Janino 计算 Java 表达式组件名称，在单个转换工程中，名称必须唯一。默认值是【利用 Janino 计算 Java 表达式】组件名称
Fields	New field	表示数据流中的新字段名称。如果要覆盖现有字段，那么在这里和“Replace value”选项中定义该字段。默认值为空
	Java expression	表示 Java 表达式。默认值为空
	Value type	表示输出字段的数据类型。默认值为空
	Length	表示输出字段的长度的值。默认值为空
	Precision	表示输出字段的精度的值。默认值为空
	Replace value	表示要替换时，选择与“New field”名称相同的名称。取值为 Y、N。默认值为空

在图 5-35 所示的【User defined Java expression】对话框中，设置参数，编辑 Java 表达式，统计学生各科考试成绩总分，并按照四舍五入计算平均分，分别保存在“总分”“平均分”字段中，步骤如下。

（1）设置组件名称。保留【步骤名称】默认值“利用 Janino 计算 Java 表达式”。

（2）设置字段参数。在【Fields】表中设置参数，如图 5-36 所示，此时完成【利用

Janino 计算 Java 表达式】组件的参数设置。

User defined Java expression

步骤名称 利用Janino计算Java表达式

Fields:

#	New field	Java expression	Value type	Length	Precision	Replace value
1	总分	语文+数学+英语+物理+化学+生物	Number	5	1	
2	平均分	Math.ceil(总分/6)	Number	5	1	

Help　确定(O)　取消(C)

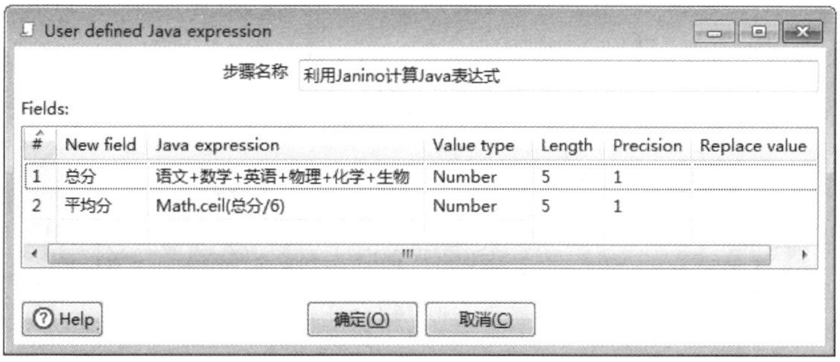

图 5-36 【利用 Janino 计算 Java 表达式】组件的参数设置

5.5.3 预览结果数据

在【利用 Janino 计算 Java 表达式】转换工程中，单击【利用 Janino 计算 Java 表达式】组件，再单击工作区上方的图标，预览执行利用 Janino 计算 Java 表达式后的结果数据，如图 5-37 所示。

预览数据

步骤 利用Janino计算Java表达式 的数据 (52 rows)

#	序号	学号	语文	数学	英语	物理	化学	生物	总分	平均分
1	1	201709001	115.0	130.0	110.0	96.0	83.0	91.0	625.0	105.0
2	2	201709002	143.0	109.0	124.0	64.0	83.0	89.0	612.0	102.0
3	3	201709003	124.0	104.0	118.0	76.0	95.0	76.0	593.0	99.0
4	4	201709004	128.0	98.0	113.0	71.0	87.0	87.0	584.0	98.0
5	5	201709005	132.0	135.0	117.0	86.0	93.0	89.0	652.0	109.0
6	6	201709006	143.0	121.0	109.0	96.0	96.0	76.0	641.0	107.0
7	7	201709007	124.0	113.0	121.0	97.0	83.0	89.0	627.0	105.0
8	8	201709008	128.0	118.0	130.0	78.0	81.0	72.0	607.0	102.0

关闭(C)

图 5-37 执行利用 Janino 计算 Java 表达式后的结果数据

任务 5.6 JavaScript 代码

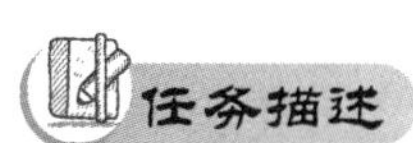

任务描述

Kettle 提供用户界面，可采用 JavaScript 脚本编程修改数据。在某年级的“2020 年 4 月月考成绩.xls”文件中，为了了解每个学生考试的总分，需要使用 JavaScript 代码组件，统计每个学生月考成绩的总分。

任务分析

（1）建立【JavaScript 代码】转换工程。

（2）设置【JavaScript 代码】组件参数。

（3）预览结果数据。

5.6.1 建立 JavaScript 代码转换工程

建立 JavaScript 代码转换工程步骤如下。

（1）创建 JavaScript 代码转换工程。使用 Ctrl+N 组合键，创建【JavaScript 代码】转换工程。

（2）创建 Excel 输入组件并导入数据。创建【Excel 输入】组件，如图 5-38 所示，设置参数，导入“2020 年 4 月月考成绩.xls”文件，并设置好字段参数，将学生各科成绩字段设置为数值型。

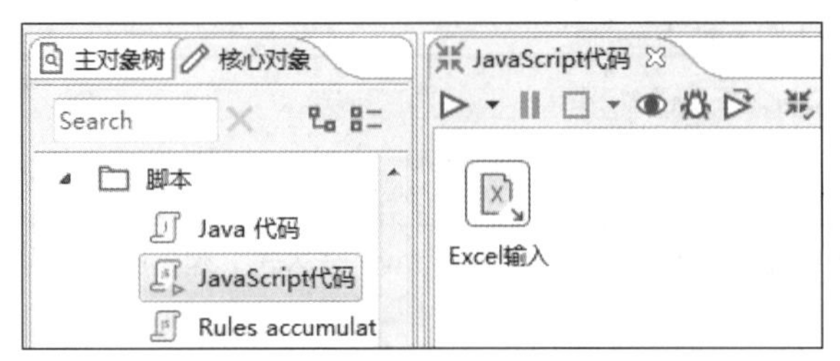

图 5-38　创建【Excel 输入】组件

（3）预览考试成绩数据。单击图 5-38 工作区上方的图标。预览学生各科成绩数据，如图 5-39 所示。当前源数据中，只有各科课程的分数，没有统计总分。

#	序号	学号	语文	数学	英语	物理	化学	生物
1	1	201709001	115.0	130.0	110.0	96.0	83.0	91.0
2	2	201709002	143.0	109.0	124.0	64.0	83.0	89.0
3	3	201709003	124.0	104.0	118.0	76.0	95.0	76.0
4	4	201709004	128.0	98.0	113.0	71.0	87.0	87.0
5	5	201709005	132.0	135.0	117.0	86.0	93.0	89.0
6	6	201709006	143.0	121.0	109.0	96.0	96.0	76.0
7	7	201709007	124.0	113.0	121.0	97.0	83.0	89.0
8	8	201709008	128.0	118.0	130.0	78.0	81.0	72.0

图 5-39　预览“2020 年 4 月月考成绩.xls”文件

（4）在【JavaScript 代码】转换工程中，单击【核心对象】选项卡，单击展开【脚本】对象，选中【JavaScript 代码】组件，并拖曳其到右边工作区中。由【Excel 输入】组件指向【JavaScript 代码】组件，建立节点连接，如图 5-40 所示。

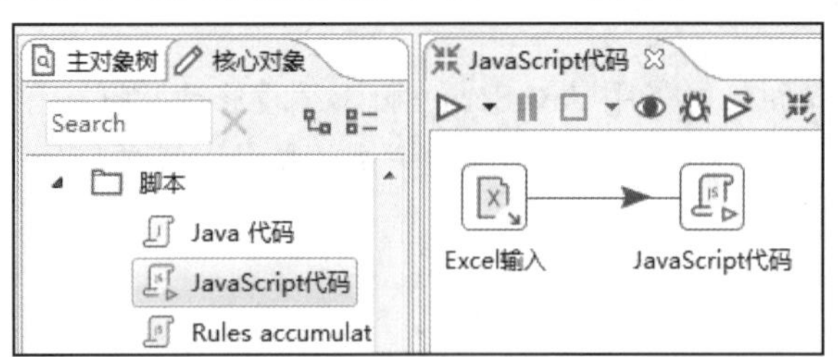

图 5-40　建立【JavaScript 代码】组件和节点连接

5.6.2　设置参数

双击图 5-40 所示的【JavaScript 代码】组件，弹出【JavaScript 代码】对话框，如图 5-41 所示。【JavaScript 代码】组件的参数除了包含组件的基础参数外，还包含了以下 3 部分参数。有关参数说明如表 5-6 所示。

（1）【Java Script 函数】说明窗口。包含脚本、常量、函数、输入字段和输出字段的树形图，读者可以查找有关函数的说明和使用方式。

（2）【Java Script】编辑区。编辑有关 Java Script 脚本。读者选中左侧的【Java Script 函数】说明窗口中常量、函数、输入字段和输出字段等对象，双击即可插入有关对象至【Java Script】编辑区中。

（3）【字段】表。在该表中设置有关【字段】参数。

图 5-41 【JavaScript 代码】对话框

表 5-6 【JavaScript 代码】组件的参数说明

参数名称		说　明
步骤名称		表示 JavaScript 代码组件名称，在单个转换工程中，名称必须唯一。默认值是【JavaScript 代码】组件名称
Java Script 函数	Transform Scripts	表示创建的 Java Script 脚本
	Transform Constants	表示预定义的静态常量。 （1）SKIP_TRANSFORMATION：从输出行记录数据集中排除当前行记录，并在下一行记录上继续处理。 （2）ERROR_TRANSFORMATION：从输出行记录数据集中排除当前行，生成错误，不处理任何剩余行记录。 （3）CONTINUE_TRANSFORMATION：在输出行记录集中包含当前行记录
	Transform Functions	表示在脚本中使用的字符串、数字、日期、逻辑、特殊函数和文件函数。这些函数是用 Java 实现的，执行速度比 JavaScript 函数快，每个函数都有一个演示其用法的示例脚本。双击该函数，将其添加到 Java script 编辑区中。右键单击并选择 Sample 示例脚本，将 Sample 示例脚本添加到 Java 脚本窗格中

续表

参数名称		说　明
Java Script 函数	Input fields	表示输入字段
	Output fields	表示输出字段
Java Script		表示编写 Java Script 代码的编辑区。在【Java script】编辑区中右键单击一个选项卡，弹出上下文菜单，有关菜单项作用如下。 Add new：添加一个新的脚本选项卡。 Add copy：在新选项卡中添加现有脚本的副本。 Set Transform Script：为每个注入行记录指定要执行的脚本。只能将一个选项卡设置为转换脚本。默认第一个选项卡是一个转换脚本。 Set Start Script：设定在处理第一行记录前指定要执行的脚本。 Set End Script：设定最后一行被处理后执行的脚本。 Remove Script Type：设定不执行脚本。右键单击【Java Script 函数】说明窗口中脚本选项卡，可以删除、修改脚本选项卡名称
位置		表示显示光标所在的行、列位置
兼容模式?		表示是否选择兼容性模式，使用 JavaScript 引擎 2.5 版本。如果未勾选此选项，那么该组件将使用 JavaScript 引擎 3.0 版本。在 JavaScript 引擎 2.5 版本中，值对象是可以直接修改的，类型可以改变。默认不勾选
优先级别		表示是否选择 JavaScript 优化级别。有关取值如下，默认值是 9。 （1）1：JavaScript 以解释模式运行。 （2）0：不执行任何优化。 （3）1~9：执行所有优化。用更快的脚本执行最多的优化，但是编译更慢
字段	字段名称	表示输入字段的名称。默认为空
	改名为	表示输入字段指定一个新的名称。默认为空
	类型	表示输出字段的数据类型。默认为空
	长度	表示输出字段的长度的值。默认为空
	精度	表示输出字段的精度的值。默认为空
	替换 'Fieldname' 或 'Rename to' 值	表示是用另一个值替换所选字段的值，还是重命名一个字段。取值为 Y、N，默认为空
	获取变量	单击【获脚本变量(G)】，从脚本中查询 JavaScript 变量，添加到【字段】表中
	测试脚本	单击【测试脚本(T)】，测试 JavaScript 有关脚本

在图 5-41 所示的【JavaScript 代码】对话框中，设置参数，编辑 JavaScript 脚本，统计学生各科考试成绩总分，并保存在“总分”字段中，步骤如下。

（1）设置组件名称。保留【步骤名称】默认值“JavaScript代码”。

（2）编辑JavaScript脚本。在【JavaScript】编辑区中，编辑JavaScript脚本如下。

```
var  总分=0;
for (var i=0;i<getInputRowMeta().size();i++){
     var valueMeta= getInputRowMeta().getValueMeta(i);

    if (valueMeta.getTypeDesc().equals("Number")) {
       总分 =总分 + str2num(row[i]);
    }
}
```

（3）在【字段】表中，设置【总分】字段参数，如图5-42所示，此时完成【JavaScript代码】组件的参数设置。

图5-42　【JavaScript代码】组件的参数设置

5.6.3　预览结果数据

在【JavaScript代码】转换工程中，单击【JavaScript代码】组件，再单击工作区上方的图标，预览执行JavaScript代码后的数据，如图5-43所示。

预览数据

步骤 JavaScript代码 的数据 (52 rows)

#	序号	学号	语文	数学	英语	物理	化学	生物	总分
1	1	201709001	115.0	130.0	110.0	96.0	83.0	91.0	625.0
2	2	201709002	143.0	109.0	124.0	64.0	83.0	89.0	612.0
3	3	201709003	124.0	104.0	118.0	76.0	95.0	76.0	593.0
4	4	201709004	128.0	98.0	113.0	71.0	87.0	87.0	584.0
5	5	201709005	132.0	135.0	117.0	86.0	93.0	89.0	652.0
6	6	201709006	143.0	121.0	109.0	96.0	96.0	76.0	641.0
7	7	201709007	124.0	113.0	121.0	97.0	83.0	89.0	627.0
8	8	201709008	128.0	118.0	130.0	78.0	81.0	72.0	607.0

关闭(C)

图5-43　执行JavaScript代码后的结果数据

任务 5.7 设置变量

任务描述

在 Kettle 中，读者可通过获取系统信息组件获得系统环境变量，也可以通过设置变量，定义虚拟机和任务中的变量。在项目中，经常利用生产环境或外围系统交互的 FTP 文件接口，获取固定格式的数据文件。某生产系统每天定时推送名称格式包含 yyyyMMdd 的数据文件，为了获得日期变量并每天读取由生产系统推送的前两天的数据文件，需要使用设置变量组件，设置名称为 fileDate 的变量，该变量值需要符合 yyyyMMdd 格式，取值为当前系统日期的前两天。

任务分析

（1）建立【设置变量】转换工程。

（2）设置【设置变量】组件参数。

（3）预览结果数据。

5.7.1 建立设置变量转换工程

某生产系统定时每天推送前两天的、名称格式为 yyyyMMdd（y 指的是年，M 指的是月，d 指的是日，如 20200320）的数据文件，如 20200320.csv。自定义 fileDate 变量，取值符合 yyyyMMdd 格式，随着日期改变，取值为当前日期的前两天，例如，今天为 2020 年 3 月 24 日，则 fileDate 取值为“20200322”。

建立设置变量转换工程步骤如下。

（1）创建设置变量转换工程。使用 Ctrl+N 组合键，创建【设置变量】转换工程。

（2）创建获取系统信息组件，定义变量。创建【获取系统信息】组件，设置参数，【字段】设置为“fileDate”，【类型】设置为“今天 00:00:00”。

（3）创建 JavaScript 代码组件，定义变量格式。创建【JavaScript 代码】组件，如图 5-44 所示。

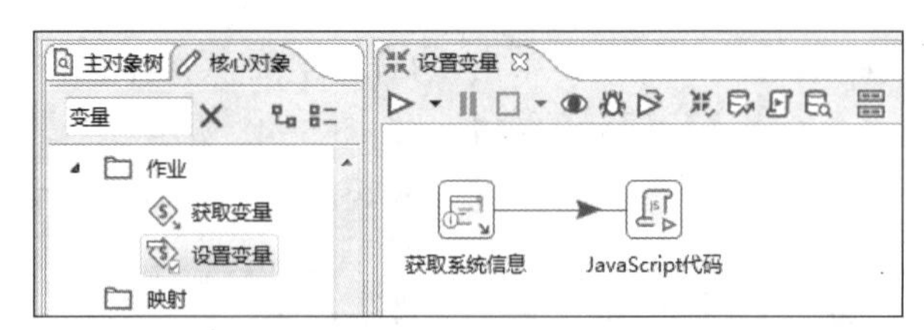

图 5-44 创建【获取系统信息】组件和【JavaScript 代码】组件

双击图 5-44 所示的【JavaScript 代码】组件，编写 JavaScript 脚本，定义 dtNew 变量格式为 yyyyMMdd，取值为当前日期的前两天，并将 dtNew 变量名称改名为 fileDate。有关 JavaScript 脚本如下。编写代码和设置完成时，【JavaScript 代码】参数设置如图 5-45 所示。

```
Date.prototype.Format = function (fmt) {
    var o = {
        "M+": this.getMonth() + 1,    //月份
        "d+": this.getDate(),         //日
        "h+": this.getHours(),        //小时
```

```
        "m+": this.getMinutes(),       //分
        "s+": this.getSeconds(),       //秒
        "q+": Math.floor((this.getMonth() + 3) / 3), //季度
        "S": this.getMilliseconds()  //毫秒
    };
    if (/(y+)/.test(fmt)) fmt = fmt.replace(RegExp.$1, (this.getFullYear() + "").substr(4 - RegExp.$1.length));
    for (var k in o)
    if (new RegExp("(" + k + ")").test(fmt)) fmt = fmt.replace(RegExp.$1, (RegExp.$1.length == 1) ? (o[k]) : (("00" + o[k]).substr(("" + o[k]).length)));
    return fmt;
}
var dtNew=new Date(new Date().getTime()-2*24*60*60*1000).Format("yyyyMMdd");
//当天减去 2 天时间 ms 数，得到前两天的时间
```

图 5-45 【JavaScript 代码】组件的参数设置

（4）创建【设置变量】组件和节点连接。在图 5-44 所示的【设置变量】转换工程中，单击【核心对象】选项卡，单击展开【作业】对象，选中【设置变量】组件，并拖曳其到右边工作区中。由【JavaScript 代码】组件指向【设置变量】组件，建立节点连接，如图 5-46 所示。

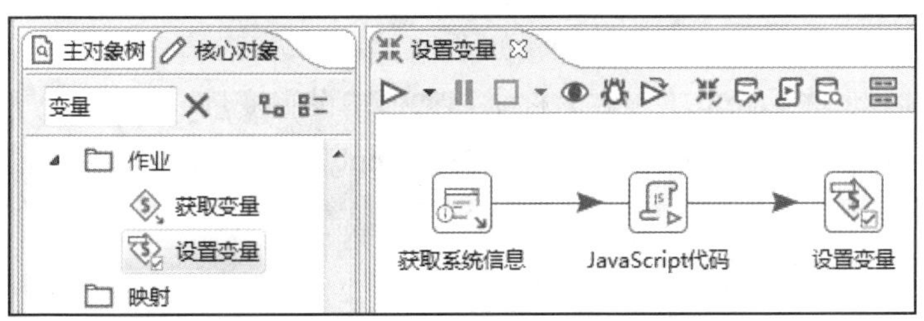

图 5-46 建立【设置变量】组件和节点连接

5.7.2 设置参数

双击图 5-46 所示的【设置变量】组件，弹出【设置环境变量】对话框，如图 5-47 所示。【设置变量】组件的参数包含组件的基础参数和【字段值】表参数，有关参数说明如表 5-7 所示。

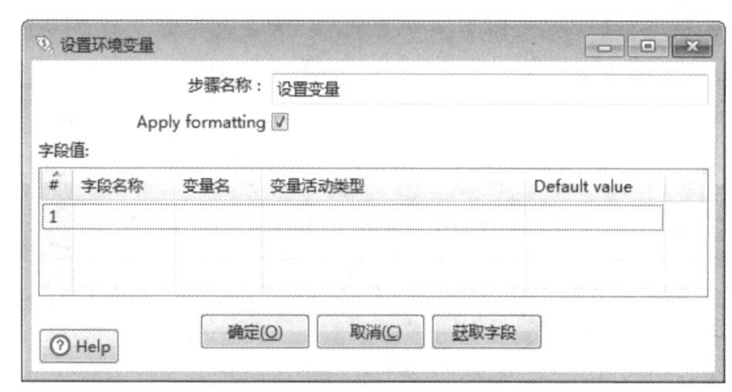

图 5-47 【设置环境变量】对话框

表 5-7 【设置变量】组件的参数说明

参数名称		说明
基础参数	步骤名称	表示设置变量组件名称，在单个转换工程中，名称必须唯一。默认值是【设置变量】组件名称
	Apply formatting	表示是否根据格式选项对值（日期、数字等）进行格式化。默认勾选
字段值	字段名称	表示字段名称。默认值为空
	变量名	表示要设置变量的名称。默认值为空
	变量活动类型	表示变量的作用域类型。默认值为空，类型选项如下。 （1）Valid in the Virtual Machine：在整个虚拟机中均有效。 （2）Valid in the Parent Job：仅在父任务中有效。 （3）Valid in the Grand-parent Job：在祖父任务以及所有子任务和转换中都有效。 （4）Valid in the Root Job：在根任务以及所有子任务和转换中都有效
	Default value	表示要设置的变量名称。默认值为空

需要注意的是，由于所有的组件都是并行运行的，所以不能在同一转换工程中既设置变量又使用该变量。

在图 5-47 所示的【设置环境变量】对话框中，设置参数，将 fileDate 变量的变量活动类型设置为在整个虚拟机中均有效，步骤如下。

（1）设置组件名称。保留【步骤名称】默认值“设置变量”。

（2）设置【Apply formatting】参数。保持【Apply formatting】默认勾选状态。

（3）设置【字段值】表参数。设置【字段值】表参数，如图 5-48 所示，此时完成【设置变量】组件的参数设置。

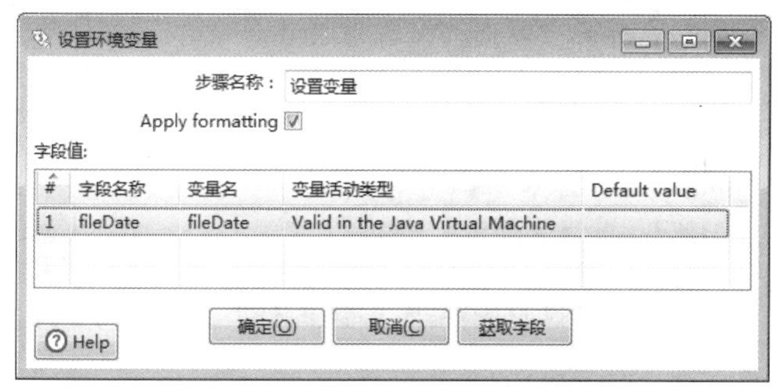

图 5-48 【设置变量】组件的参数设置

5.7.3 预览结果数据

在图 5-46 所示的【设置变量】转换工程中，单击【设置变量】组件，再单击工作区上方的图标，预览设置变量后的数据，如图 5-49 所示。

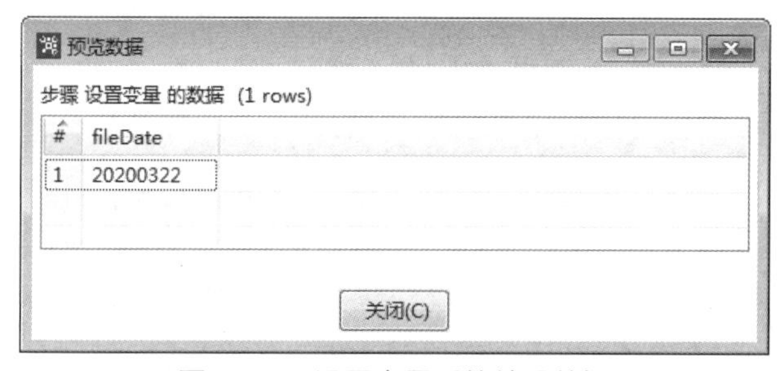

图 5-49 设置变量后的结果数据

任务 5.8 获取变量

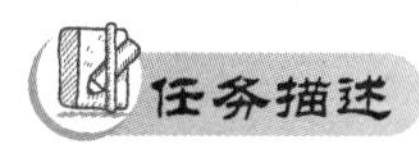

在 Kettle 中，获取变量可以获得系统环境变量和用户自定义变量的值。某生产系统定时每天推送前两天的、名称格式为 yyyyMMdd 的数据文件，为了获得已设置好的日期变量并每天读取前两天的数据文件，需要使用获取变量组件，获取 5.7 小节中用户自定义的 fileDate 变量。

任务分析

（1）建立【获取变量】转换工程。

（2）设置【获取变量】组件参数。

（3）预览结果数据。

5.8.1 建立获取变量转换工程

建立获取变量转换工程获取用户自定义的 fileDate 变量，操作步骤如下。

（1）创建获取变量转换工程。使用 Ctrl+N 组合键，创建【获取变量】转换工程。

（2）在【获取变量】转换工程中，单击【核心对象】选项卡，单击展开【作业】对象，选中【获取变量】组件，并拖曳其到右边工作区中，如图 5-50 所示。

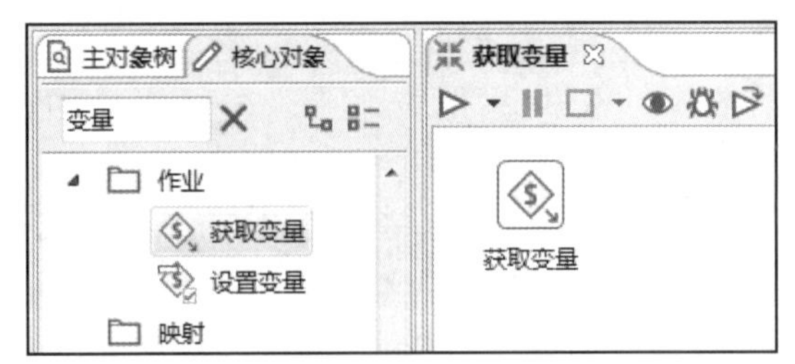

图 5-50　建立获取变量转换工程和创建【获取变量】组件

5.8.2　设置参数

双击图 5-50 所示的【获取变量】组件，弹出【获得变量】对话框，如图 5-51 所示。【获取变量】组件的参数包含组件的基础参数和【字段】表参数，有关参数说明如表 5-8 所示。

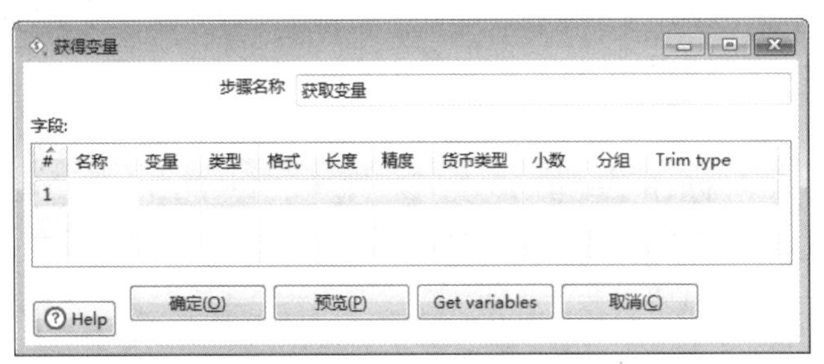

图 5-51　【获得变量】对话框

表 5-8　【获取变量】组件的参数说明

参数名称		说　明
基础参数	步骤名称	表示获取变量组件名称，在单个转换工程中，名称必须唯一。默认值是【获取变量】组件名称
字段	名称	表示新增加的字段名称。默认值为空
	变量	表示计算公式，单击单元格时，系统打开公式编辑器窗口，提供可用函数的帮助，方便用户编辑计算公式。默认值为空
	类型	表示字段的数据类型。类型选项有 BigNumber、Binary、Boolean、Date、Integer、Internet Address、Number、String、Timestamp。默认值为空
	格式	表示转换时，原始字段格式的可选掩码。有关公共有效日期和数字格式的信息，请参阅有关公共格式参考书。默认值为空
	长度	表示字段长度。默认值为空
	精度	表示数字类型字段的浮点数的精确位数。默认值为空
	货币类型	表示货币符号，例如，“¥”“$”或“€”等货币符号。默认值为空
	小数	表示小数点符号，一般使用英文点号“.”。默认值为空
	分组	表示数值分组符号，一般使用英文逗号“,”。默认值为空
	Trim type	表示修剪字段，只适用于字符串类型数据。选项有不去除空格、去除左空格、去除右空格、去除左右空格。默认值为空
Get variables		单击【Get variables】按钮，列出所有的环境变量，用户可以选择需要的环境变量

在图 5-51 所示的【获得变量】对话框中，设置参数，获取 fileDate 变量，步骤如下

（1）设置组件名称。保留【步骤名称】默认值“获取变量”。

（2）设置【字段】表参数。设置【字段】表参数，如图 5-52 所示，此时完成【获取变量】组件的参数设置。

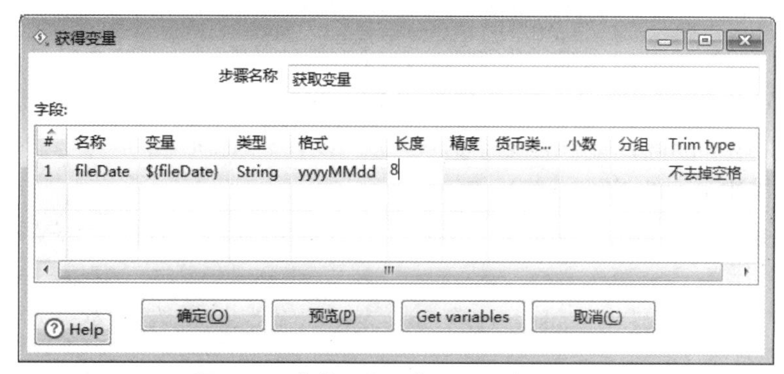

图 5-52 【获取变量】组件得参数设置

5.8.3 预览结果数据

在图 5-50 所示的【获取变量】转换工程中，单击【获取变量】组件，再单击工作区上方的图标，预览获取变量后的数据，如图 5-53 所示。

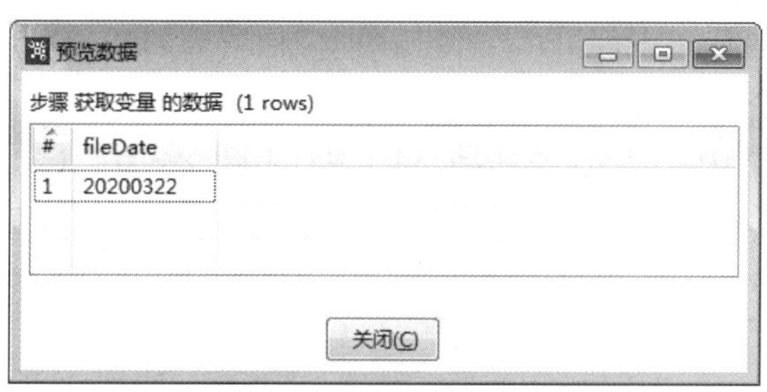

图 5-53 获取变量后的结果数据

小结

本章对记录集连接、多路数据合并连接、单变量统计、公式、利用 Janino 计算 Java 表达式、JavaScript 代码、设置变量和获取变量这 8 种典型的高级转换组件进行了介绍，阐述了这些组件的使用方法和步骤。通过任务，从数据准备到转换组件之间的连接，设置组件参数和浏览转换处理后的数据，本章都进行了详细说明，指出了各个高级转换处理的作用和不同之处，实现了对复杂数据的转换处理。

课后习题

1. 选择题

（1）使用（　　）组件需要编写脚本。

A. 公式　　　　B. 利用 Janino 计算 Java 表达式

C. JavaScript 代码　　　　D. 以上全对

（2）记录集连接是将具有（　　）的两个记录表进行合并。

A. 不同关键字字段　　B. 相同关键字字段

C. 相同字段　　D. 任意字段

（3）设置变量是定义虚拟机和任务中的（　　）。

A. 时间　　B. 固定值　　C. 整数　　D. 变量

（4）获取变量可以获取系统环境变量和通过（　　）组件定义的变量。

A. 公式　　B. JavaScript 代码

C. 利用 Janino 计算 Java 表达式　　D. 设置变量

（5）以下描述正确的是（　　）。

A. 使用公式和利用 Janino 计算 Java 表达式组件，可以进行如“A+B”这样的简单计算

B. 使用公式和利用 Janino 计算 Java 表达式组件，不能进行如“A+B”这样的简单计算

C. 使用利用 Janino 计算 Java 表达式组件，不能进行如“A+B”这样的简单计算

D. 使用 JavaScript 代码组件，不需编程，能够进行如“A+B”这样的简单计算

2. 操作题

（1）利用获取系统信息组件，定义一个名称为“getDate”的字段，获取计算机当前的时间，设置 JavaScript 代码组件，将获取到的时间保留为如“20200101”的日期格式，再设置为变量，并获取变量的值。

（2）合并 5.2 小节中“月考语文成绩.xls”“月考数学成绩.xls”“月考英语成绩.xls”3 个文件的数据，使用单变量统计组件，分别统计语文、数学、英语 3 门科目的平均分、最高分、最低分、平均分和中位数。

第 6 章 迁移和装载

本书第 2~3 章介绍了数据整合中数据转换的多种方法和操作。经过转换后的数据，需要进行保存，以便后期对数据进行分析时使用。由于源数据来源不一，所以需要使用迁移和装载的方法，将数据统一存储至指定的数据库或文件中。本章将分别介绍表输出、插入/更新两种将数据迁移和装载至数据库中的方法，以及介绍 Excel 输出、文本文件输出和 SQL 文件输出这 3 种将数据迁移和装载至文件中的方法。

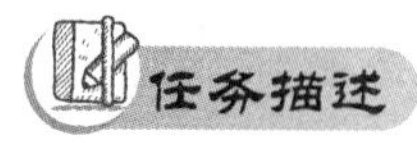

学习目标

（1）了解数据迁移和装载常用组件的作用。
（2）掌握数据迁移和装载常用组件的参数和参数的设置方法。
（3）熟悉使用数据迁移和装载常用组件后的结果解读。

任务 6.1 表输出

任务描述

表输出是将数据装载至数据库的表中。为了方便使用数据库查询和统计学生的考试成绩，需要对“2020 年 1 月月考 1 班数学成绩.xls”文件的数据，使用表输出组件，迁移和装载至 MySQL 中“demodb”数据库。

任务分析

（1）建立【表输出】转换工程。
（2）设置【表输出】组件参数。
（3）预览结果数据。

6.1.1 建立表输出转换工程

建立表输出转换工程的步骤如下。

（1）创建转换工程和建立数据库连接。使用 Ctrl+N 组合键，创建【表输出】转换工程，参考 2.1 小节的介绍，创建名称为“demodbConn”的数据库连接，将该连接设置为共享，并设置该连接能够访问到 MySQL 中的“demodb”数据库。

（2）创建【Excel 输入】组件，导入数据文件并浏览数据。在【表输出】转换工程中，创建【Excel 输入】组件，设置参数，导入“2020 年 1 月月考 1 班数学成绩.xls”文件，预览数据，如图 6-1 所示。

图 6-1　预览“2020 年 1 月月考 1 班数学成绩.xls”文件

（3）创建【表输出】组件并建立连接。在【表输出】转换工程中，单击【核心对象】选项卡，展开【输出】对象，选中【表输出】组件，并拖曳其到右边工作区中。由【Excel 输入】组件指向【表输出】组件，建立节点连接，如图 6-2 所示。

图 6-2　建立【表输出】组件和节点连接

6.1.2　设置参数

双击图 6-2 所示的【表输出】组件，弹出【表输出】对话框，如图 6-3 所示。【表输出】组件的参数包含组件的基础参数，以及【主选项】和【数据库字段】两个选项卡参数。

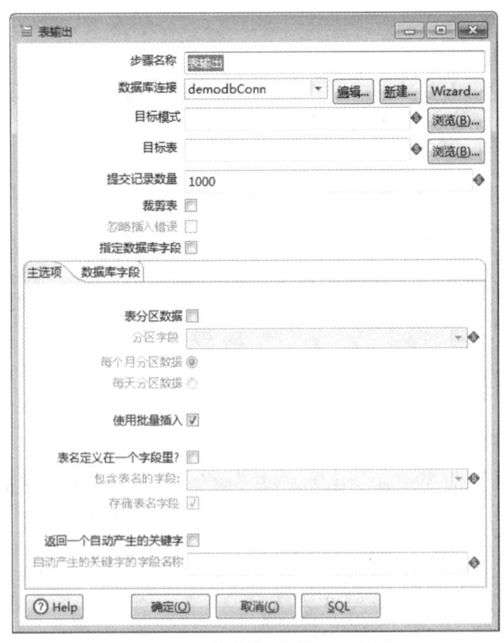

图 6-3 【表输出】对话框

1. 组件的基础参数

在图 6-3 所示的【表输出】对话框中，组件的基础参数说明如表 6-1 所示。

表 6-1 组件的基础参数说明

参数名称	说 明
步骤名称	表示表输出组件名称，在单个转换工程中，名称必须唯一。默认值为【表输出】的组件名称
数据库连接	表示数据库连接名称，在下拉框列表中选择一个现有的连接。如果修改现在的连接，单击【编辑...】按钮修改；如果没有连接，单击【新建...】或【Wizard...】按钮创建。默认值为当前工程中现有的、按名称排列在前的一个数据库连接名称
目标模式	表示数据库模式的名称。默认值为空
目标表	表示将数据写入到数据库中的表的名称。默认值为空
提交记录数量	表示向数据库提交批记录数量的大小。默认值为 1000
裁剪表	表示是否在将第一行数据插入到表之前截断表。如果是在集群上运行转换，或使用此步骤的多个副本，那么必须在开始转换之前截断表。默认不勾选
忽略插入错误	表示忽略所有插入错误，如果违反主键规则，那么最多记录 20 个警告，此选项不适用于使用批量插入。默认不勾选
指定数据库字段	表示是否选择数据库的字段，如果选择，那么在【数据库字段】选项卡参数中指定字段，否则默认插入所有字段。选择此参数，才能使用【数据库字段】选项卡中的【获取字段】【输入字段映射】按钮。默认不勾选

在图 6-3 所示的【表输出】对话框中，设置有关参数，将“2020 年 1 月月考 1 班数学成绩.xls”文件中的数据输出至 MySQL 的“demodb”数据库中的“2020 年 1 月月考数学成绩”数据表，步骤如下。

（1）确定组件名称。【步骤名称】保留默认值“表输出”。

（2）设置数据库连接。单击【数据库连接】下拉框，选择“demodbConn”。

（3）设置目标表参数。【目标表】设置为“2020 年 1 月月考数学成绩”。

（4）执行 SQL 语句，生成数据表。单击【SQL】按钮，弹出【简单 SQL 编辑器】对话框，如图 6-4 所示，设置生成“2020 年 1 月月考数学成绩”数据表的 SQL 语句，单击【执行(E)】按钮，执行 SQL 语句，在数据库中，生成“2020 年 1 月月考数学成绩”数据表。需要注意的是，正确的 SQL 语句，只需执行一次，如果多次执行，那么会弹出对话框，提示数据表已经存在。此时完成【表输出】组件的基础参数设置，如图 6-5 所示。

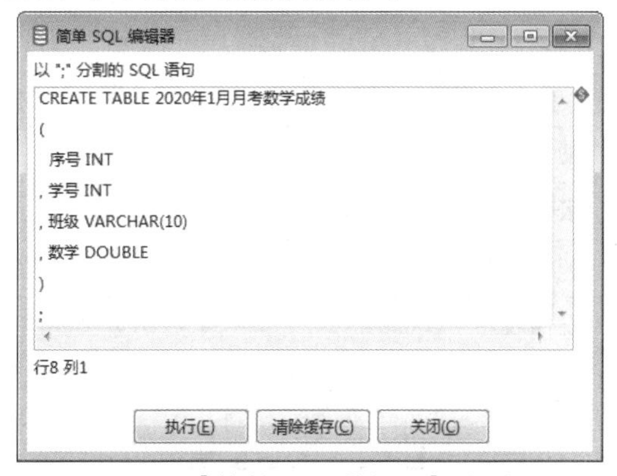

图 6-4 【简单 SQL 编辑器】对话框

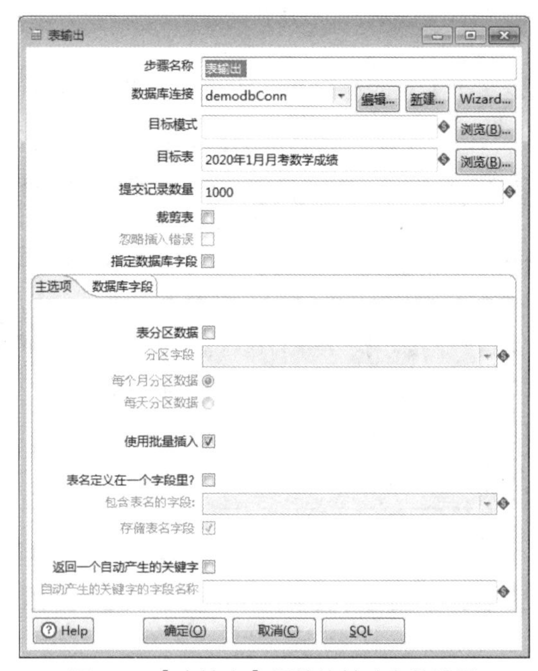

图 6-5 【表输出】组件的基础参数设置

2.【主选项】选项卡参数

在图 6-3 所示的【表输出】对话框中，【主选项】选项卡参数的说明如表 6-2 所示。

表 6-2 【主选项】选项卡参数的说明

参数名称	说　明
表分区数据	表示数据是否进行数据表分区方式。采用此方式，字段名称要有指定日期字段的值，在多个数据表上拆分数据。为了在这些表中插入数据，必须在运行转换之前手动创建数据表。默认不勾选
分区字段	表示用于确定跨多个数据表分割数据的日期字段的值，此值用于生成日期数据表名称，并将数据插入到该数据表中。默认值为空
每个月分区数据	表示数据是否采用每月分区方式，使用此方式，数据表中使用的日期格式为 yyyyMM
每天分区数据	表示数据是否采用每天分区方式，使用此方式，数据表中使用的日期格式为 yyyyMMdd
使用批量插入	表示是否使用批量的方式插入数据。默认勾选
表名定义在一个字段里?	表示数据表名称是否在字段里定义。默认不勾选
包含表名的字段	表示包含数据表名称的字段。默认值为空
存储表名字段	表示数据表的名称存储在输出流中。默认不勾选
返回一个自动产生的关键字	表示当向数据表插入一行数据时，是否返回一个关键字段。默认不勾选
自动产生的关键字的字段名称	表示返回关键字段的名称。默认值为空

【主选项】选项卡参数的设置采用默认值。

3.【数据库字段】选项卡参数

单击图 6-5 所示的【数据库字段】选项卡，有关参数的说明如表 6-3 所示。

表 6-3 【数据库字段】选项卡参数的说明

参数名称	说　明
表字段	表示将数据插入数据库中的字段名称，单击【获取字段】按钮，将输入流字段导入到数据库中的字段表。默认值为空
流字段	表示从输入流中读取并插入到数据库中的流字段名称，单击【字段映射】按钮，弹出输入【映射匹配】对话框，获取映射的字段。默认值为空

【数据库字段】选项卡参数的设置使用默认值。

6.1.3　预览结果数据

在【表输出】转换工程中，单击【表输出】组件，再单击工作区上方的图标，预览进行表输出处理后的数据，如图 6-6 所示。

图 6-6　预览进行表输出处理后的数据

任务 6.2　插入/更新

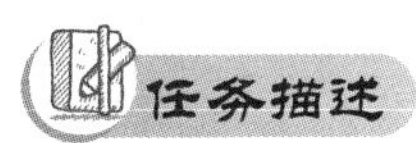

插入/更新是对数据库中表的数据进行插入或更新操作。为了查询 1 班、2 班学生考试分数的排名情况，需要对“2020 年 1 月月考 2 班数学成绩.xls”文件中的数据，使用插入/更新组件，迁移并装载至 MySQL 的“demodb”数据库中的“2020 年 1 月月考数学成绩”表。

任务分析

（1）建立【插入/更新】转换工程。

（2）设置【插入/更新】组件参数。

（3）预览结果数据。

6.2.1 建立插入/更新转换工程

建立插入/更新转换工程的步骤如下。

（1）创建转换工程和确认数据库连接。使用 Ctrl+N 组合键，创建【插入/更新】转换工程。在 6.1 小节的介绍中，名称为“demodbConn”的数据库连接已被共享，确认新建的【插入/更新】转换工程中已经存在该连接。

（2）创建【Excel 输入】组件，导入数据文件并浏览数据。在【插入/更新】转换工程中，创建【Excel 输入】组件，设置参数，导入“2020 年 1 月月考 2 班数学成绩.xls”文件，预览数据，如图 6-7 所示。

图 6-7 预览“2020 年 1 月月考 2 班数学成绩.xls”文件

（3）创建【插入/更新】组件并建立连接。在【插入/更新】转换工程中，单击【核心对象】选项卡，展开【输出】对象，选中【插入/更新】组件，并拖曳其到右边工作区中。由【Excel 输入】组件指向【插入/更新】组件，建立节点连接，如图 6-8 所示。

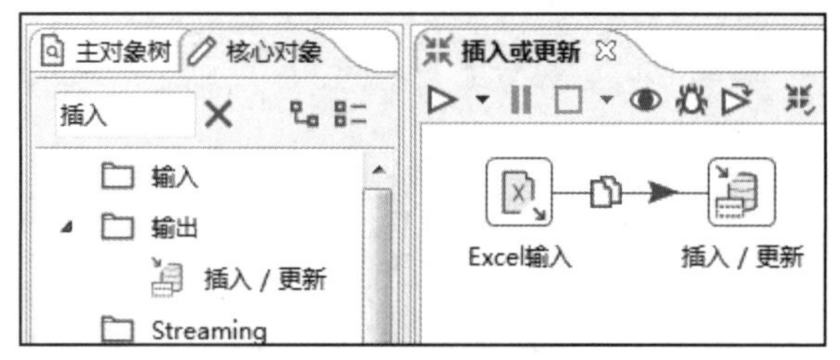

图 6-8 建立【插入/更新】组件和节点连接

6.2.2 设置参数

双击图 6-8 所示的【插入/更新】组件，弹出【插入/更新】对话框，如图 6-9 所示。【插入/更新】组件的参数包含组件的基础参数，以及【用来查询的关键字】和【更新字段】表参数，有关参数的说明如表 6-4 所示。

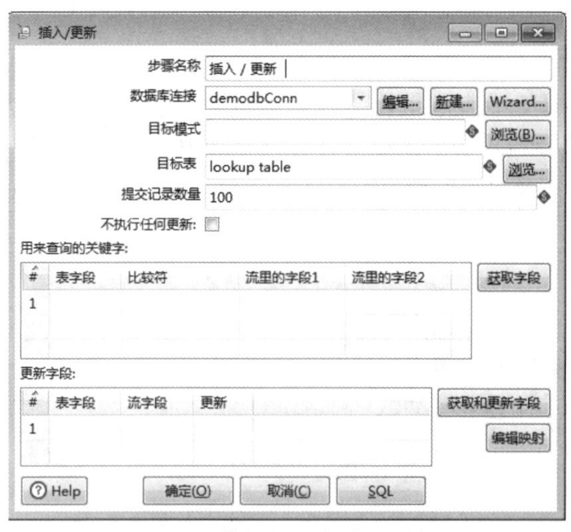

图 6-9 【插入/更新】对话框

表 6-4 【插入/更新】组件参数的说明

参数名称		说　明
基础参数	步骤名称	表示插入/更新组件名称，在单个转换工程中，名称必须唯一。默认值为【插入/更新】的组件名称
	数据库连接	表示数据库连接名称，在下拉框列表中选择一个现有的连接。如果修改现在的连接，单击【编辑...】按钮修改；如果没有连接，单击【新建...】或【Wizard...】按钮创建。默认值为当前工程中现有的、按名称排列在前的一个数据库连接名称
	目标模式	表示数据库模式的名称。默认值为空
	目标表	表示将数据写入到数据库中的表的名称。默认值为 lookup table
	提交记录数量	表示向数据库提交批记录数量的大小。默认值为 100
	不执行任何更新	表示数据库中的值是否只执行插入而不进行更新操作。默认不勾选
用来查询的关键字	表字段	表示数据库表中的关键字段名称
	比较符	表示在 SQL 语句中，用于比较的符号，选项有=、= ~NULL、<>、<、<=、>、>=、BETWEEN、IS NULL、IS NOT NULL。默认值为空
	流里的字段 1	表示输入流中用于比较的第 1 个字段名称
	流里的字段 2	表示输入流中用于比较的第 2 个字段名称
更新字段	表字段	表示数据库表中的字段名称，单击【获取和更新字段】按钮，将输入流字段导入到数据库中的字段表。默认值为空
	流字段	表示从输入流中读取并插入数据的字段名称，单击【编辑映射】按钮，弹出【映射匹配】对话框，获取映射的字段。默认值为空
	更新	表示是否更新数据，选项有 Y、N。默认值为空

在图 6-9 所示的【插入/更新】对话框中，使用【用来查询的关键字】参数表设置关键字段的参数，使用【更新字段】参数表设置插入或更新的字段参数。将“2020 年 1 月月考 2 班数学成绩.xls”文件中的数据，插入或更新至 MySQL“demodb”数据库的“2020 年 1 月月考数学成绩”数据表，步骤如下。

（1）确定组件名称。【步骤名称】保留默认值“插入/更新”。

（2）设置数据库连接。单击【数据库连接】下拉框，选择“demodbConn”。

（3）设置目标表参数。【目标表】设置为“2020 年 1 月月考数学成绩”。

（4）设置关键字。单击【获取字段】按钮，输入流字段名称分别被添加至【用来查询的关键字】参数表中的【表字段】和【流里的字段 1】输入框中，且【比较符】自动设置为“=”，如图 6-10 所示。删除其中的第 1、3 和 4 行字段参数，保留第 2 行“学号”字段参数。

用来查询的关键字:

#	表字段	比较符	流里的字段1	流里的字段2
1	序号	=	序号	
2	学号	=	学号	
3	班级	=	班级	
4	数学	=	数学	

获取字段

图 6-10 添加至【用来查询的关键字】参数表中的字段名称

（5）设置插入和更新的字段参数。单击【获取和更新字段】按钮，输入流字段名称分别被添加至【更新字段】参数表中的【表字段】和【流字段】输入框中，且【更新】自动设置为“Y”。

（6）执行 SQL 语句。单击【SQL】按钮，弹出【简单 SQL 编辑器】对话框，如图 6-11 所示，设置生成“2020 年 1 月月考数学成绩”数据表的 SQL 语句，单击【执行(E)】按钮，执行 SQL 语句，在数据库中生成索引表。同样需要注意，正确的 SQL 语句只需执行一次，如果多次执行，那么会弹出对话框，提示索引表已经存在。此时完成【插入/更新】组件的参数设置，如图 6-12 所示。

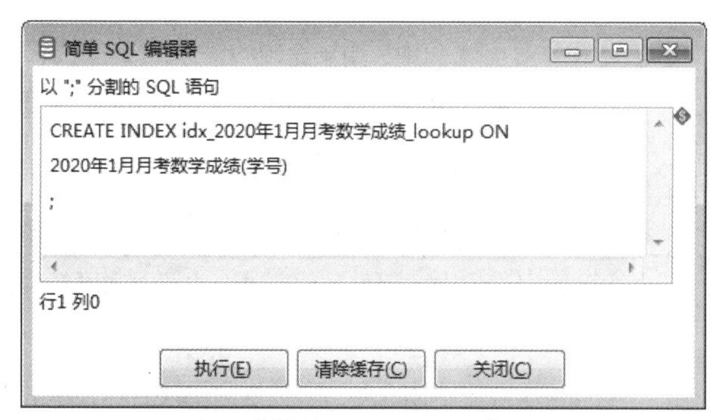

图 6-11 【简单 SQL 编辑器】对话框

图 6-12 【插入/更新】组件的参数设置

6.2.3　预览结果数据

在【插入/更新】转换工程中，单击【插入/更新】组件，再单击工作区上方的图标，预览进行插入/更新处理后的数据，如图 6-13 所示。

#	序号	学号	班级	数学
1	26	201709026	2班	124.0
2	27	201709027	2班	132.0
3	28	201709028	2班	143.0
4	29	201709029	2班	115.0
5	30	201709030	2班	132.0

图 6-13　预览进行插入/更新处理后的数据

任务 6.3　Excel 输出

Excel 输出是将数据装载至 Excel 文件的工作表中。为了统计分析联考的考试成绩，需要对“2020 年 1 月联考成绩.csv”文件中的数据，使用 Excel 输出组件，迁移和装载至 Excel 文件中的工作表。

任务分析

（1）建立【Excel 输出】转换工程。

（2）设置【Excel 输出】组件参数。

（3）预览结果数据。

6.3.1　建立 Excel 输出转换工程

建立 Excel 输出转换工程的步骤如下。

（1）创建 Excel 输出转换工程。使用 Ctrl+N 组合键，创建【Excel 输出】转换工程。

（2）创建【CSV 文件输入】组件，导入文件并浏览数据。在【Excel 输出】转换工程中，参考 2.3 小节的介绍，创建【CSV 文件输入】组件，导入“2020 年 1 月联考成绩.csv”文件，预览数据，如图 6-14 所示。

（3）创建【Excel 输出】组件并建立连接。在【Excel 输出】转换工程中，单击【核心对象】选项卡，展开【输出】对象，选中【Excel 输出】组件，并拖曳其到右边工作区中。由【CSV 文件输入】组件指向【Excel 输出】组件，建立节点连接，如图 6-15 所示。

#	序号	学号	语文	数学	英语	物理	化学	生物
1	1	201709001	115.0	130.0	110.0	96.0	83.0	91.0
2	2	201709002	143.0	109.0	124.0	64.0	83.0	89.0
3	3	201709003	124.0	104.0	118.0	76.0	95.0	76.0
4	4	201709004	128.0	98.0	113.0	71.0	87.0	87.0
5	5	201709005	132.0	135.0	117.0	86.0	93.0	89.0
6	6	201709006	143.0	121.0	109.0	96.0	96.0	76.0

图 6-14　预览“2020 年 1 月联考成绩.csv”文件

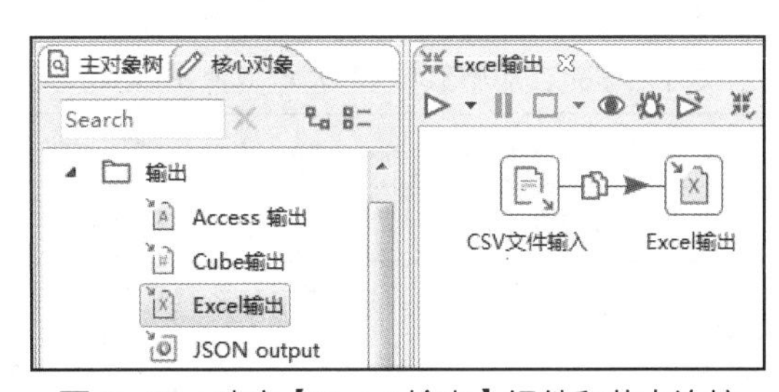

图 6-15　建立【Excel 输出】组件和节点连接

6.3.2　设置参数

双击图 6-15 所示的【Excel 输出】组件，弹出【Excel 输出】对话框，如图 6-16 所示。【Excel 输出】组件参数包含组件的基础参数，以及【文件】【内容】【格式】【字段】4 个选项卡的参数。

在组件的基础参数中，【步骤名称】表示 Excel 输出组件名称，在单个转换工程中，名称必须唯一，【步骤名称】的设置采用默认值“Excel 输出”。

图 6-16 【Excel 输出】对话框

1.【文件】选项卡参数

在图 6-16 所示的【Excel 输出】对话框的【文件】选项卡中，有关参数说明如表 6-5 所示。

表 6-5 【文件】选项卡的参数说明

参数名称	说　明
文件名	表示数据装载至 Excel 文件的名称，可以直接键盘设置，也可以单击【浏览(B)...】按钮，选择计算机上已有的 Excel 文件的名称。默认值为 file
创建父目录	表示是否创建父目录。默认不勾选
启动时不创建文件	表示是否启动时不创建文件。默认不勾选
扩展名	表示输出的 Excel 文件的扩展名。默认值为 xls
在文件名里包含步骤数?	表示是否在输出的文件名里包含步骤数。默认不勾选
在文件名里包含日期?	表示是否在输出的文件名里包含日期。默认不勾选
在文件名里包含时间?	表示是否在输出的文件名里包含时间。默认不勾选
指定时间格式	表示是否指定时间格式，选择此项参数则在文件名里包含日期、在文件名里包含时间两项参数无效。默认不勾选
时间格式	表示指定的具体时间格式，时间格式使用公共有效日期时间格式，从下拉框中选择格式。默认值为空
结果中添加文件名	表示是否在输出的结果中添加文件名。默认勾选

在图 6-16 所示的【文件】选项卡中，设置输出文件名称，【文件名】设置为“E:\data\2020 年 1 月联考成绩”，其他参数采用默认值，如图 6-17 所示。此时完成【文件】选项卡的参

数设置。此处建议读者最好指定输出文件的目录和名称，如果没有指定目录，那么结果文件将输出到系统当前的目录中。

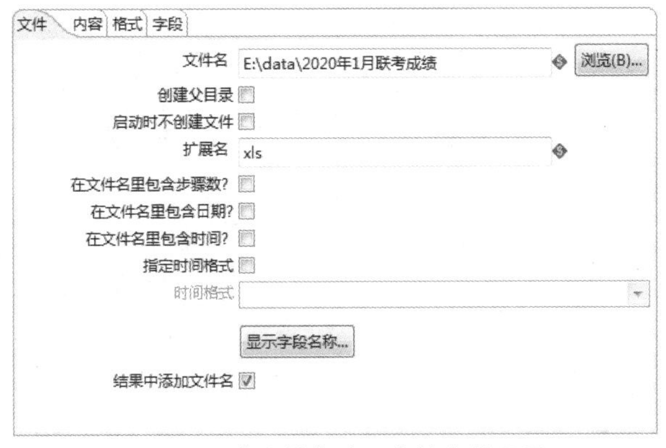

图 6-17 【文件】选项卡的参数设置

2.【内容】选项卡参数

单击图 6-17 所示的【内容】选项卡，如图 6-18 所示，有关参数的说明如表 6-6 所示。

图 6-18 【内容】选项卡

表 6-6 【内容】选项卡参数的说明

参数名称	说明
追加	表示是否追加数据到输出的文件末尾中去。选择此项，则不会删除文件原有的数据，而是追加到文件的末尾，否则会删除文件原有的数据。默认不勾选
头	表示是否在文件头部输出字段名称。默认勾选
脚	表示是否在文件最后输出字段名称。默认不勾选
编码	表示输出的 Excel 文件的编码名称，在下拉框中选择国际通用的文件编码。默认值为空

续表

参数名称		说　明
分拆…每一行		表示是否分拆行数，0 为不分拆。默认值为 0
工作表名称		表示输出的 Excel 文件工作表名称。默认值为 Sheet1
保护工作表?		表示是否要保护输出 Excel 文件的工作表。默认不勾选
密码		表示文件的密码，只有使用保护工作表，才能设置。默认值为空
自动调整列大小		表示是否根据数据长度自动调整列的大小。默认不勾选
保留 NULL 值		表示是否数据中的保留 NULL 值。默认不勾选
使用临时文件		表示是否使用临时文件。默认不勾选
临时文件目录		表示临时文件的目录的名称，只有选择使用临时文件，才能设置。默认值为空
模板	使用模板	表示是否使用 Excel 模板。默认不勾选
	Excel 模板	表示 Excel 文件模板的名称，只有使用 Excel 模板，才能设置。默认值为空
	追加 Excel 模板	表示是否追加 Excel 模板，只有使用 Excel 模板，才能设置。默认不勾选

【内容】选项卡不设置任何参数，使用默认值。

3.【格式】选项卡参数

单击图 6-18 所示的【格式】选项卡，如图 6-19 所示，有关参数的说明如表 6-7 所示。

图 6-19 【格式】选项卡

表 6-7 【格式】选项卡参数的说明

参数名称		说 明
表头字体	表头字体	表示表头字体的名称，从下拉框选取。默认值为 Arial
	表头字体大小	表示表头字体的大小。默认值为 10
	表头字体加粗?	表示是否表头字体加粗。默认不勾选
	表头字体倾斜?	表示是否表头字体倾斜。默认不勾选
	表头字体下划线	表示表头字体下划线的名称，从下拉框选取。默认值为 No underline
	表头字体方向	表示表头字体的方向名称，从下拉框选取。默认值为 Horizontal
	表头字体颜色	表示表头字体的颜色名称，从下拉框选取。默认值为 BLACK
	表头背景颜色	表示表头背景的颜色名称，从下拉框选取。默认值为 None
	表头高度	表示表头的高度。默认值为 255
	表头对齐方式	表示表头对齐的方向名称，从下拉框选取。默认值为 Left
	添加图片	表示在输出的文件中添加图片的名称，单击【添加图片】按钮可以添加图片
表数据字体	数据字体	表示数据字体的名称，从下拉框选取。默认值为 Arial
	数据字体大小	表示数据字体的大小。默认值为 10
	数据字体颜色	表示数据字体的颜色名称，从下拉框选取。默认值为 BLACK
	数据背景颜色	表示数据背景的颜色名称，从下拉框选取。默认值为 None

【格式】选项卡不设置任何参数，使用默认值。

4.【字段】选项卡参数

单击图 6-19 所示的【字段】选项卡，如图 6-20 所示，有关参数的说明如表 6-8 所示。

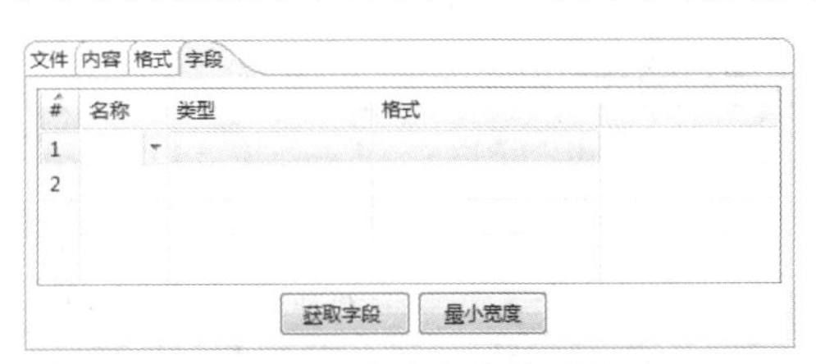

图 6-20 【字段】选项卡

表 6-8 【字段】选项卡参数的说明

参数名称	说 明
名称	表示字段的名称，从下拉框选取输入流字段名称，或单击【获取字段】按钮，添加到【字段】参数表中设置。默认值为空
类型	表示字段的数据类型。类型选项有 BigNumber、Binary、Boolean、Date、Integer、Internet Address、Number、String、Timestamp。默认值为空
格式	表示字段格式的可选掩码，有关公共有效日期和数字格式的信息，读者可自行参阅有关公共格式参考书。默认值为空

在图 6-20 所示的【字段】选项卡中，对输出至“2020 年 1 月联考成绩.xls”文件的字段参数进行设置，如图 6-21 所示，此时完成【Excel 输出】组件参数设置。

图 6-21 【字段】选项卡的参数设置

6.3.3 预览结果数据

在【Excel 输出】转换工程中，单击【Excel 输出】组件，再单击工作区上方的图标，预览进行 Excel 输出处理后的数据，如图 6-22 所示。

图 6-22 预览进行 Excel 输出处理后的数据

任务 6.4 文本文件输出

任务描述

文本文件输出是将数据装载到文本文件中。为了备份数据，需要对 MySQL 的“demodb”数据库“2020 年 1 月月考数学成绩”表中数据，使用文本文件输出组件，迁移和装载至“2020 年 1 月月考数学成绩.txt”文件。

任务分析

（1）建立【文本文件输出】转换工程。

（2）设置【文本文件输出】组件参数。

（3）预览结果数据。

6.4.1 建立文本文件输出转换工程

建立文本文件输出转换工程的步骤如下。

（1）创建文本文件输出转换工程。使用 Ctrl+N 组合键，创建【文本文件输出】转换工程。

（2）创建【表输入】组件，导入文件并浏览数据。在【文本文件输出】转换工程中，参考 2.2 小节的介绍，创建【表输入】组件，获取 MySQL 的“demodb”数据库“2020 年 1 月月考数学成绩”表的数据。预览数据，如图 6-23 所示。

（3）创建【文本文件输出】组件并建立连接。在【文本文件输出】转换工程中，单击【核心对象】选项卡，展开【输出】对象，选中【文本文件输出】组件，并拖曳其到右边工作区中。由【表输入】组件指向【文本文件输出】组件，建立节点连接，如图 6-24 所示。

#	序号	学号	班级	数学
1	1	201709001	1班	132.0
2	2	201709002	1班	139.0
3	3	201709003	1班	150.0
4	4	201709004	1班	117.0
5	5	201709005	1班	100.0

图 6-23 预览“2020 年 1 月月考数学成绩”表

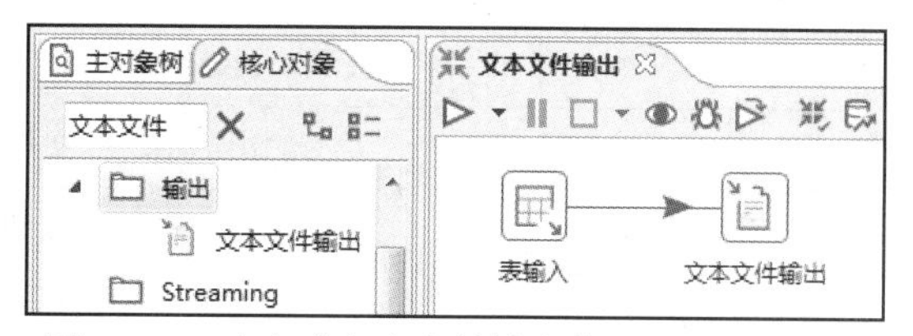

图 6-24 建立【文本文件输出】组件和节点连接

6.4.2 设置参数

双击图 6-24 所示的【文本文件输出】组件，弹出【文本文件输出】对话框，如图 6-25 所示。【文本文件输出】组件参数包含组件的基础参数，以及【文件】【内容】【字段】3 个选项卡参数。

图 6-25 【文本文件输出】对话框

组件的基础参数【步骤名称】参数表示文本文件输出组件名称，在单个转换工程中，名称必须唯一。【步骤名称】参数的设置采用默认值“文本文件输出”。

1.【文件】选项卡参数

在图 6-25 所示的【文本文件输出】对话框的【文件】选项卡中，有关的参数说明如表 6-9 所示。

表 6-9 【文件】选项卡的参数说明

参数名称	说　明
文件名称	表示数据装载到文本文件的名称，可以直接键盘设置，也可以单击【浏览(B)...】按钮，选择计算机上已有的 Excel 文件的名称。默认值为 file
输出传递到 servlet	表示是否将输出传递到 servlet 中。默认不勾选
创建父目录	表示是否创建父目录。默认勾选
启动时不创建文件	表示是否启动时不创建文件。默认不勾选
从字段中获取文件名?	表示是从字段中获取文件名称。默认不勾选
文件名字段	表示文件名称所在的字段。默认值为空
扩展名	表示输出的 Excel 文件的扩展名。默认值为 txt
文件名里包含步骤数?	表示是否在输出的文件名里包含步骤数。默认不勾选
文件名里包含数据分区号?	表示是否在输出的文件名里包含分区号。默认不勾选
文件名里包含日期?	表示是否在输出的文件名里包含日期。默认不勾选
文件名里包含时间?	表示是否在输出的文件名里包含时间。默认不勾选
指定日期时间格式	表示是否指定时间格式，选择此项参数，则文件名里包含日期、文件名里包含时间两项参数无效。默认不勾选
日期时间格式	表示指定的具体时间格式，时间格式使用公共有效日期时间格式，从下拉框中选择格式。默认值为空
结果中添加文件名	表示是否在输出的结果中添加文件名。默认勾选

在图 6-25 所示的【文件】选项卡中，设置输出文件名称，【文件名称】设置为“/E:/data/2020 年 1 月月考数学成绩”，其他参数采用默认值，如图 6-26 所示，此时完成【文件】选项卡的参数设置。此处建议读者最好指定输出文件的目录和名称，如果没有指定目录，那么结果文件将输出到系统当前的目录中。

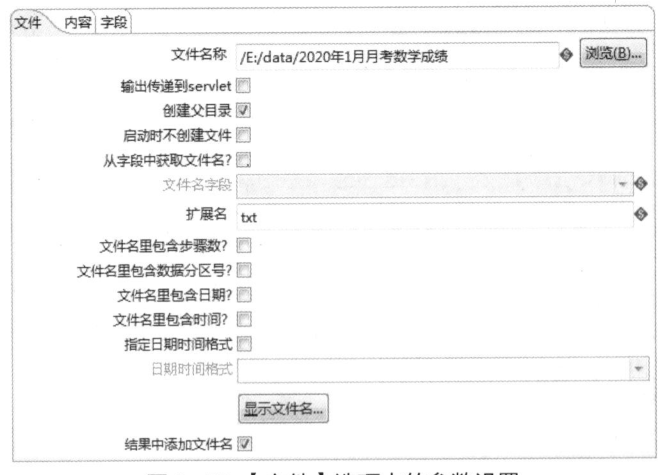

图 6-26 【文件】选项卡的参数设置

2.【内容】选项卡参数

单击图 6-26 所示的【内容】选项卡，如图 6-27 所示，有关参数的说明如表 6-10 所示。

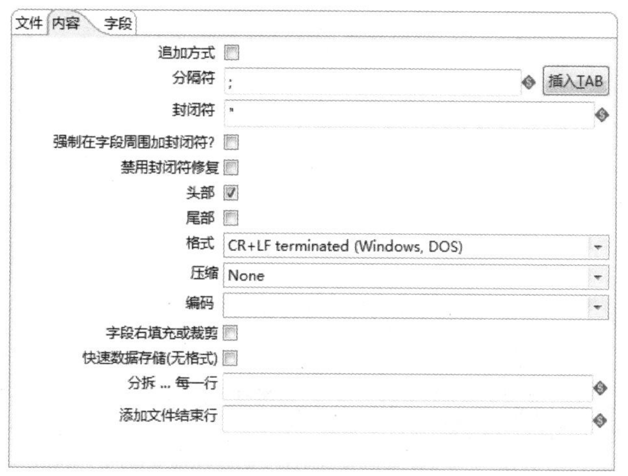

图 6-27 【内容】选项卡

表 6-10 【内容】选项卡参数的说明

参数名称	说　明
追加方式	表示是否追加数据到输出的文件末尾中去。选择此项，则不会删除文件原有的数据，而是追加到文件的末尾，否则会删除文件原有的数据。默认不勾选
分隔符	表示输出文件中字段数据的分隔符。默认值为英文分号 “;”
封闭符	表示输出文件中字段数据的封闭符。默认值为一对英文双引号 “””
强制在字段周围加封闭符?	表示是否强制对输出文件中的字段数据加封闭符。默认不勾选
禁用封闭符修复	表示是否禁用封闭符修复。默认不勾选
头部	表示是否在文件头部输出字段名称。默认勾选
尾部	表示是否在文件的尾部输出字段名称。默认不勾选
格式	表示记录的换行符，在下拉框中选取，选项有 CR+LF terminated (Windows, DOS)、LF terminated (Unix)、CR terminated、No new-line terminator。默认值为 CR+LF terminated (Windows, DOS)
压缩	表示使用何种方式压缩文件，在下拉框中选取，选项有 Gzip、None、Hadoop-snappy、Snappy、Zip。默认值为 None
编码	表示输出的文本文件的编码名称，在下拉框中选择国际通用的文件编码。默认值为空
字段右填充或裁剪	表示是否对字段进行右填充或裁剪。默认不勾选
快速数据存储（无格式）	表示是否进行快速数据存储。默认不勾选
分拆...每一行	表示是否分拆行数，0 为不分拆。默认值为 0
添加文件结束行	表示是否添加文件的结束行。默认值为空

【内容】选项卡不设置任何参数，使用默认值。

3.【字段】选项卡参数

单击图 6-27 所示的【字段】选项卡，如图 6-28 所示，有关参数的说明如表 6-11 所示。

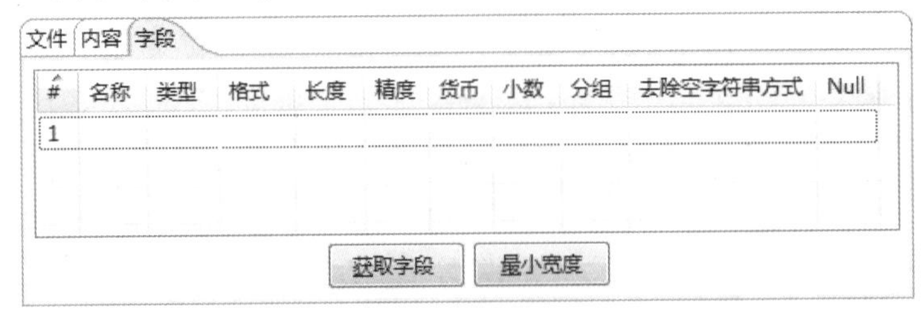

图 6-28 【字段】选项卡

表 6-11 【字段】选项卡参数的说明

参数名称	说　明
名称	表示字段的名称，从下拉框选取输入流字段名称，或单击【获取字段】按钮，添加到【字段】参数表中设置
类型	表示字段的数据类型。类型选项有 BigNumber、Binary、Boolean、Date、Integer、Internet Address、Number、String、Timestamp
格式	表示字段格式的可选掩码，有关公共有效日期和数字格式的信息，请参阅有关公共格式参考书
长度	表示字段长度
精度	表示数字类型字段的浮点数的精确位数
货币	表示货币符号，例如，“¥”“$”或“€”等货币符号
小数	表示小数点符号，一般是英文点号“.”
分组	表示数值分组符号，一般是英文分号“,”
去除空字符串方式	表示去除空格，适用于字符串
Null	表示空，不做处理

在图 6-28 所示的【字段】选项卡中，对输出至“2020 年 1 月月考数学成绩.txt”文件的字段参数进行设置，如图 6-29 所示，此时完成【文本文件输出】组件参数设置。

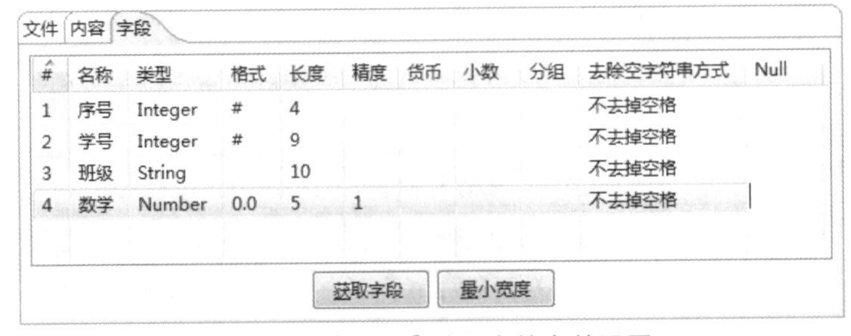

图 6-29 【字段】选项卡的参数设置

6.4.3　预览结果数据

在【文本文件输出】转换工程中，单击【文本文件输出】组件，再单击工作区上方的👁图标，预览进行文本文件输出处理后的数据，如图 6-30 所示。

图 6-30　预览进行文本文件输出后的数据

任务 6.5　SQL 文件输出

任务描述

SQL 文件是一个包含 SQL 语句的文本文件，后缀用“.sql”表示。SQL 文件输出是将数据生成可执行的 SQL 语句，并装载至后缀为“.sql”的文本文件中。为了使用 SQL 语句生成数据，需要对 MySQL 的“demodb”数据库“2020 年 1 月月考数学成绩”表中的数据，使用 SQL 文件输出组件，迁移和装载至“2020 年 1 月月考数学成绩.sql”文件。

任务分析

（1）建立【SQL 文件输出】转换工程。
（2）设置【SQL 文件输出】组件参数。
（3）预览结果数据。

6.5.1　建立 SQL 文件输出转换工程

建立 SQL 文件输出转换工程的步骤如下。

（1）创建 SQL 文件输出转换工程。使用 Ctrl+N 组合键，创建【SQL 文件输出】转换工程。

（2）创建【表输入】组件，导入文件并浏览数据。创建【表输入】组件，获取“demodb”数据库“2020 年 1 月月考数学成绩”表中的数据，数据的预览操作可参考 6.4 小节的介绍。

（3）创建【SQL 文件输出】组件并建立连接。在【SQL 文件输出】转换工程中，单击【核心对象】选项卡，展开【输出】对象，选中【SQL 文件输出】组件，并拖曳其到右边工作区中。由【表输入】组件指向【SQL 文件输出】组件，建立节点连接，如图 6-31 所示。

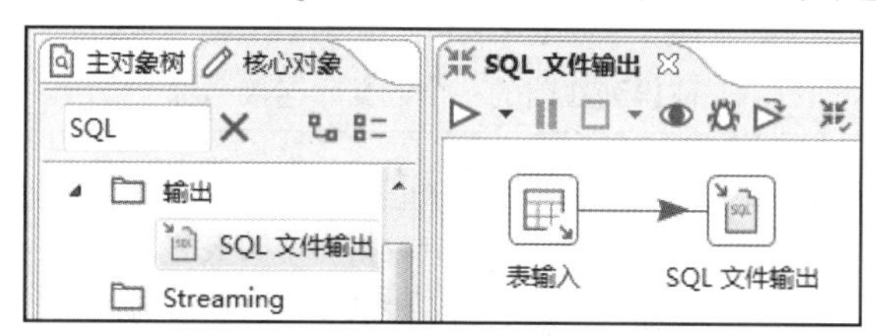

图 6-31　建立【SQL 文件输出】组件和节点连接

6.5.2　设置参数

双击图 6-31 所示的【SQL 文件输出】组件，弹出【SQL 文件输出】对话框，如图 6-32 所示。【SQL 文件输出】组件参数包含组件的基础参数，以及【一般】和【内容】两个选项卡的参数。

组件的基础参数【步骤名称】参数表示 SQL 文件输出组件名称，在单个转换工程中，名称必须唯一。【步骤名称】参数的设置采用默认值“SQL 文件输出”。

图 6-32 【SQL 文件输出】对话框

1.【一般】选项卡参数

在图 6-32 所示的【SQL 文件输出】对话框中，【一般】选项卡的参数分为【连接】和【输出文件】两种参数，有关参数说明如表 6-12 所示。

表 6-12 【文件】选项卡的参数说明

参数名称		说　明
连接	数据库连接	表示数据库连接名称，在下拉框列表中选择一个现有的连接。如果修改现在的连接，单击【编辑…】按钮修改；如果没有连接，单击【新建…】或【Wizard…】按钮创建。默认值为当前工程中现有的、按名称排列在前的一个数据库连接名称
	目标模式	表示数据库模式的名称。默认值为空
	目标表	表示将数据写入到数据库中的表的名称，单击同一行的【浏览(B)…】按钮，选取数据库中的表。默认值为空
输出文件	增加创建表语句	表示是否增加创建表的语句。默认不勾选
	增加清空表语句	表示是否增加清空表的语句。默认不勾选
	每个语句另起一行	表示是否每个语句另起一行。默认不勾选
	文件名	表示输出的文件名称，单击同一行的【浏览(B)…】按钮，在计算机上选取已经存在的文件名称。默认值为空

续表

参数名称		说明
输出文件	创建父目录	表示是否创建父目录。默认不勾选
	启动时不创建文件	表示是否启动时不创建文件。默认不勾选
	扩展名	表示输出文件的扩展名。默认值为 sql
	文件名中包含步骤号	表示是否在输出的文件名里包含步骤数。默认不勾选
	文件名中包含日期?	表示是否在输出的文件名里包含日期。默认不勾选
	文件名中包含时间	表示是否在输出的文件名里包含时间。默认不勾选
	追加方式	表示是否追加数据到输出文件末尾。如果选择此项，那么不会删除文件原有的数据，而是追加到文件的末尾，否则会删除文件原有的数据。默认不勾选
	每...行拆分	表示分拆的行数，0 为不分拆。默认值为 0
	将文件加入到结果文件中	表示是否将文件加入到结果文件中。默认不勾选

在图 6-32 所示的【SQL 文件输出】对话框的【一般】选项卡中，设置参数，步骤如下。

（1）设置数据库连接。【数据库连接】设置为“demodbConn”。

（2）设置目标表。【目标表】设置为“2020 年 1 月月考数学成绩”。

（3）设置输出文件名称。【文件名】设置为“E:\data\ 2020 年 1 月月考数学成绩”，其他参数采用默认值，此时完成【一般】选项卡的参数设置，如图 6-33 所示。此处建议读者最好指定输出文件的目录和名称，如果没有指定目录，那么结果文件将输出到系统当前的目录中。

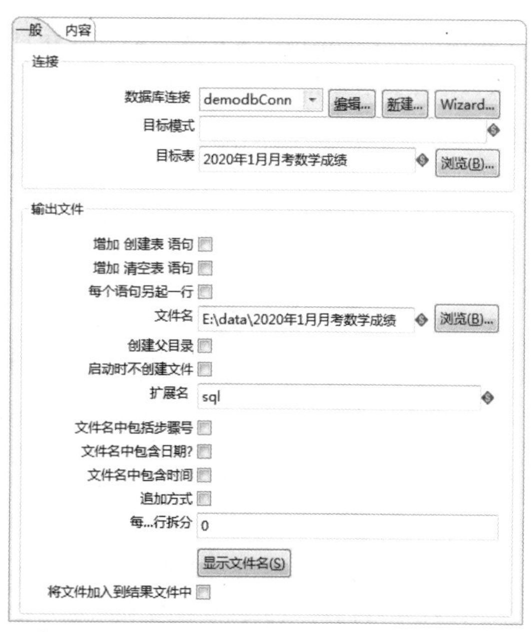

图 6-33 【SQL 文件输出】组件中的【一般】选项卡的参数设置

2. 【内容】选项卡参数

单击图 6-33 所示的【内容】选项卡，如图 6-34 所示，有关参数的说明如表 6-13 所示。

图 6-34 【内容】选项卡

表 6-13 【内容】选项卡的参数说明

参数名称	说　明
日期格式	表示日期格式的可选掩码，在下拉框中选择日期格式的可选掩码。有关公共有效日期的信息，请参阅有关公共格式参考书
编码	表示输出的文本文件的编码名称，在下拉框中选择国际通用的文件编码。默认值为空

在图 6-34 所示的【内容】选项卡中，【日期格式】设置为“yyyy-MM-dd”，如图 6-35 所示，此时完成【SQL 文件输出】组件参数的设置。

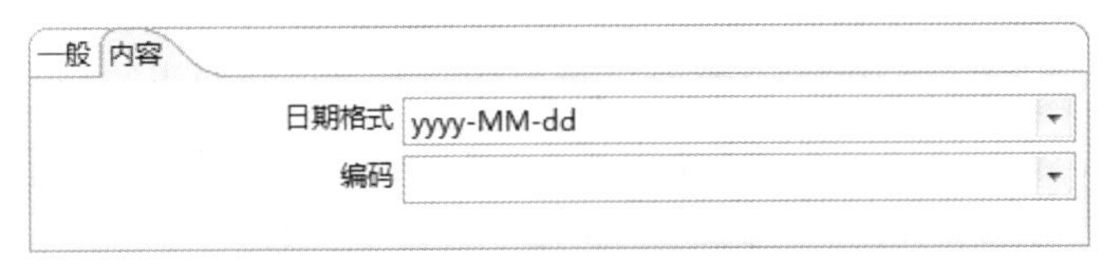

图 6-35 【内容】选项卡的参数设置

6.5.3 预览结果数据

在【SQL 文件输出】转换工程中，单击【SQL 文件输出】组件，再单击工作区上方的图标，预览进行 SQL 文件输出处理后的数据，如图 6-36 所示。

图 6-36 预览进行 SQL 文件输出处理后的数据

小结

本章介绍了表输出、插入/更新、Excel 输出、文本文件输出和 SQL 文件输出这 5 种常用的数据迁移和装载组件，阐述了从抽取源数据到迁移和装载数据至目标文件的方法与步骤。通过任务，详细说明了有关数据迁移和装载组件的参数设置，指出了各种数据迁移和装载组件的作用和不同之处，实现了对不同文件中的数据的迁移和装载。

课后习题

1. 选择题

（1）关于表输出组件中数据库表的建立，下列描述正确的是（　　）。

A. 在表输出组件中，单击【SQL】按钮，创建数据库表

B. 在表输出组件中，执行转换时，自动创建数据库表

C. 在表输出组件中，可以多次单击【SQL】按钮，创建数据库表

D. 在表输出组件中，执行转换时，如果数据表已经存在，则先清除后创建表

（2）有关Excel输出组件，描述错误的是（　　）。

A. 在Excel输出组件中，通过设置字段参数，可以修改字段的类型

B. 在Excel输出组件中，不能修改字段的类型

C. 在Excel输出组件中，可以在文件中包括日期

D. 在Excel输出组件中，可以在文件中设置工作表名称

（3）插入/更新是对（　　）中的数据记录的插入/更新。

A. 数据库表　　B. Excel文件　　C. 文本文件　　D. A、B、C都可以

（4）文本文件输出组件中，字段之间的分隔符的默认值为（　　）。

A. 英文逗号“,”　　B. 英文分号“;”

C. 中文文逗号“，”　　D. 中文文分号“；”

（5）【多选题】关于SQL文件输出，下列描述正确的是（　　）。

A.【每个语句另起一行】参数的默认设置为不勾选

B.【每个语句另起一行】参数的默认设置为勾选

C. 在【一般】选项卡中设置【日期格式】参数

D. 输出的SQL文件的后缀为“sql”

2. 操作题

基于“2020年1月联考成绩.csv”文件中的数据，分别实现以下4个任务。

（1）使用计算器组件，计算每个学生考试总分，并输出到MySQL的demodb数据库中的“2020年1月联考成绩总分”表中。

（2）使用计算器组件，计算每个学生平均分，并对平均分按照从高到低进行排列后，再输出至“2020年1月联考成绩平均分.txt”文本文件中。

（3）使用计算器组件，计算每个学生考试总分、平均分，并对总分按照从高到低进行排列后，输出至“2020年1月联考成绩总分排行榜.xls”文件中。

（4）使用计算器组件，计算每个学生考试总分、平均分，并对平均分按照从高到低进行排列后，输出至“2020年1月联考成绩平均分排行榜.sql”文件中。

第7章 任　　务

大多数的数据整合不是一个转换就能够完成的，而是分为一个个的任务（Job，又称作业）去处理。任务可以是一个清洗、装载或转换等操作，也可以是多个转换、任务的集合。任务是按顺序执行的，是比转换更高一级的处理流程。本章将分别介绍任务的开始、转换、添加文件到结果文件中、发送邮件、成功、检查表是否存在、SQL、检查列是否存在、检查一个文件是否存在和检查多个文件是否存在任务组件。

学习目标

（1）掌握建立任务与任务定时调度的方法。
（2）掌握在任务中调用转换的方法。
（3）掌握任务中常用组件的作用和使用方法。
（4）掌握任务中常用组件的参数和参数的设置方法。

任务 7.1　开始

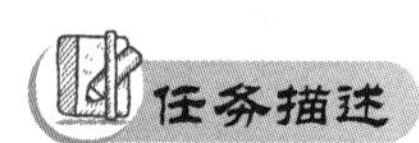

任务描述

开始是任务执行的起点，在开始任务中，设置定时调度参数，可以使任务定时执行。为了抽取数据库中新到的数据进行分析，需要设置定时任务，使用开始任务组件，定时每天 23:59 启动任务进行抽取。

任务分析

（1）建立【开始】任务工程。
（2）设置【开始】组件参数。
（3）运行任务工程。

7.1.1　建立开始任务工程

使用 Ctrl+Alt+N 组合键，创建开始任务工程，并将工程命名为“开始”，即创建【开始】任务工程。

在【开始】任务工程中，单击【核心对象】选项卡，展开【通用】对象，选中【Start】组件，并拖曳其到右边工作区中，如图 7-1 所示。在一个任务中，只能有一个【Start】组件。

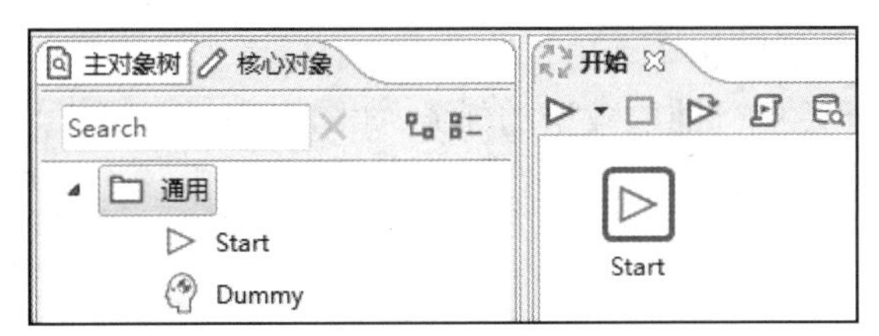

图 7-1　创建【开始】任务工程和组件

7.1.2　设置参数

双击图 7-1 所示的【Start】组件，弹出【作业定时调度】对话框，如图 7-2 所示。有关参数的说明如表 7-1 所示。

图 7-2　【作业定时调度】对话框

表 7-1　【Start】组件参数的说明

参数名称	说　明
Job entry name	表示任务入口名称，一个任务只有一个入口。默认值为 Start
重复	表示是否重复执行任务，当需要定时调度时，就是需要重复。默认不勾选
类型	表示定时的类型，默认值为不需要定时。定时类型分别如下。 （1）不需要定时：由人工执行。 （2）时间间隔：间隔多长时间执行一次，单位是分或秒，由读者自行选择。 （3）天：每天的几时、几秒开始执行。 （4）周：每周周几的几时、几秒开始执行。 （5）月：每月几号的几时、几秒开始执行
以秒计算的间隔	表示以秒计算时，时间间隔的秒数，只有当类型选择为时间间隔时有效。默认值为 0
以分钟计算的间隔	表示以分钟计算时，时间间隔的分钟数，只有当类型选择为时间间隔时有效。默认值为 60
每天	表示定时类型为天、周、月时，所在天的开始执行任务的时刻为第几小时、第几分钟。小时数默认值为 12，分钟数默认值为 0
每周	表示定时类型为周时，天的开始执行任务的时间为星期几。默认值为星期一
每月	表示定时类型为月时，开始执行任务的时间为每月的第几日。默认值为 1

在图 7-2 所示的【作业定时调度】对话框中，设置有关参数，每天 23:59 开始执行抽取数据的任务，如图 7-3 所示。此时完成【Start】组件的参数设置。

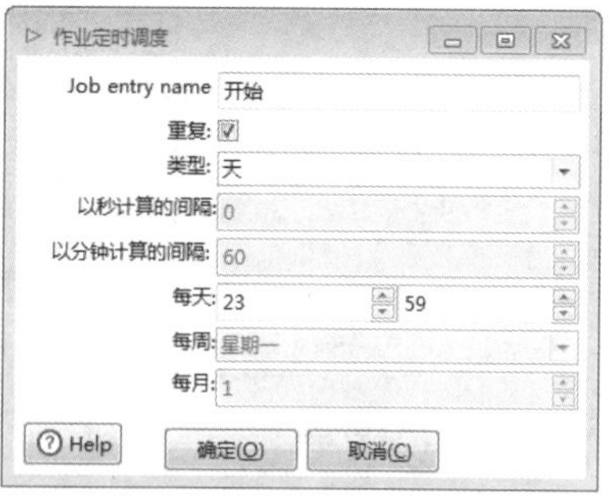

图 7-3 【开始】组件参数设置

7.1.3 运行任务

在【开始】任务中，单击【开始】组件（名称已由“Start”设置为“开始”），再单击工作区上方的 ▷ 图标，弹出【执行作业】对话框，如图 7-4 所示。在正式执行任务前，读者可以根据任务需要，设置执行任务的参数。有关参数的说明如表 7-2 所示。

图 7-4 【执行作业】对话框

表 7-2 【执行作业】对话框中参数的说明

参数名称		说明
Run configuration		表示运行设置。默认值为 Pentaho local
详细	Expand remote job	表示是否扩展的远程任务。默认不勾选
	日志级别	表示记录的日志级别。日志级别有以下选项，默认值为基本日志。 （1）没有日志：没有日志记录。 （2）错误日志：只记录错误的日志。 （3）最小日志：只使用最小的日志记录。 （4）基本日志：记录基本信息的日志。 （5）详细日志：给出详细的日志输出。 （6）调试：用于调试目的，非常详细的输出。 （7）行级日志：在行记录级进行日志记录，非常详细，将会生成大量日志数据

续表

参数名称		说明
详细	执行前清空日志	表示在运行任务前是否清除所有日志。如果日志很大，读者可在下一次执行之前清除日志，以节省空间。默认勾选
	使用安全模式	表示检查通过每一行工作，并确保所有的布局是相同的。如果一行的布局与第一行不同，那么将生成一个错误并报告。默认不勾选
	Gather performance metrics	表示是否收集性能指标。默认不勾选
命名参数	命名参数	表示命名参数名称，在运行时设置与任务相关的参数值，参数是局部变量。用户临时修改每次任务执行的参数，试验性地确定参数的最佳值。使用命名参数表来设置命名参数和对应的值
	默认值	表示命名参数的默认值
	值	表示命名参数设置的值
	Description	表示命名参数的描述
变量	变量	表示变量的名称。在运行时设置与任务相关的变量的值。使用变量表来设置变量和对应的值
	Value	表示变量的值

因为不需要设置运行任务的参数，所以单击图 7-4 下方的【执行】按钮，运行【开始】任务工程。在【开始】任务工程工作区下方，展示运行任务的执行结果日志，如图 7-5 所示，表示【开始】任务在开始执行，定时调度在进行当中。如果需要停止正在运行的任务，那么单击工作区上方的□图标。

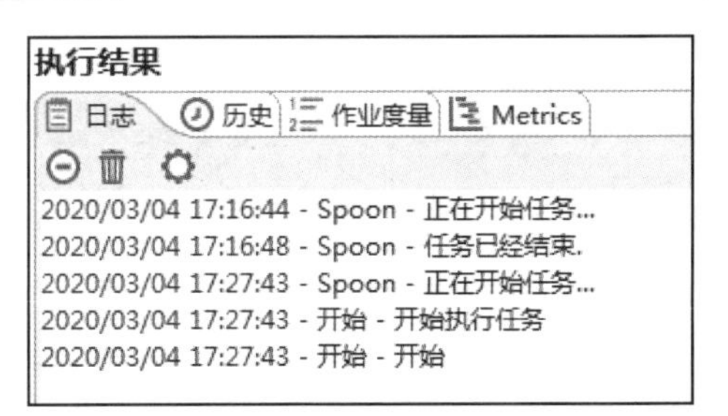

图 7-5 【开始】任务执行结果日志

任务 7.2 转换

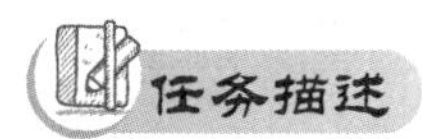

转换是任务中最重要的工作项，转换任务是调用已经建立好的某个转换工程，通过任务调度，执行该转换工程的工作。为了统一采集各个班级的月考成绩，需要将上个月月考的成绩装载至数据库中，使用转换任务组件，设置每月 1 日 11:59 启动任务，调用“月考成绩采集.ktr”转换工程采集数据。

任务分析

（1）建立【转换】任务工程。
（2）设置【转换】组件参数。
（3）运行任务。

7.2.1 建立转换任务工程

建立转换任务工程步骤如下。

（1）创建转换任务工程。使用 Ctrl+Alt+N 组合键，创建【转换】任务工程。

（2）创建转换任务和任务定时调度。在【转换】任务工程中，参阅 7.1 小节，创建【Start】组件，设置参数，将其组件名称命名为“开始”，并设置为每月 1 日的 11:59 定时调度。接着单击【核心对象】选项卡，展开【通用】对象，选中【转换】组件，并拖曳其到右边工作区中，由【开始】组件指向【转换】组件，建立节点连接，如图 7-6 所示。

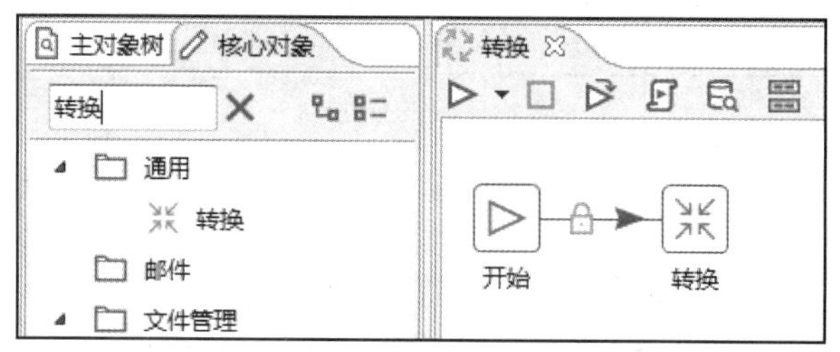

图 7-6 创建【转换】任务工程和组件

7.2.2 设置参数

双击图 7-6 所示的【转换】组件，弹出【转换】对话框，如图 7-7 所示。【转换】组件包含组件的基础参数，以及【Options】【设置日志】【Arguments】【命名参数】4 个选项卡参数。

图 7-7 【转换】对话框

1. 组件的基础参数

组件的基础参数包括【作业项名称】【Transformation】两个参数。【作业项名称】参数表示转换任务名称，采用默认值“转换”；【Transformation】参数表示转换工程文件，默认值为空。单击【Transformation】参数选项对应的【浏览…】按钮，浏览到月考成绩采集的“月考成绩采集.ktr”转换工程文件，将【Transformation】参数设置为“E:\Kettle 工程\第 7 章\月考成绩采集.ktr”，如图 7-8 所示。

图 7-8 【转换】组件的基础参数设置

2.【Options】选项卡参数

在图 7-7 所示的对话框中，【Options】选项卡参数的说明如表 7-3 所示。

表 7-3 【Options】选项卡参数的说明

参数名称	说　明
Run configuration	表示运行环境配置，转换可以在不同类型的环境配置中运行。指定一个运行配置来控制转换是在本地的 Pentaho 引擎上运行，还是在 Spark 客户端上运行。如果选择 Pentaho 引擎，可以在本地、远程服务器或集群环境中运行转换。默认值为 Pentaho local
执行每一个输入行?	表示对每个输入行是否运行一次转换。默认不勾选
在执行前清除结果行列表?	表示是否确保在转换开始之前清除结果行。默认不勾选
执行前清除结果文件列表?	表示是否确保在转换开始之前清除结果文件。默认不勾选
等待远程转换执行结束	表示如果选择 Server 运行环境类型，选择此选项等待转换在服务器上运行结束。默认勾选
本地转换终止时远程转换也通知终止	表示如果选择 Server 作为环境类型，选择此选项向远程发送本地中止信号。默认不勾选

在图 7-7 所示的对话框中，【Options】选项卡参数采用默认值，完成其参数设置。

3.【设置日志】选项卡参数

单击图 7-8 所示的【设置日志】选项卡，如图 7-9 所示，有关参数的说明如表 7-4 所示。

图 7-9 【设置日志】选项卡

表 7-4 【设置日志】选项卡参数的说明

参数名称	说　明
指定日志文件?	表示是否指定日志文件的相关设置。默认不勾选
日志文件名	表示日志文件名称，单击【浏览...】按钮，在计算机浏览到并添加日志文件名称。默认值为空
日志文件后缀名	表示日志文件后缀名称。默认值为空
日志级别	表示记录的日志级别。日志级别有以下选项，默认值为基本日志。 （1）没有日志：没有日志记录。 （2）错误日志：只记录错误的日志。 （3）最小日志：只使用最小的日志记录。 （4）基本日志：记录基本信息的日志。 （5）详细日志：给出详细的日志输出。 （6）调试：用于调试目的，非常详细的输出。 （7）行级日志：在行记录级进行日志记录，非常详细，将会生成大量日志数据
添加到日志文件尾	表示日志信息是否添加到日志文件尾。默认不勾选
创建父文件夹	表示是否创建父文件夹。默认不勾选
日志文件包含日期?	表示日志文件名称是否包含日期。默认不勾选
日志文件包含时间?	表示日志文件名称是否包含时间。默认不勾选

通过设置日志、浏览日志的方式，监控任务的运行。【设置日志】选项卡的参数设置如图 7-10 所示，此时完成【设置日志】选项卡的参数设置。

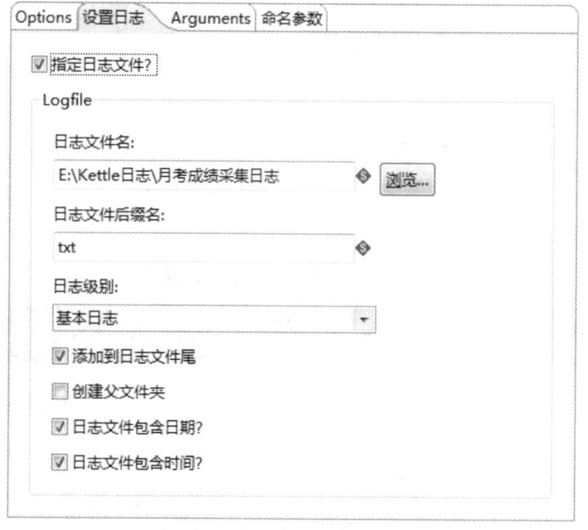

图 7-10 【日志设置】选项卡参数设置

4.【Arguments】选项卡参数

单击图 7-10 所示的【Arguments】选项卡，如图 7-11 所示。有关参数的说明如表 7-5 所示。

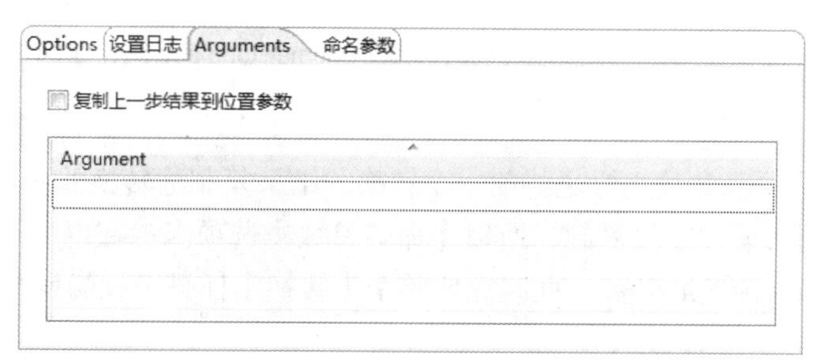

图 7-11 【Arguments】选项卡参数

表 7-5 【Arguments】选项卡参数的说明

参数名称	说明
复制上一步结果到位置参数	表示是否复制上一步结果到位置参数。如果选择了【Options】选项卡中【执行每一个输入行？】参数，那么每一行都是一组要传递到转换中的命令行参数；否则，只使用第一行来生成命令行参数。默认不勾选
Argument	表示指定哪些命令行参数将传递给转换。默认值为空

【Arguments】选项卡参数主要是复制上一步结果到位置参数，因为月考成绩采集不需要复制，所以【Arguments】选项卡参数采用默认值。

5.【命名参数】选项卡参数

单击图 7-11 所示的【命名参数】选项卡，如图 7-12 所示。有关参数的说明如表 7-6 所示。

Options 设置日志 Arguments 命名参数

复制上一步结果到命名参数

将所有参数值都传递到子转换

命名参数 流列名 值

获取参数

图 7-12 【命名参数】选项卡参数

表 7-6 【命名参数】选项卡参数的说明

参数名称	说　明
复制上一步结果到命名参数	表示是否将前一个转换的结果复制为转换的参数，复制到输出组件。默认不勾选
将所有参数值都传递到子转换	表示是否将任务的所有参数传递给子转换。默认勾选
命名参数	表示传递给转换的参数名称。默认值为空
流列名	表示将来自前一个转换传入记录的字段，指定为参数。默认值为空
值	表示转换参数的值。使用以下方法添加转换参数值。默认值为空。 （1）手动输入一个值。 （2）使用另一个参数设置值，如${Internal.Job.name}。 （3）使用手动指定的值和参数值的组合，如${FILE_PREFIX}_${FILE_DATE}.txt

【命名参数】选项卡参数主要是将前一个转换的结果复制为转换的参数，复制到输出组件。因为月考成绩采集不需要复制，所以【命名参数】选项卡参数也采用默认值，不复制前一个转换的结果为转换的参数。此时完成整个【转换】任务工程的参数设置。

7.2.3 运行任务

在【转换】任务工程中，单击【转换】组件，再单击工作区上方的 ▷ 图标。在弹出的【执行作业】对话框中，设置运行任务参数。单击下方的【执行】按钮，在【转换】任务工程的工作区下方，展示运行任务执行结果的日志，如图 7-13 所示，表示月考成绩采集的转换任务，正确执行且执行完毕。

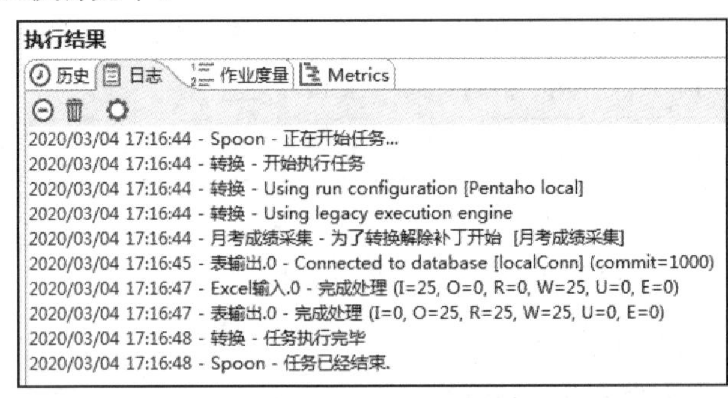

图 7-13 【转换】任务执行结果的日志

任务 7.3　添加文件到结果文件中

添加文件到结果文件中是指将一组文件或文件夹添加到任务结果的列表中，供其他任务使用列表中的文件。为了发送邮件附件，需要将转换任务中生成的“月考成绩采集日志_20200309_103434.txt”日志文件，使用添加文件到结果文件中任务组件，添加到输出结果文件中。

任务分析

（1）建立【添加文件到结果文件中】任务工程。

（2）设置【添加文件到结果文件中】组件参数。

（3）运行任务。

7.3.1　建立添加文件到结果文件中任务工程

建立添加文件到结果文件中任务工程步骤如下。

（1）创建添加文件到结果文件中任务工程。使用 Ctrl+Alt+N 组合键，创建【添加文件到结果文件中】任务工程。

（2）创建添加文件到结果文件中任务和任务定时调度。在【添加文件到结果文件中】任务工程中，创建【Start】组件，设置为每月 1 日的 11:59 定时调度。接着单击【核心对象】选项卡，展开【文件管理】对象，选中【添加文件到结果文件中】组件，并拖曳其到右边工作区中，由【Start】组件指向【添加文件到结果文件中】组件，建立节点连接，如图 7-14 所示。

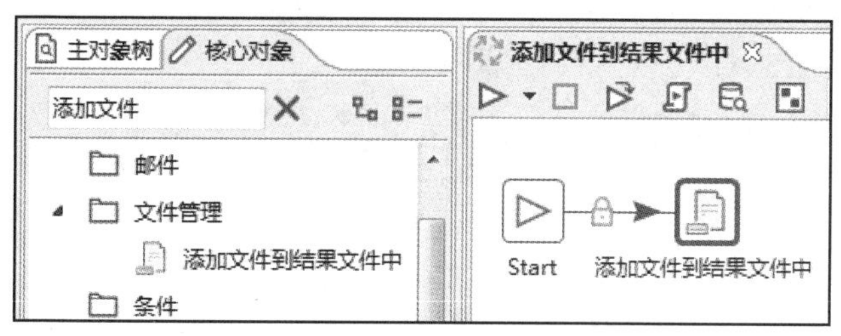

图 7-14　创建【添加文件到结果文件中】任务工程和组件

7.3.2　设置参数

双击图 7-14 所示的【添加文件到结果文件中】组件，弹出【添加到结果文件列表】对话框，如图 7-15 所示。【添加文件到结果文件中】组件包含组件的基础参数，以及【设置】【多个文件/多个目录】两组参数。有关参数的说明如表 7-7 所示。

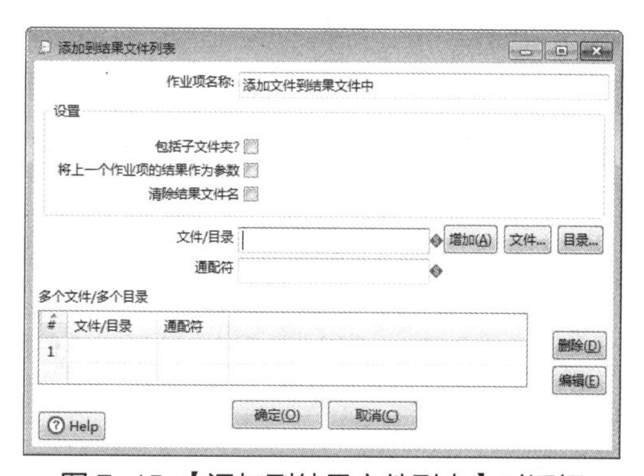

图 7-15　【添加到结果文件列表】对话框

表 7-7 【添加到结果文件列表】对话框的参数说明

参数名称		说　明
基础参数	作业项名称	表示添加文件到结果文件中的组件名称，该名称在单个任务中必须唯一。在同一个任务中，添加文件到结果文件中的组件可以有多个，但是它们是相同的任务组件。默认值为添加文件到结果文件中
	文件/目录	表示要添加的文件/目录名称，单击【文件...】按钮添加计算机上的文件名称，或者单击【目录...】按钮添加计算机上的目录名称。单击【增加(A)】按钮，可以把文件/目录名称和通配符添加到多个文件/多个目录表格中。默认值为空
	通配符	表示使用通配符（正则表达式）添加多个文件。默认值为空
设置	包含子文件夹?	表示是否包含子文件夹。默认不勾选
	将上一个作业项的结果作为参数	表示是否将上一个任务的结果作为此项的参数。默认不勾选
	清除结果文件名	表示在创建新列表之前清除以前的结果文件列表。默认不勾选
多个文件/多个目录	文件/目录	表示在此表格中，要添加的多个文件/多个目录名称。默认值为空
	通配符	表示在此表格中，使用通配符（正则表达式）添加多个文件。默认值为空

在图 7-15 所示的【添加到结果文件列表】对话框中，设置有关参数，将“月考成绩采集日志_20200309_103434.txt”日志文件添加到结果文件列表，如图 7-16 所示。此时完成【添加文件到结果文件中】组件的参数设置。

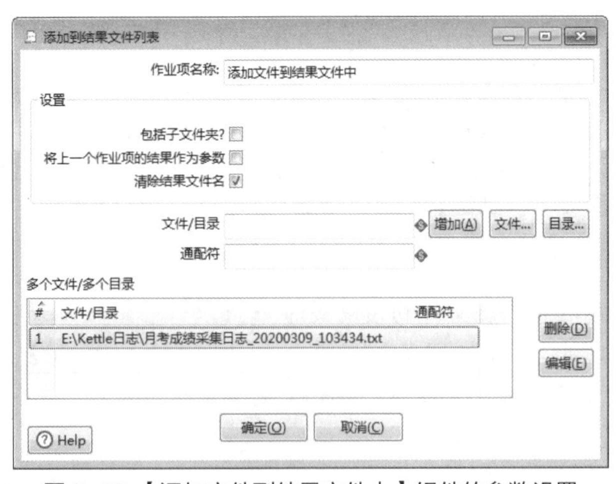

图 7-16 【添加文件到结果文件中】组件的参数设置

7.3.3 运行任务

在【添加文件到结果文件中】任务工程中，单击【添加文件到结果文件中】组件，再

单击工作区上方的 ▷ 图标运行任务。在【添加文件到结果文件中】任务工程的工作区下方，展示运行任务执行结果的日志，如图 7-17 所示，表示月考成绩采集的转换任务正确执行且执行完毕。

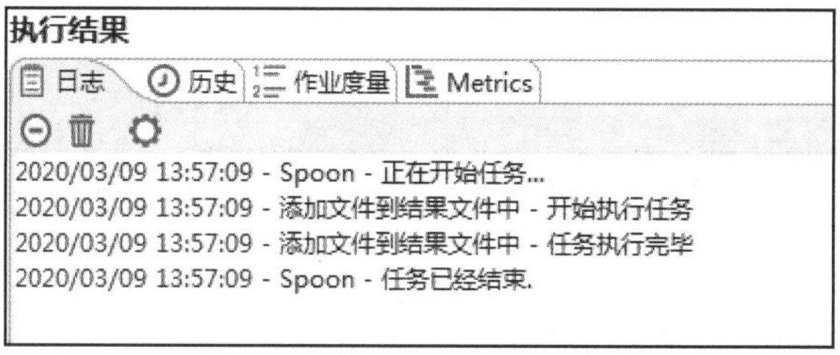

执行结果
日志 历史 作业度量 Metrics
2020/03/09 13:57:09 - Spoon - 正在开始任务...
2020/03/09 13:57:09 - 添加文件到结果文件中 - 开始执行任务
2020/03/09 13:57:09 - 添加文件到结果文件中 - 任务执行完毕
2020/03/09 13:57:09 - Spoon - 任务已经结束.

图 7-17 【添加文件到结果文件中】任务执行结果的日志

任务 7.4 发送邮件

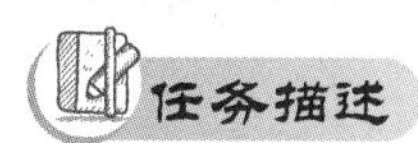

发送邮件任务可以发送带有文件附件的电子邮件。在执行时，任务可能成功完成，也可能在执行之中发生错误。在大多数情况下，在任务执行结束时，根据运行情况，可通过发送邮件的方式宣告任务失败或宣告任务完成，让相关的人员了解、监控任务的执行情况。为了通过查看邮件，监控任务的执行情况，需要将转换任务中生成的“月考成绩采集日志_20200309_103434.txt”日志文件作为附件，使用发送邮件组件，将邮件信息和附件发送到“12345678@qq.com”（腾讯的 QQ 邮箱，书中的邮箱仅是举例，读者在操作时请使用自己的电子邮箱）电子邮箱中。

任务分析

（1）建立【发送邮件】任务工程。

（2）设置【发送邮件】组件参数。

（3）运行任务。

7.4.1 建立发送邮件任务工程

建立发送邮件任务工程步骤如下。

（1）创建发送邮件任务工程。使用 Ctrl+Alt+N 组合键，创建【发送邮件】任务工程。

（2）建立任务定时，调度和添加文件到结果文件中任务。在【发送邮件】任务工程中，创建【Start】组件和【添加文件到结果文件中】组件，并建立这两个组件的节点连接。为了运行任务方便，定时调度类型设置为“不需要定时”；设置【添加文件到结果文件中】组件参数，将“月考成绩采集日志_20200309_103434.txt”日志文件，添加到结果文件列表中。

（3）建立发送邮件任务。在【发送邮件】任务工程中，单击【核心对象】选项卡，展开【邮件】对象，选中【发送邮件】组件，并拖曳其到右边工作区中。由【添加文件到结果文件中】组件指向【发送邮件】组件，建立节点连接如图 7-18 所示。

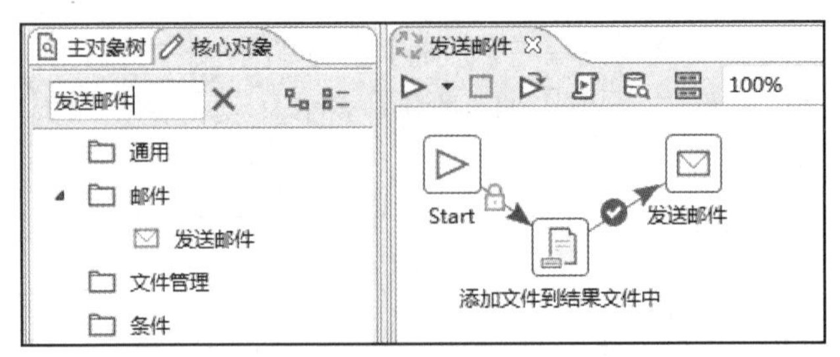

图 7-18　创建【发送邮件】任务工程和组件

7.4.2　设置参数

双击图 7-18 所示的【发送邮件】组件，弹出【发送邮件】对话框，如图 7-19 所示。【发送邮件】组件包含组件的基础参数，以及【地址】【服务器】【邮件消息】【附件】4 个选项卡参数。

组件基础参数的【邮件作业名称】参数，表示发送电子邮件任务名称，该参数设置采用默认值“发送邮件”。

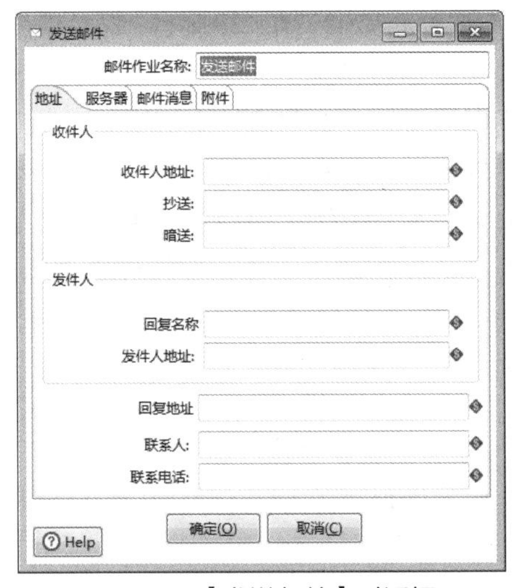

图 7-19　【发送邮件】对话框

1.【地址】选项卡参数

在图 7-19 所示的对话框中，【地址】选项卡参数的说明如表 7-8 所示。

表 7-8　【地址】选项卡参数的说明

参数名称		说　明
收件人	收件人地址	表示邮件收件人的电子邮箱地址（名称），可以有多个地址，分别用空格键分开不同的地址。默认值为空
	抄送	表示邮件抄送人的电子邮箱地址，可以有多个抄送地址，分别用空格键分开不同的地址。默认值为空
	暗送	表示邮件暗送人的电子邮箱地址，该邮件中不会显示该收件人的电子邮件地址。默认值为空

续表

参数名称		说明
发件人	回复名称	表示发件人的名称。默认值为空
	发件人地址	表示发件人的电子邮箱地址。默认值为空
回复地址		表示向发件人要求回复的电子邮箱地址。默认值为空
联系人		表示联系人的名称。默认值为空
联系电话		表示联系人的电话。默认值为空

在图 7-19 所示的【地址】选项卡中，设置“12345678@qq.com”电子邮箱的收件人和发件人的电子邮箱地址等参数，如图 7-20 所示，此时完成【地址】选项卡参数设置。

图 7-20 【地址】选项卡参数设置

2.【服务器】选项卡参数

单击图 7-20 所示的【服务器】选项卡，如图 7-21 所示，有关参数的说明如表 7-9 所示。

图 7-21 【服务器】选项卡

表 7-9 【服务器】选项卡参数的说明

参数名称		说　明
邮件服务器	SMTP 服务器	表示电子邮箱的 SMTP 服务器地址。默认值为空
	端口号	表示电子邮箱的 SMTP 服务的端口号。默认值为空
验证	用户验证?	表示是否允许对 SMTP 服务器使用身份验证。默认不勾选
	用户名	表示电子邮箱用户名称。默认值为空
	密码	表示电子邮箱用户的密码。默认值为空
	使用安全验证?	表示是否使用安全身份验证。默认不勾选
	安全连接类型	表示使用安全身份验证时，身份验证的类型。默认值为 SSL

在图 7-21 所示的【服务器】选项卡中，设置“12345678@qq.com”电子邮箱的 SMTP 服务器和用户验证等参数，如图 7-22 所示，此时完成【服务器】选项卡参数设置。

3.【邮件消息】选项卡参数

单击图 7-22 所示的【邮件消息】选项卡，如图 7-23 所示，有关参数的说明如表 7-10 所示。

图 7-22 【服务器】选项卡参数设置

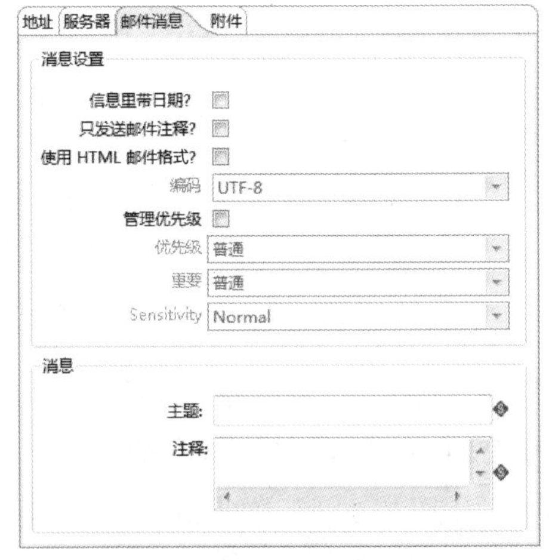

图 7-23 【邮件消息】选项卡

表 7-10 【邮件消息】选项卡参数的说明

参数名称		说　明
消息设置	信息里带日期?	表示邮件消息里是否包括日期。默认不勾选
	只发送邮件注释?	表示邮件是否只发送注释信息。如果选择为空，那么电子邮件除了评论之外，还将包含关于任务及其执行的信息。默认不勾选
	使用 HTML 邮件格式	表示是否使用 HTML 格式发送邮件。默认不勾选
	编码	表示编码类型。默认值为 UTF-8
	管理优先级	表示是否设置管理优先级。默认不勾选

续表

参数名称		说　明
消息设置	优先级	表示优先级，选项有低、普通、高。默认值为普通
	重要	表示重要性，选项有低、普通、高。默认值为普通
	Sensitivity	表示敏感性，选项有 Normal、Personal、Private、Confidential。默认值为 Normal
消息	主题	表示邮件的专题。默认值为空
	注释	表示邮件的内容。默认值为空

在图 7-23 所示的【邮件消息】选项卡中，设置“12345678@qq.com”电子邮箱的邮件消息参数，如图 7-24 所示，此时完成【邮件消息】选项卡参数设置。

4.【附件】选项卡参数

单击图 7-24 所示的【附件】选项卡，如图 7-25 所示，有关参数的说明如表 7-11 所示。

图 7-24 【邮件消息】选项卡参数设置

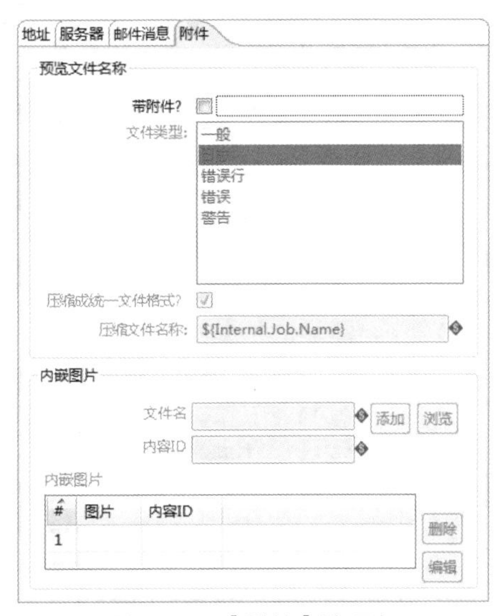

图 7-25 【附件】选项卡

表 7-11 【附件】选项卡参数的说明

参数名称		说　明
预览文件名称	带附件?	表示邮件里是否带有附件文件，只有选中此项参数，【附件】选项卡的其他参数才能设置。默认不勾选
	文件类型	表示邮件附件的文件类型，该类型是在内部文件结果集中定义的。结果集列表每个文件都有一个文件类型标记，选择什么类型的文件就发送该类型的附件文件。选项有一般、日志、错误行、错误、警告。默认值为空
	压缩成统一文件格式?	表示是否压缩成统一文件格式。默认不勾选
	压缩文件名称	表示压缩文件的名称。默认值为空

续表

参数名称		说　明
内嵌图片	文件名	表示添加单个图像文件的名称，只有在【邮件消息】选项卡中设置了【使用 HTML 邮件格式】时，此操作才有效。可以通过【添加】按钮，添加计算机上的图片文件名称，或通过【浏览】按钮，浏览添加图片文件名称。默认值为空
	内容 ID	表示图片内容 ID，会自动填入。默认值为空
	图片	表示嵌入多个图像时，图像的完整路径，单击【编辑】按钮可以编辑路径，单击【删除】按钮可以删除图像的路径。默认值为空
	内容 ID	表示嵌入多个图像时，图像内容 ID，单击【编辑】按钮可以编辑内容 ID，单击【删除】按钮可以删除内容 ID。默认值为空

在图 7-25 所示的【附件】选项卡中，设置“12345678@qq.com”电子邮箱附件参数，设置【带附件】为“√”，设置【文件类型】为“一般”，此时完成【附件】选项卡参数设置，如图 7-26 所示。

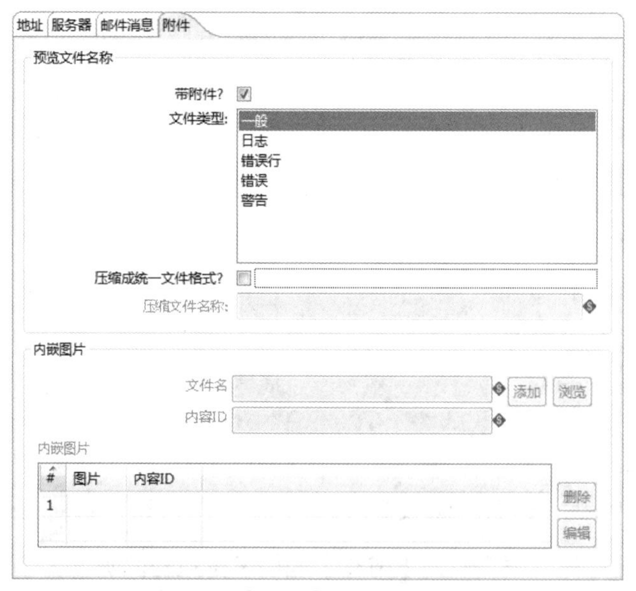

图 7-26 【附件】选项卡参数设置

7.4.3 运行任务

在【发送邮件】任务工程中，单击【开始】组件，再单击工作区上方的 ▷ 图标运行任务参数。在【发送邮件】任务工程的工作区下方，展示运行任务执行结果的日志，如图 7-27 所示，表示发送邮件任务正确执行且执行完毕。登录并查看“12345678@qq.com”电子邮箱，可以看到邮件内容和附件“月考成绩采集日志_20200309_103434.txt”日志文件的内容。

执行结果

日志 历史 作业度量 Metrics

```
2020/03/09 15:11:57 - 发送邮件 - 开始项[发送邮件 ]
2020/03/09 15:11:57 - 发送邮件  - Added file '///E:/Kettle日志/月考成绩采集日志_20200309
2020/03/09 15:12:00 - 发送邮件 - 完成作业项[发送邮件 ] (结果=[true])
2020/03/09 15:12:00 - 发送邮件 - 完成作业项[添加文件到结果文件中] (结果=[true])
2020/03/09 15:12:00 - 发送邮件 - 任务执行完毕
2020/03/09 15:12:00 - Spoon - 任务已经结束.
```

图 7-27 发送邮件任务执行结果的日志

任务 7.5 成功

在任务中，使用成功组件，是为了让任务中的组件都能够执行，清除任务中遇到的任何错误状态，并强制任务进入成功状态。在执行任务中，存在成功或失败的问题，为了可以通过邮件查看任务中所有组件执行的情况，需要建立一个成功的任务工程，使用成功组件，调用“月考成绩采集.ktr”转换工程的任务中生成的日志文件作为附件，并发送到“12345678@qq.com”电子邮箱中。

任务分析

（1）建立【成功】任务工程。

（2）设置【成功】组件参数。

（3）运行任务。

7.5.1 建立成功任务

建立成功任务工程步骤如下。

（1）创建成功任务工程。使用 Ctrl+Alt+N 组合键，创建【成功】任务工程。

（2）建立任务定时调度。在【成功】任务工程中，创建【Start】组件，设置参数，将调度【类型】设置为“不需要定时”。

（3）建立转换任务组件。创建【转换】组件，并与【Start】组件建立节点连接，设置参数，将【Transformation】设置为“月考成绩采集.ktr”，并设置日志参数，生成执行任务当天的转换日志文件，文件名以“月考成绩采集日志”开头，并包括日期和时间。

（4）建立添加文件到结果文件中组件。创建【添加文件到结果文件中】组件，并与【转换】组件建立节点连接，设置参数，使用通配符（如“月考成绩采集日志_20200310.*\.txt”），将当天的转换日志文件输出到结果中。

（5）建立发送邮件组件。创建【发送邮件】组件，并与【添加文件到结果文件中】组件建立节点连接，设置“12345678@qq.com”电子邮箱的有关参数。

（6）建立成功组件。单击【核心对象】选项卡，展开【通用】对象，选中【成功】组件，并拖曳其到右边工作区中，由【发送邮件】组件指向【成功】组件，建立节点连接，如图 7-28 所示。

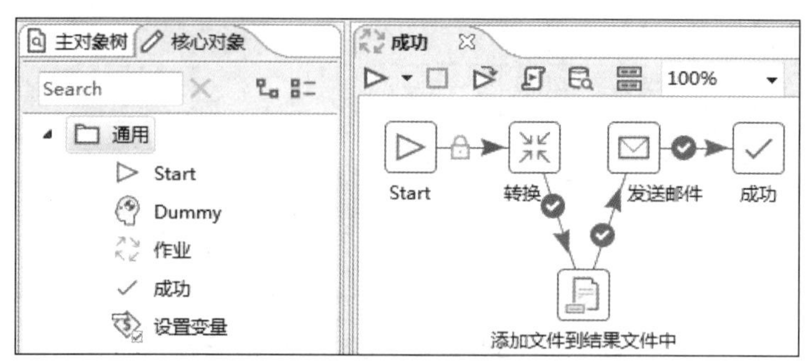

图 7-28　创建【成功】任务工程和组件

7.5.2　设置参数

双击图 7-28 所示的【成功】组件，弹出【成功】对话框，如图 7-29 所示。【成功】组件的参数非常简单，只有一个【作业项名称】参数，表示该组件名称。【成功】组件的参数保留默认值，此时完成参数设置。

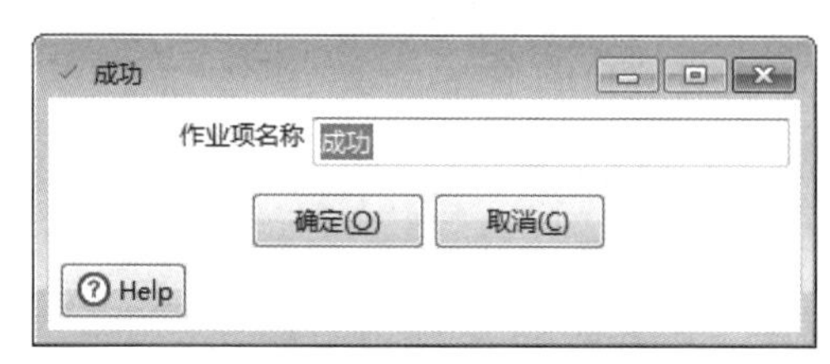

图 7-29　【成功】对话框

7.5.3　运行任务

在【成功】任务工程中，单击【Start】组件，再单击工作区上方的 图标运行任务参数。在【成功】任务工程的工作区下方，展示运行任务执行结果的日志，如图 7-30 所示，表示成功任务，执行完毕。查看“12345678@qq.com”电子邮箱，可以看到邮件内容和日志附件文件的内容。

```
执行结果
日志 历史 作业度量 Metrics
2020/03/10 10:49:25 - 成功 - 开始执行任务
2020/03/10 10:49:25 - 成功 - 开始项[转换]
2020/03/10 10:49:26 - 转换 - Using run configuration [Pentaho local]
2020/03/10 10:49:26 - 转换 - Using legacy execution engine
2020/03/10 10:49:26 - 月考成绩采集 - 为了转换解除补丁开始 [月考成绩采集]
2020/03/10 10:49:26 - 表输出.0 - Connected to database [localConn] (commit=1000)
2020/03/10 10:49:28 - Excel输入.0 - 完成处理 (I=25, O=0, R=0, W=25, U=0, E=0)
2020/03/10 10:49:28 - 表输出.0 - 完成处理 (I=0, O=25, R=25, W=25, U=0, E=0)
2020/03/10 10:49:29 - 成功 - 开始项[添加文件到结果文件中]
2020/03/10 10:49:29 - 成功 - 开始项[发送邮件 ]
2020/03/10 10:49:29 - 发送邮件 - Added file '///E:/data/2020年4月月考1班数学成绩.xls' to the mail me
2020/03/10 10:49:29 - 发送邮件 - Added file '///E:/Kettle日志/月考成绩采集日志_20200310_104925.txt'
2020/03/10 10:49:30 - 成功 - 开始项[成功]
2020/03/10 10:49:30 - 成功 - 完成作业项[成功] (结果=[true])
2020/03/10 10:49:30 - 成功 - 完成作业项[发送邮件 ] (结果=[true])
2020/03/10 10:49:30 - 成功 - 完成作业项[添加文件到结果文件中] (结果=[true])
2020/03/10 10:49:30 - 成功 - 完成作业项[转换] (结果=[true])
2020/03/10 10:49:30 - 成功 - 任务执行完毕
2020/03/10 10:49:30 - Spoon - 任务已经结束.
```

图 7-30　成功任务执行结果的日志

任务 7.6 检查表是否存在

检查表是否存在是验证数据库中是否存在指定的表，根据验证结果，返回成功或失败值。为了存储从 Excel 文件中抽取的每个月月考成绩数据，需要先检查存储数据的表是否存在，使用检查表是否存在的任务组件，检查 MySQL 的“demodb”数据库中的“2020 年 5 月月考数学成绩”表是否存在。

任务分析

（1）建立【检查表是否存在】任务工程。

（2）设置【检查表是否存在】组件参数。

（3）运行任务。

7.6.1 建立检查表是否存在任务工程

建立检查表是否存在任务工程步骤如下。

（1）创建检查表是否存在任务工程。使用 Ctrl+Alt+N 组合键，创建【检查表是否存在】任务工程。

（2）建立检查表是否存在任务。在【检查表是否存在】任务工程中，单击【核心对象】选项卡，展开【条件】对象，选中【检查表是否存在】组件，并拖曳其到右边工作区中，如图 7-31 所示。

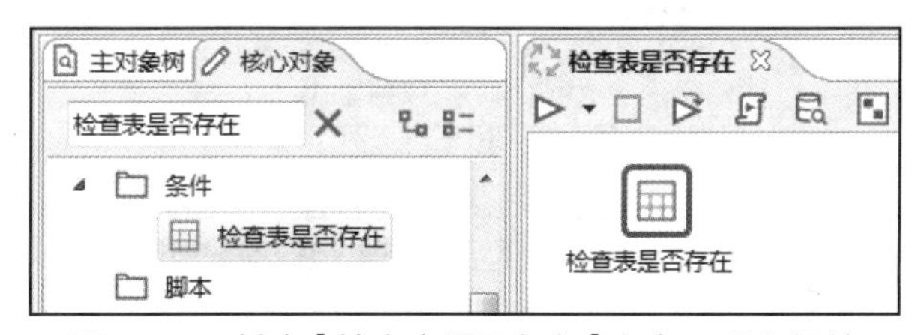

图 7-31 创建【检查表是否存在】任务工程和组件

7.6.2 设置参数

双击图 7-31 所示的【检查表是否存在】组件，弹出【检查表是否存在】对话框，如图 7-32 所示，有关参数的说明如表 7-12 所示。

图 7-32 【检查表是否存在】对话框

表 7-12 【检查表是否存在】组件参数的说明

参数名称	说　明
作业项名称	表示【检查表是否存在】组件的名称，该名称在单个任务中必须唯一。在同一个任务中，检查表是否存在的组件可以有多个，但是它们是相同的任务组件。默认值为检查表是否存在
数据库连接	表示数据库连接名称，在下拉框列表中选择一个现有的连接。如果修改现在的连接，单击【编辑…】按钮修改；如果没有连接，单击【新建…】或【Wizard…】按钮创建。默认值为当前工程中现有的、按名称排列在前的一个数据库连接名称
模式名称	表示数据库模式的名称，单击同行的【浏览(B)…】按钮，获取模式名称。默认值为空
表名	表示要检查的数据库表的名称，单击同行的【浏览(B)…】按钮，通过数据库浏览器获得名称。默认值为空

在图 7-32 所示的【检查表是否存在】对话框中，设置有关参数，检查数据库中“2020 年 5 月月考数学成绩”表是否存在，如图 7-33 所示，此时完成【检查表是否存在】组件的参数设置。

图 7-33 【检查表是否存在】组件参数设置

7.6.3 运行任务

在【检查表是否存在】任务工程中，单击【检查表是否存在】组件，再单击工作区上方的 ▷ 图标运行任务。在【检查表是否存在】任务工程的工作区下方，单击【作业度量】选项卡，展示运行任务的执行结果，如图 7-34 所示，表示验证“2020 年 5 月月考数学成绩”表是否存在结果失败，任务执行完毕。

执行结果

日志 | 历史 | 作业度量 | Metrics

任务 / 任务条目	注释	结果	原因
◢ 检查表是否存在			
任务: 检查表是否存在	开始执行任务		开始
检查表是否存在	开始执行任务		开始
检查表是否存在	任务执行完毕	失败	
任务: 检查表是否存在	任务执行完毕	失败	完成

图 7-34 检查表是否存在任务的执行结果

任务 7.7　SQL

使用 SQL 任务执行 SQL 脚本，多个 SQL 语句使用分号分隔。SQL 任务可以执行过程调用、创建表等，并根据执行情况，返回成功或失败值。为了存储从 Excel 文件中抽取的每个月的月考成绩数据，需要在数据库中创建存储数据的表，使用 SQL 任务组件，编写 SQL 脚本，在 MySQL 的“demodb”数据库中创建“2020 年 5 月月考数学成绩”表。

任务分析

（1）建立【SQL】任务工程。

（2）设置【SQL】组件参数。

（3）运行任务。

7.7.1　建立 SQL 任务工程

建立 SQL 任务工程步骤如下。

（1）创建 SQL 任务工程。使用 Ctrl+Alt+N 组合键，创建【SQL】任务工程。

（2）建立 SQL 任务。在【SQL】任务工程中，单击【核心对象】选项卡，展开【脚本】对象，选中【SQL】组件，并拖曳其到右边工作区中，如图 7-35 所示。

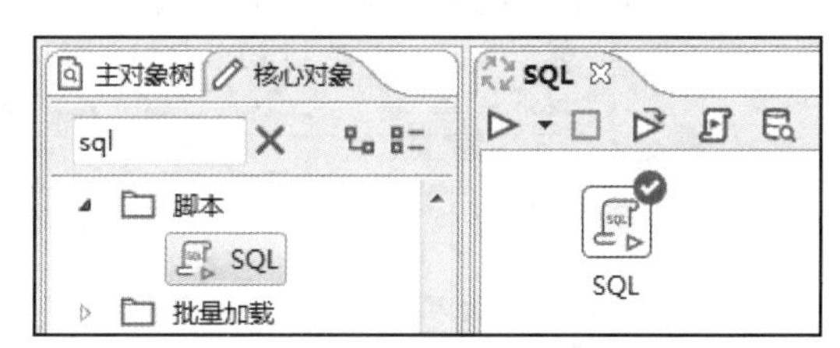

图 7-35　建立【SQL】任务工程和组件

7.7.2　设置参数

双击图 7-35 所示的【SQL】组件，弹出【SQL】对话框，如图 7-36 所示，有关参数的说明如表 7-13 所示。

图 7-36 【SQL】对话框

表 7-13 【SQL】组件参数的说明

参数名称	说　明
作业项名称	表示【SQL】组件的名称，该名称在单个任务中必须唯一。在同一个任务中，SQL 的组件可以有多个，但是它们是相同的任务组件。默认值为 SQL
数据库连接	表示数据库连接名称，在下拉框列表中选择一个现有的连接。如果修改现在的连接，单击【编辑...】按钮修改；如果没有连接，单击【新建...】或【Wizard...】按钮创建。默认值为当前工程中现有的、按名称排列在前的一个数据库连接名称
从文件中得到的 SQL	表示是否从【SQL 文件名】参数提供的文件中加载 SQL 语句。默认不勾选
SQL 文件名	表示带有 SQL 语句的文件名称。默认值为空
将 SQL 脚本作为一条语句发送	表示是否不以分号分隔语句，将 SQL 脚本作为一条语句发送。当给定一个脚本或多个语句时，选择此项时，作为一个语句处理和提交。默认不勾选
使用变量替换	表示是否允许在 SQL 脚本中使用变量。默认不勾选
SQL 脚本	表示要执行的 SQL 脚本，多个语句可以用分号分隔。默认值为空

在图 7-36 所示的【SQL】对话框中，设置有关参数，创建“2020 年 5 月月考数学成绩”表，如图 7-37 所示，此时完成【SQL】组件的参数设置。

图 7-37 【SQL】组件参数设置

7.7.3 运行任务

在【SQL】任务工程中，单击【SQL】组件，再单击工作区上方的 ▷ 图标运行任务。在【SQL】任务工程的工作区下方，单击【作业度量】选项卡，展示任务的执行结果，如图 7-38 所示，表示 SQL 任务正确执行且执行完毕。

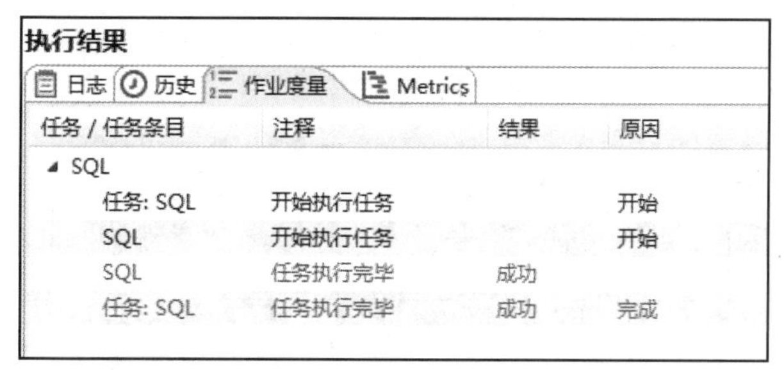

图 7-38 SQL 任务的执行结果

任务 7.8 检查列是否存在

任务描述

检查列是否存在是验证数据库表中的一个或多个字段中是否存在，根据验证结果，返回成功或失败值。为了存储从 Excel 文件中抽取的每个月的月考成绩数据，需要检查存储数据的数据库表的列字段是否存在，使用检查列是否存在任务组件，检查 MySQL 的“demodb”数据库“2020 年 4 月月考数学成绩”表中的“班级”“数学”字段是否存在。

任务分析

（1）建立【检查列是否存在】任务工程。

（2）设置【检查列是否存在】组件参数。

（3）运行任务。

7.8.1 建立检查列是否存在任务工程

建立检查列是否存在任务工程步骤如下。

（1）创建检查列是否存在任务工程。使用 Ctrl+Alt+N 组合键，创建【检查列是否存在】任务工程。

（2）建立检查列是否存在任务。在【检查列是否存在】任务工程中，单击【核心对象】选项卡，展开【条件】对象，选中【检查列是否存在】组件，并拖曳其到右边工作区中，如图 7-39 所示。

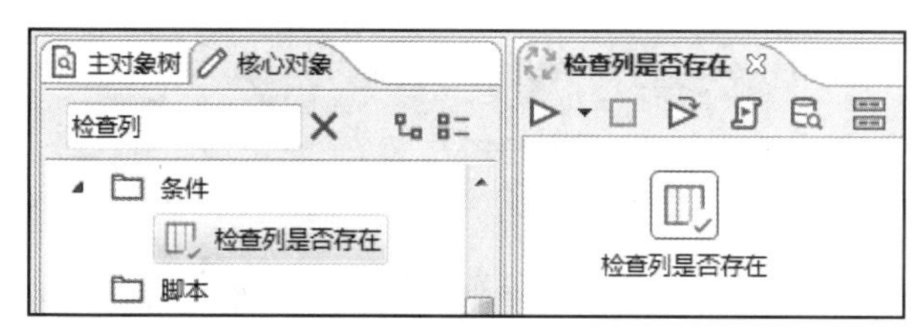

图 7-39 创建【检查列是否存在】任务工程和组件

7.8.2 设置参数

双击图 7-39 所示的【检查列是否存在】组件，弹出【检查列是否存在】对话框，如图 7-40 所示。【检查列是否存在】组件参数包含组件的基础参数和【列】表参数，有关参数的说明如表 7-14 所示。

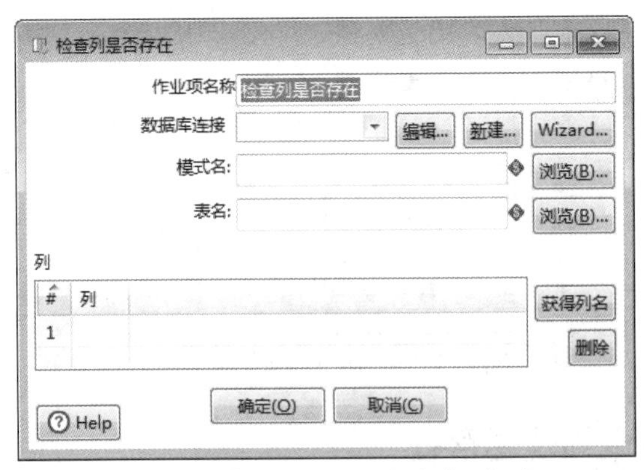

图 7-40 【检查列是否存在】对话框

表 7-14 【检查列是否存在】组件参数的说明

参数名称		说　明
基础参数	作业项名称	表示【检查列是否存在】组件的名称，该名称在单个任务中必须唯一。在同一个任务中，检查列是否存在的组件可以有多个，但是它们是相同的任务组件。默认值为检查列是否存在
	数据库连接	表示数据库连接名称，在下拉框列表中选择一个现有的连接。如果修改现在的连接，单击【编辑...】按钮修改；如果没有连接，单击【新建...】或【Wizard...】按钮创建。默认值为当前工程中现有的、按名称排列在前的一个数据库连接名称
	模式名	表示数据库模式的名称。单击同一行的【浏览(B)...】按钮，通过数据库浏览器获得模式名的名称。默认值为空
	表名	表示数据库表的名称，单击同一行的【浏览(B)...】按钮，通过数据库浏览器获得表的名称。默认值为空
列	列	表示要检查的字段的名称，使用一个列表，获得字段名称、删除字段名称。默认值为空

在图 7-40 所示的【检查列是否存在】对话框中，设置有关参数，检查数据库“2020年4月月考数学成绩”表中“班级”“数学”字段是否存在，如图 7-41 所示。此时完成【检查列是否存在】组件的参数设置。

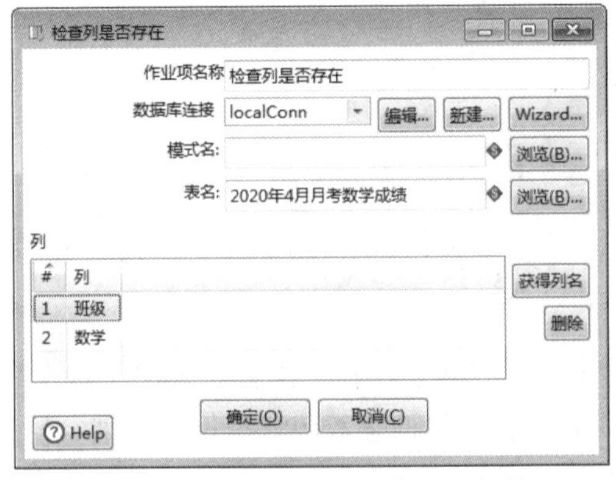

图 7-41 【检查列是否存在】组件参数设置

7.8.3 运行任务

在【检查列是否存在】任务工程中，单击【检查列是否存在】组件，再单击工作区上方的图标运行任务。在【检查列是否存在】任务工程的工作区下方，单击【作业度量】选项卡，展示任务的执行结果，如图 7-42 所示，表示检查列是否存在的结果失败，任务执行完毕。

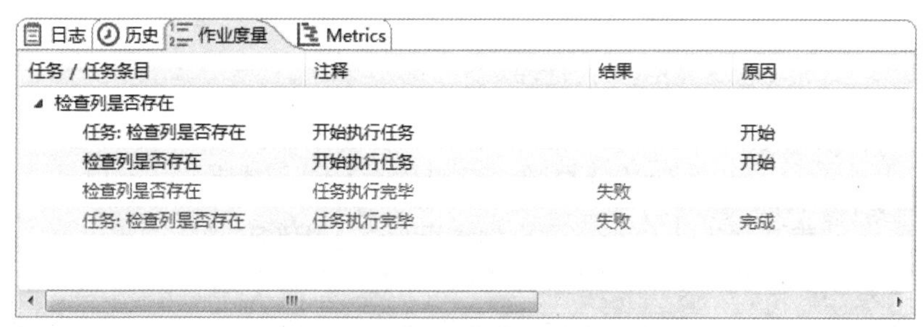

图 7-42 检查列是否存在任务的执行结果

任务 7.9 检查一个文件是否存在

任务描述

检查一个文件是否存在即验证指定的文件是否存在，根据验证结果，返回成功或失败的值。为了抽取每个月的月考成绩文件的数据，需要检查月考成绩文件是否存在，使用检查一个文件是否存在任务组件，检查“2020 年 4 月月考 1 班数学成绩.xls”文件是否存在。

任务分析

（1）建立【检查一个文件是否存在】任务工程。

（2）设置【检查一个文件是否存在】组件参数。

（3）运行任务。

7.9.1 建立检查一个文件是否存在任务工程

建立检查一个文件是否存在任务工程步骤如下。

（1）创建检查一个文件是否存在任务工程。使用 Ctrl+Alt+N 组合键，创建【检查一个文件是否存在】任务工程。

（2）建立检查一个文件是否存在任务。在【检查一个文件是否存在】任务工程中，单击【核心对象】选项卡，展开【条件】对象，选中【检查一个文件是否存在】组件，并拖曳其到右边工作区中，如图 7-43 所示。

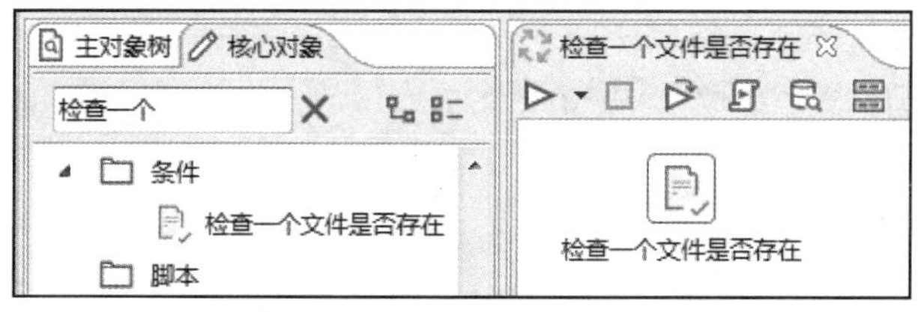

图 7-43 创建【检查一个文件是否存在】任务工程和组件

7.9.2 设置参数

双击图 7-43 所示的【检查一个文件是否存在】组件，弹出【检查一个文件是否存在】对话框，如图 7-44 所示，有关参数的说明如表 7-15 所示。

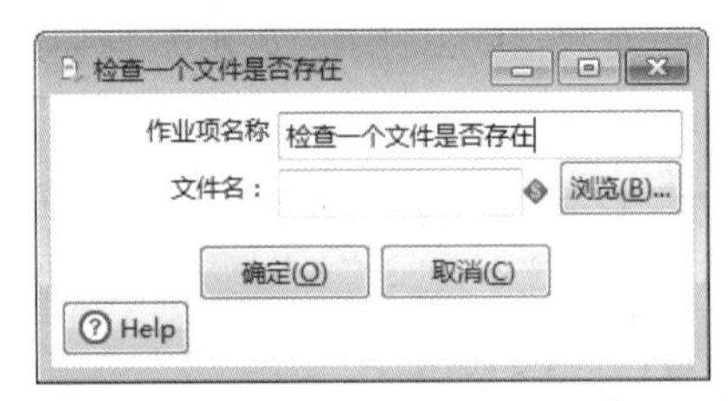

图 7-44 【检查一个文件是否存在】对话框

表 7-15 【检查一个文件是否存在】组件参数的说明

参数名称	说　明
作业项名称	表示【检查一个文件是否存在】组件的名称，该名称在单个任务中必须唯一。在同一个任务中，检查一个文件是否存在的组件可以有多个，但是它们是相同的任务组件。默认值为检查一个文件是否存在
文件名	表示要检查的文件和路径的名称，单击同行的【浏览(B)...】按钮，可浏览输入路径和文件的详细信息。默认值为空

在图 7-44 所示的【检查一个文件是否存在】对话框中，设置有关参数，检查“2020 年 4 月月考 1 班数学成绩.xls”表是否存在，如图 7-45 所示。此时完成【检查一个文件是否存在】组件的参数设置。

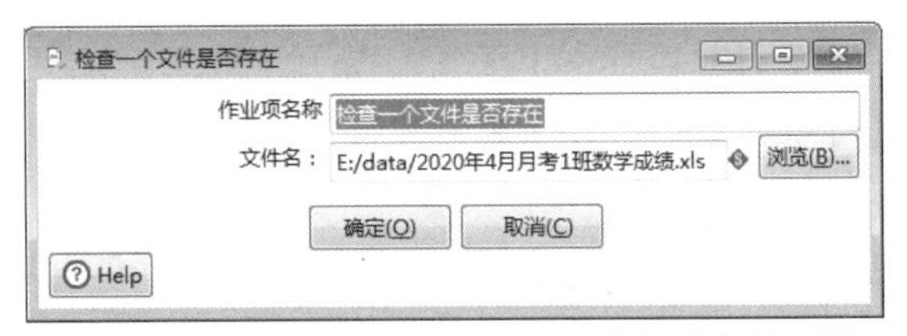

图 7-45 【检查一个文件是否存在】组件参数设置

7.9.3 运行任务

在【检查一个文件是否存在】任务工程中，单击【检查一个文件是否存在】组件，再单击工作区上方的 ▷ 图标运行任务。在【检查一个文件是否存在】任务工程的工作区下方，单击【作业度量】选项卡，展示任务的执行结果，如图 7-46 所示，表示验证“E:/data/ 2020 年 4 月月考 1 班数学成绩.xls”文件是否存在结果成功，任务执行完毕。

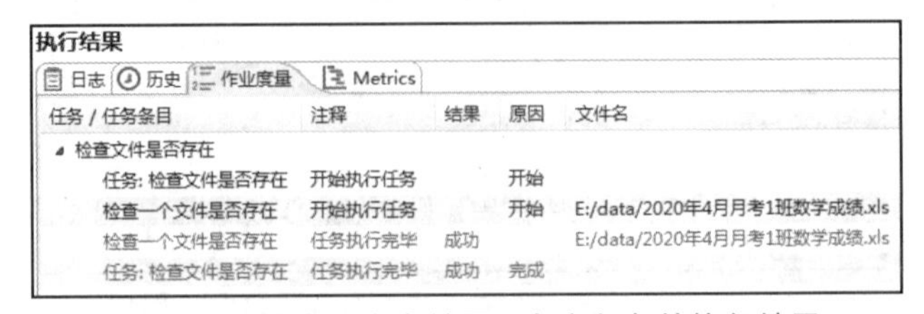

图 7-46 检查一个文件是否存在任务的执行结果

任务 7.10 检查多个文件是否存在

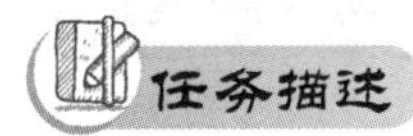

与检查一个文件是否存在组件类似，检查多个文件是否存在即验证指定的多个文件是否存在，根据验证结果，返回成功或失败的值。为了抽取每个月多个班的月考成绩文件的数据，需要检查这些月考成绩文件是否存在，使用检查多个文件是否存在任务组件，检查“2020 年 4 月 1 班月考数学成绩.xls”“2020 年 4 月 2 班月考数学成绩.xls”文件是否存在。

任务分析

（1）建立【检查多个文件是否存在】任务工程。

（2）设置【检查多个文件是否存在】组件参数。

（3）运行任务。

7.10.1 建立检查多个文件是否存在任务工程

建立检查多个文件是否存在任务工程步骤如下。

（1）创建检查多个文件是否存在任务工程。使用 Ctrl+Alt+N 组合键，创建【检查多个文件是否存在】任务工程。

（2）建立检查多个文件是否存在任务。在【检查多个文件是否存在】任务工程中，单击【核心对象】选项卡，展开【条件】对象，选中【检查多个文件是否存在】组件，并拖曳其到右边工作区中，如图 7-47 所示。

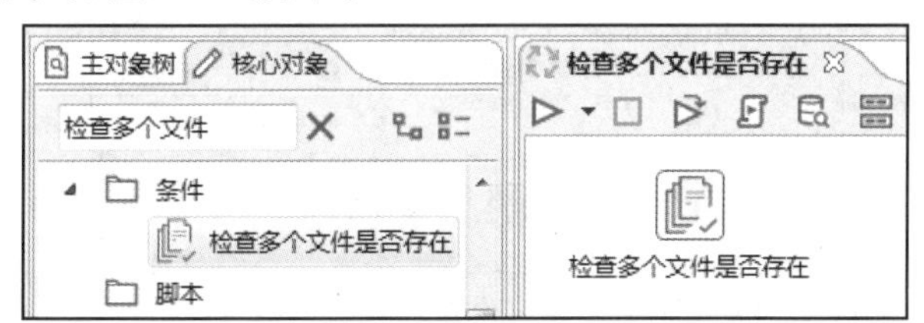

图 7-47 创建【检查多个文件是否存在】任务工程和组件

7.10.2 设置参数

双击图 7-47 所示的【检查多个文件是否存在】组件，弹出【检查多个文件是否存在】对话框，如图 7-48 所示。【检查多个文件是否存在】组件包含组件的基础参数和【文件/文件夹】表参数，有关参数的说明如表 7-16 所示。

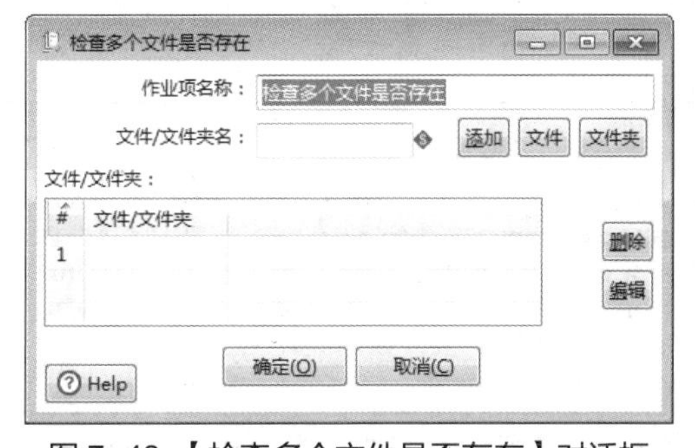

图 7-48 【检查多个文件是否存在】对话框

表 7-16 【检查多个文件是否存在】组件参数的说明

参数名称		说　明
基础参数	作业项名称	表示【检查多个文件是否存在】组件的名称，该名称在单个任务中必须唯一。在同一个任务中，检查多个文件是否存在的组件可以有多个，但是它们是相同的任务组件。默认值为检查多个文件是否存在
	文件/文件夹名	表示要检查的文件和路径的名称，单击同一行的【添加】按钮，通过文件和路径名称添加到文件/文件夹表中；单击同一行的【文件】按钮，通过浏览添加计算机上的文件；单击同一行的【文件夹】按钮，通过浏览添加计算机上的文件夹。默认值为空
文件/文件夹	文件/文件夹	表示被添加进来的文件/文件夹的名称，使用文件/文件夹表，编辑和删除多个文件/文件夹的名称。默认值为空

在图 7-48 所示的【检查多个文件是否存在】对话框中，设置有关参数，检查“2020 年 4 月月考 1 班数学成绩.xls”“2020 年 4 月月考 2 班数学成绩.xls”文件是否存在，如图 7-49 所示。此时完成【检查多个文件是否存在】组件的参数设置。

图 7-49 【检查多个文件是否存在】组件参数设置

7.10.3 运行任务

在【检查多个文件是否存在】任务工程中，单击【检查多个文件是否存在】组件，再单击工作区上方的 ▷ 图标运行任务。在【检查多个文件是否存在】任务工程工作区下方，单击【作业度量】选项卡，展示任务的执行结果，如图 7-50 所示，表示验证“E:/data/2020 年 4 月月考 1 班数学成绩.xls”“E:/data/2020 年 4 月月考 2 班数学成绩.xls”文件是否存在结果成功，任务执行完毕。

执行结果

日志　历史　作业度量　Metrics

任务 / 任务条目	注释	结果	原因
检查多个文件是否存在			
任务: 检查多个文件是否存在	开始执行任务		开始
检查多个文件是否存在	开始执行任务		开始
检查多个文件是否存在	任务执行完毕	成功	
任务: 检查多个文件是否存在	任务执行完毕	成功	完成

图 7-50 检查多个文件是否存在任务的执行结果

小结

本章主要介绍了开始、转换、添加文件到结果文件中、发送邮件、成功、检查表是否存在、SQL、检查列是否存在、检查一个文件是否存在和检查多个文件是否存在这10个常用任务组件，阐述了任务组件的使用方法和参数的设置方法。通过任务，对开始定时任务、调用转换工程、检查数据库与文件是否存在、发送邮件、运行任务等任务流程环节进行了介绍，使读者了解了Kettle使用任务组件执行数据抽取、转换和装载的流程，并指出了各种任务组件的作用和不同之处，实现了任务的运行，为读者进行数据整合与处理项目任务打下了基础。

课后习题

1. 选择题

（1）以下不属于定时调度类型的是（　　）。

A. 不需要定时　B. 时间间隔　C. 每月　D. 每季

（2）发送邮件中的附件文件来自（　　）。

A. 发送邮件组件中定义的文件

B. 发送邮件组件前面的任务组件的结果文件

C. 发送邮件组件前面一个任务组件的结果文件

D. 发送邮件组件前面所有任务组件中没有被清除的结果文件

（3）转换任务是通过调用（　　）来执行转换操作的。

A. 转换组件　B. 转换流程　C. 转换工程　D. 转换设置

（4）在转换组件中，可通过在（　　）选项卡中设置参数生成日志文件。

A. 设置日志　B. 设置文件　C. 命名参数　D. Options

（5）发送邮件组件，需要设置的邮件服务器是（　　）。

A. Kettle服务器　B. POP服务器

C. 自定义的任何服务器　D. SMTP服务器

2. 操作题

（1）建立一个名称为“联考成绩”的转换工程，基于“2020年1月联考成绩.csv”文件中的数据，使用计算器组件，计算每个学生考试总分、平均分，并对平均分按照从高到低进行排列后，输出到“2020年1月联考成绩平均分排行榜.xls”文件中。

（2）建立一个名称为“统计联考成绩”的任务工程，建立开始任务，设置定时调度（定时时间由个人设定）。建立转换任务，调用“联考成绩”的转换工程。建立发送邮件任务，发送转换成功信息到读者自己的邮箱中。

（3）执行“统计联考成绩”的任务工程，查看“2020年1月联考成绩平均分排行榜.xls”文件和邮箱信息，检验任务是否执行成功。

第8章 无人售货机项目实战

科技是第一生产力、人才是第一资源、创新是第一动力，零售业借助科技实现智能、自助式购物。无人售货机是一种根据扫码支付（或投入钱币）而自动付货的机器，是商业自动化的常用设备。无人售货机不受时间、地点的限制，能节省人力、方便交易，是一种全新的商业零售方式，又被称为24小时营业的微型超市。无人售货机每天为客户提供便利的商品零售服务，同时也产生了大量的商品零售数据。本章主要介绍如何通过 Kettle 实现无人售货机项目。

学习目标

（1）熟悉并理解无人售货机的数据。
（2）熟悉无人售货机项目的整体目标。
（3）掌握项目各任务的流程和步骤。
（4）掌握多组件组合处理任务的方法。

任务 8.1 了解无人售货机项目背景与目标

任务描述

国内的无人售货机市场处于发展的初期阶段，没有达到规模化、秩序化的程度。一方面，无人售货机多分布在经济发达的沿海地区；另一方面，无人售货机贩卖的商品种类有限，不能满足用户的所有需求。为了最大化利用无人售货机资源，需要从业务场景出发，理解数据，分析并制定无人售货机项目的目标。

任务分析

（1）了解无人售货机的发展现状与发展趋势。
（2）熟悉理解现有的无人售货机数据。
（3）明确无人售货机项目的目标。

8.1.1 了解项目背景

据统计，国内无人售货机数量在2016年约有19万台，销售额达75亿元人民币，与上一年相比，涨幅巨大。根据消费者调研机构凯度的预测，我国在2020年后将会拥有110余万台无人售货机，销售额预计达440亿元人民币。

随着无人售货机的销售系统越来越完善，包括支付系统、监控维护系统等技术都趋于成熟，正确的销售决策的制定开始成为售货机厂商关注的热点。传统的销售决策都是商家凭借长期积累的经验进行决定的，而商品的销售受很多因素的影响，如季节、周边人流量以及受众群体的偏好等，因此无人售货机上的商品供求往往得不到合理的平衡，无人售货机的收益达不到最大化。

8.1.2 熟悉项目目标

为了解决无人售货机收益无法达到最大化的问题，需要分析客户每天的订单列表、订单详情和无人售货机日销售金额等数据，获得有关热销和滞销商品信息，以及无人售货机的收入和利润信息。按照这一目标，整体项目可以分为以下 4 个任务。

（1）分组聚合客户订单。

（2）计算各商品销售金额。

（3）统计各售货机日销售金额。

（4）整理各售货机情况。

8.1.3 熟悉数据字段

目前，售货机数据主要包括订单信息表、订单详情表和售货机信息表 3 个表的数据。

1. 订单信息表

在无人售货机客户订单信息表“order_list.csv”文件中，有关数据字段的说明如表 8-1 所示。

表 8-1 无人售货机客户订单信息表“order_list.csv”文件的数据字段说明

字段名称	类型	描述
createdtime	字符串	表示订单生成时间
customerid	字符串	表示客户 ID
customermobile	字符串	表示客户手机号码
totalprice	浮点数	表示订单总金额
paytotalprice	浮点数	表示订单实际支付金额
discounttotalprice	浮点数	表示订单优惠金额
status	字符串	表示订单状态。取值如下。 （1）WAIT：待支付。 （2）SUCCESS：支付成功。 （3）FAIL：支付失败
source	字符串	表示订单来源。取值如下。 （1）ALIPAY_SHOPPING：支付宝支付。 （2）WECHAT_SHOPPING：微信支付。 （3）PARTNER_SHOPPING：第三方开门购物

续表

字段名称	类　型	描　述
ordertype	字符串	表示生成订单类型。取值如下。 （1）SHOPPING：购物订单。 （2）INIT：初始化订单
partnerorderpaymethod	字符串	表示支付方式。取值如下。 （1）PARTNER：第三方系统。 （2）MAYIHEZI：蚂蚁盒子系统
payexceptiontype	字符串	表示请查看订单异常菜单列表
boxid	长整数	表示售货机 ID
payedtime	字符串	表示支付时间
title	字符串	表示标题
ordernum	长整数	表示订单号
partnerordernum	字符串	表示第三方订单号唯一标识
discountdescription	字符串	表示优惠说明
externalordernum	字符串	表示支付宝/微信订单号

2. 订单详情表

在无人售货机客户订单详情“order_details.csv”文件中，有关数据字段说明如表 8-2 所示。

表 8-2　客户订单详情“order_details.csv”文件的数据字段说明

字段名称	类　型	描　述
createdtime	字符串	表示订单生成时间
customerid	字符串	表示客户 ID
customermobile	字符串	表示客户手机号码
totalprice	浮点数	表示订单总金额
paytotalprice	浮点数	表示订单实际支付金额
discounttotalprice	浮点数	表示订单优惠金额
status	字符串	表示订单状态。取值如下。 （1）WAIT：待支付。 （2）SUCCESS：支付成功。 （3）FAIL：支付失败

续表

字段名称	类　型	描　述
source	字符串	表示订单来源。取值如下。 （1）ALIPAY_SHOPPING：支付宝支付。 （2）WECHAT_SHOPPING：微信支付。 （3）PARTNER_SHOPPING：第三方开门购物
boxid	长整数	表示售货机 ID
ordernum	长整数	表示订单号
partnerordernum	字符串	表示第三方订单号唯一标识
discountdescription	字符串	表示优惠说明
partnerorderpaymethod	字符串	表示支付方式。取值如下。 （1）PARTNER：第三方系统。 （2）MAYIHEZI：蚂蚁盒子系统
payexceptiontype	字符串	表示请查看订单异常菜单列表
paytime	字符串	表示支付时间
title	字符串	表示标题
ordertype	字符串	表示生成订单类型。取值如下。 （1）SHOPPING：购物订单。 （2）INIT：初始化订单
externalordernum	字符串	表示支付宝/微信订单号
productname	字符串	表示商品名称
amount	整数	表示购买商品数量
costprice	浮点数	表示商品成本价
saleprice	浮点数	表示商品销售价
productpaytotalprice	浮点数	表示商品实际支付总金额
productdiscountprice	浮点数	表示商品优惠金额
producttotalprice	浮点数	表示商品支付总金额
partnerproductid	字符串	表示第三方产品唯一标识
rfidstatus	字符串	表示标签状态。取值如下。 （1）COMMON：正常。 （2）SOLD：已售。 （3）INVALID：无效标签

3. 售货机信息表

在无人售货机信息“box_list.csv”文件中，有关数据字段的说明如表 8-3 所示。

表 8-3　无人售货机信息“box_list.csv”文件的数据字段说明

字段名称	类　型	描　述
boxid	长整数	表示售货机 ID
address	字符串	表示售货机投放地址
name	字符串	表示售货机名称
qrcode	字符串	表示售货机二维码
serialnumber	字符串	表示售货机编码
status	字符串	表示售货机状态。取值如下。 （1）ONLINE：在线。 （2）OFFLINE：离线。 （3）BREAKDOWN：故障
modelnumber	字符串	表示售货机型号

任务 8.2　分组聚合客户订单

无人售货机客户订单信息表记录着有关客户的订单信息，从客户的角度出发，分析客户订单信息表中的数据，了解客户订单状况，按照客户订单数据进行聚合计算，对客户订单消费金额从高到低进行排序，了解哪些客户的消费金额较多，并为这些客户提供更好的服务。

任务分析

（1）建立【分组聚合客户订单】转换工程。

（2）获取客户的详细订单数据。

（3）分组聚合统计客户的订单数据。

（4）装载和解读结果数据。

8.2.1　分析任务数据需求

聚合客户订单数据，需要在订单信息表“order_list.csv”文件中抽取以下字段数据。

（1）customerid（客户 ID）：客户的唯一标识号，以该标识号聚合数据，因此客户 ID 不能为空，否则客户 ID 为空的数据将被过滤掉。

（2）customermobile（客户手机号码）：客户支付费用时所使用的手机号码。

（3）ordernum（订单号）：客户购买商品时生成的订单号。

（4）paytotalprice（订单实际支付金额）：客户订单实际支付金额。

（5）status（订单状态）：客户订单状态，只需抽取订单状态为“支付成功”的数据，而其他订单状态的数据将被过滤掉。

8.2.2 熟悉任务流程

在聚合客户订单的过程中，需要获取唯一标识用户的关键字段，再根据此关键字段进行聚合统计。分组聚合客户订单的流程如图 8-1 所示。

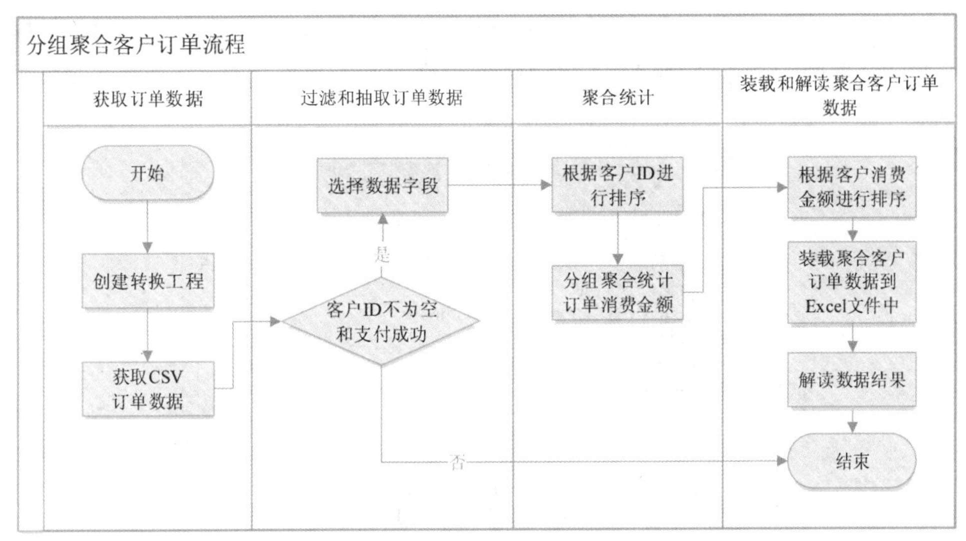

图 8-1 分组聚合客户订单的流程

分组聚合客户订单主要包括以下 4 个步骤。

（1）获取订单数据。建立转换工程，创建获取文件组件，获取订单数据。

（2）过滤和抽取订单数据。首先过滤掉客户 ID 为空和支付不成功的数据，然后抽取聚合统计所需的字段数据。

（3）聚合统计。对抽取后的数据根据客户 ID 进行排序，然后聚合统计客户的消费金额。

（4）装载和解读聚合客户订单数据。对于聚合统计好的客户订单数据，按照客户消费金额，从高到低进行排序，再将排序后的数据装载至 Excel 文件中，并对结果数据进行解读。

8.2.3 实现聚合客户订单

实现分组聚合客户订单的详细操作步骤如下。

1. 获取订单数据

获取订单数据的操作步骤如下。

（1）建立转换工程。使用 Ctrl+N 组合键，创建【分组聚合客户订单】转换工程。

（2）创建 CSV 文件输入组件和获取订单数据。创建 CSV 文件输入组件（组件命名为“CSV 文件输入(订单)”），如图 8-2 所示。设置参数，导入“order_list.csv”文件，并设置好字段参数。

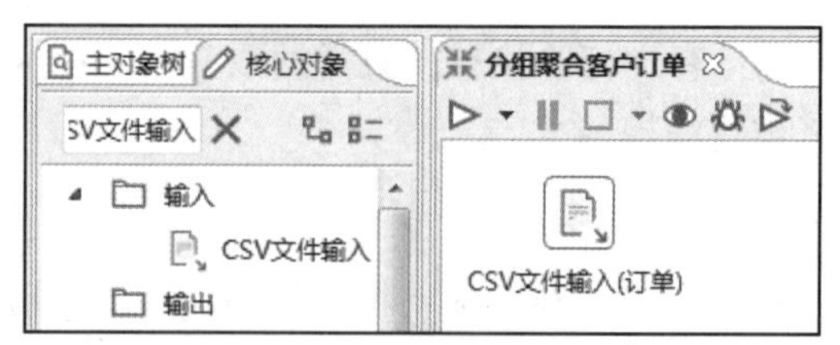

图 8-2 建立【分组聚合客户订单】转换工程和获取数据组件

（3）预览获取的订单数据。单击图 8-2 所示的工作区上方的图标，预览数据，如图 8-3 所示。此时，【预览数据】对话框的数据是客户在购买商品时，每天、每笔详细的订单数据。

图 8-3 预览客户订单信息表数据

2. 过滤和抽取订单数据

对获取的订单数据进行过滤和抽取，操作步骤如下。

（1）建立过滤和抽取数据组件和连接。创建过滤记录组件（组件命名为“过滤记录(客户 ID 非空和支付成功)”）、字段选择组件，用于筛选和抽取数据，并建立组件之间的连接，如图 8-4 所示。

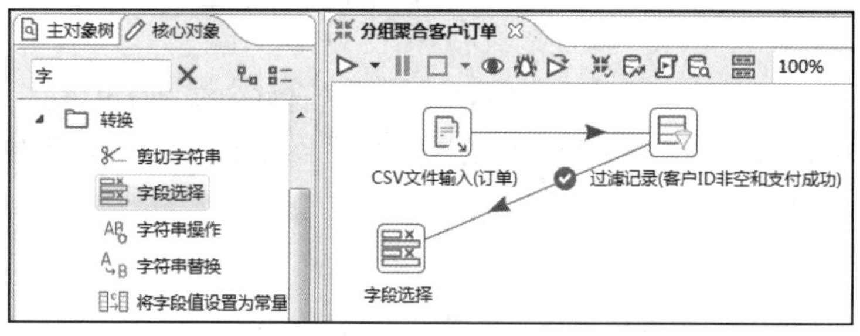

图 8-4 建立过滤和抽取数据组件和连接

（2）过滤掉客户 ID 为空和支付不成功的订单数据。在【过滤记录(客户 ID 非空和支付成功)】组件中，设置参数，过滤掉客户 ID 为空和支付不成功的订单数据。

（3）进行字段选择，保留需要的字段，去除多余的字段。在【字段选择】组件中，设置参数，仅保留 customerid、customermobile、ordernum 和 paytotalprice 等字段，并分别改名为“客户 ID”“客户手机号码”“order_num”和“pay_totalprice”，如图 8-5 所示，丢弃其他与聚合客户订单无关的字段。

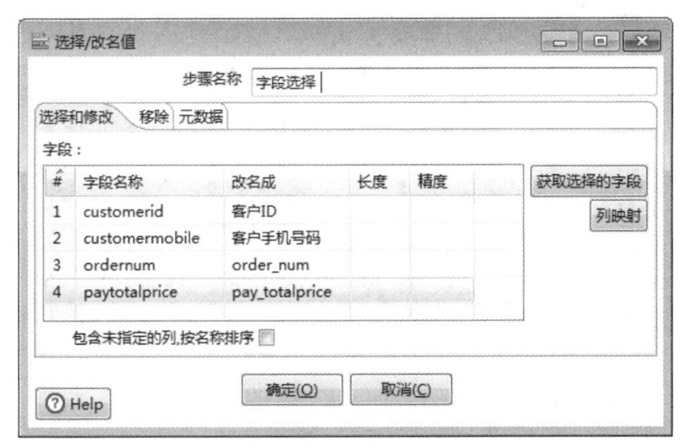

图 8-5 【字段选择】组件参数设置

3. 聚合统计

对已进行过滤和抽取的订单数据进行聚合统计，操作步骤如下。

（1）建立聚合统计组件和连接。创建排序记录组件和分组组件（组件命名为“分组(按客户统计)”），并建立组件之间的连接，如图 8-6 所示。

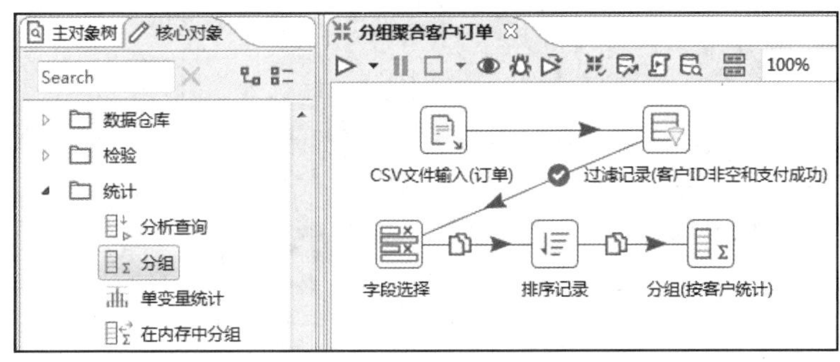

图 8-6　建立聚合客户订单组件和连接

（2）对客户 ID 进行排序。因为是分组聚合客户订单，所以必须对客户 ID 进行排序，即同一个客户 ID 的数据要连在一起，否则数据可能不正确。在【排序记录】组件中，设置客户 ID 字段按照升序进行排序。

（3）对客户的订单数和商品实际支付金额等字段进行分组聚合，统计各个客户的订单。设置【分组】组件参数，在图 8-7 所示的【分组】对话框的【构成分组的字段】表中，设置【分组字段】为“客户 ID”“客户手机号码”，即按照“客户 ID”“客户手机号码”统计客户订单；在【聚合】表中，设置的参数如图 8-7 所示。

4. 装载和解读聚合客户订单数据

装载和解读聚合客户订单数据，操作步骤如下。

（1）建立装载结果数据组件和连接。创建排序记录组件（组件命名为“排序记录(按客户消费金额排序)”）和 Excel 输出组件（组件命名为“Excel 输出(客户订单)”），将聚合统计的各个客户订单数据输出至 Excel 文件中，并建立组件之间的连接，如图 8-8 所示。

（2）根据客户订单消费金额进行排序。在【排序记录(按客户销售金额排序)】组件中，设置客户消费金额字段按降序进行排序。

图 8-7 【分组】组件参数设置

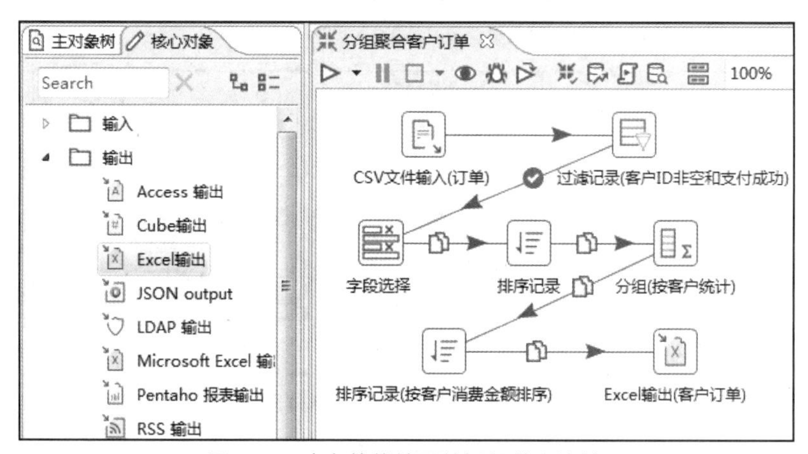

图 8-8 建立装载结果数据组件和连接

（3）将经过排序的各客户订单数据输出并装载至 Excel 文件中。在【Excel 输出(客户订单)】组件中，设置参数，输出的 Excel 文件名为“无人售货机分组聚合客户订单.xls”，输出的字段参数设置如表 8-4 所示。

表 8-4 【Excel 输出(客户订单)】组件的字段参数设置

名　称	类　型	格　式
客户 ID	String	#
客户手机号码	String	#
客户订单数	Integer	0
客户消费金额	Number	0.00

（4）预览分组聚合客户订单结果数据。在【分组聚合客户订单】转换工程中，单击工作区上方的👁图标，预览分组聚合客户订单的数据，如图 8-9 所示。

#	客户ID	客户手机号码	客户订单数	客户消费金额
1	220759	178666836...	175	880.6
2	251531	155890000...	60	874.42
3	145032	155890768...	95	816.4
4	62240	184621420...	65	696.3
5	28565	186696238...	102	680.6
6	53279	182667223...	75	659.3

图 8-9 预览聚合客户订单结果数据

（5）解读结果数据。在结果数据中，根据“客户 ID”“客户手机号码”关键字段，将“客户订单支付金额”“订单数”字段的数据分组聚合统计至“客户消费金额”“客户订单数”字段中。其中，“用户 ID”为“220759”的客户消费金额最多，在无人售货机上共成功下单 175 笔，客户消费金额为 880.6 元。

任务 8.3 计算各商品销售金额

无人售货机客户订单的详情数据，记录着订单中的每种商品销售的数量、价格等数据。从商品销售的角度出发，分析商品的销售数据，计算各种商品的销售金额，以便了解商品的销售情况，分析哪些商品属于热销或滞销商品，为商品的销售提供更好的运营决策。

任务分析

（1）建立【计算各商品销售金额】转换工程。

（2）获取和筛选数据。

（3）分组聚合统计商品销售数据。

（4）装载和解读结果数据。

8.3.1 分析任务数据需求

计算各商品销售金额，需要在订单详情表“order_details.csv”文件中抽取以下字段数据。

（1）productname（商品名称）：商品的唯一标识号，以该标识号为关键字段计算商品数据，因此商品名称不能为空。

（2）amount（购买商品数量）：客户购买时的商品数量。

（3）productpaytotalprice（商品实际支付总金额）：客户购买商品时的实际支付总金额。

（4）status（订单状态）：客户订单状态，只抽取订单状态为“支付成功”的数据，其他订单状态的数据则被过滤掉。

8.3.2 熟悉任务流程

在计算各商品销售金额的过程中，需要获取商品名称的关键字段，各个商品数据再根据此关键字段进行聚合计算。计算各商品销售金额的流程如图 8-10 所示。

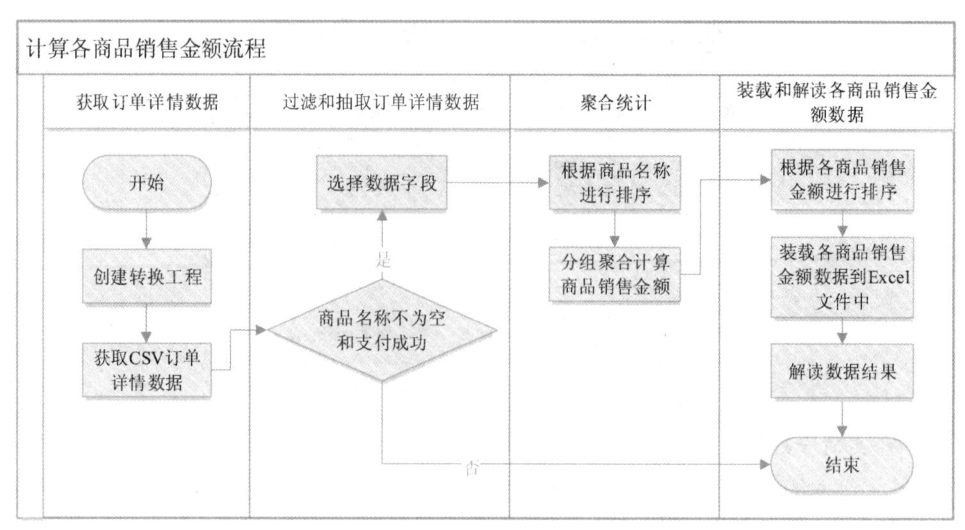

图 8-10　计算各商品销售金额的流程

计算各商品销售金额主要包括以下 4 个步骤。

（1）获取订单详情数据。建立转换工程，创建获取文件组件，获取订单详情数据。

（2）过滤和抽取订单详情数据。过滤掉商品名称为空和支付不成功的数据，并抽取聚合统计所需的字段数据。

（3）聚合统计。对抽取后的数据根据商品名称进行排序，再聚合统计各商品的销售金额。

（4）装载和解读各商品销售金额数据。对聚合统计好的各商品销售金额数据，根据商品销售金额，从高到低进行排序，再将排序后的数据装载至 Excel 文件中，并对结果数据进行解读。

8.3.3　实现各商品销售金额计算

实现计算各商品销售金额的详细操作步骤如下。

1. 获取订单详情数据

获取订单详情数据的操作步骤如下。

（1）创建计算各商品销售金额转换工程。使用 Ctrl+N 组合键，创建【计算各商品销售金额】转换工程。

（2）创建 CSV 文件输入组件和获取数据。创建 CSV 文件输入组件，并命名为“CSV 文件输入(订单)”，如图 8-11 所示。设置组件参数，导入“order_details.csv”文件，并设置好字段参数。

图 8-11　建立【计算各商品销售金额】转换工程和获取数据组件

（3）预览获取的数据。在图 8-11 所示的【计算各商品销售金额】转换工程中，选择【CSV 文件输入(订单)】组件，单击工作区上方的图标，预览数据，如图 8-12 所示。

预览数据

步骤 CSV文件输入(订单) 的数据 (1000 rows)

#	createdtime	customerid	customerm...	totalprice	paytotalprice	disc
1	2018-11-21 ...	204524	186609513...	4.5	4.5	
2	2018-11-21 ...	264704	182651619...	5	5	
3	2018-11-21 ...	228201	187641210...	10	10	
4	2018-11-21 ...	241449	183694503...	5.5	5.5	
5	2018-11-21 ...	262214	157629055...	21.8	21.8	
6	2018-11-21 ...	262214	157629055...	21.8	21.8	

关闭(C)　显示日志(L)

图 8-12　预览订单详情表数据

2. 过滤和抽取订单详情数据

获取订单详情数据的操作步骤如下。

（1）创建筛选数据组件和建立连接。创建过滤记录组件（组件命名为“过滤记录(商品名称非空和支付成功)”）和字段选择组件，并建立组件之间的连接，如图 8-13 所示。

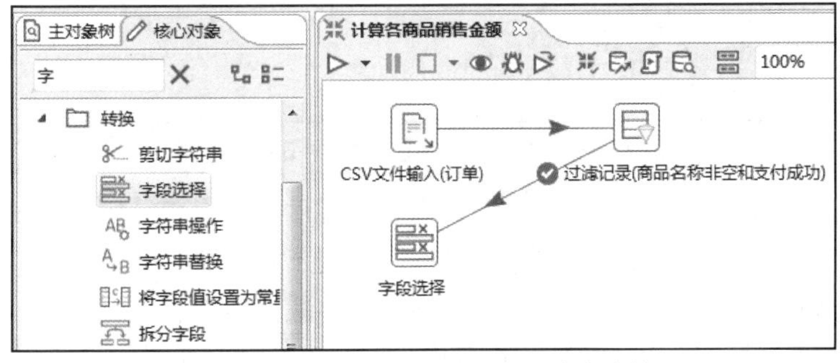

图 8-13　创建筛选数据组件和建立连接

（2）过滤掉商品名称为空和支付失败的订单数据。在【过滤记录(商品名称非空和支付成功)】组件中，设置参数，保留商品名称非空和支付成功的订单数据，过滤掉商品名称为空和支付不成功的订单数据。

（3）进行字段选择，保留需要的字段，去除多余的字段。在【字段选择】组件中，设置参数，仅保留 productname、amount、productpaytotalprice 等字段，并分别改名为“商品名称”“product_number”“product_paytotalprice”，如图 8-14 所示，丢弃其他与计算各商品销售金额无关的字段。

3. 聚合统计

对已进行过滤和抽取的商品详情数据进行聚合统计，操作步骤如下。

（1）建立聚合计算商品销售金额的组件和连接。创建排序记录组件、分组组件（命名为“分组(按商品名称统计)”），并建立组件之间的连接，如图 8-15 所示。

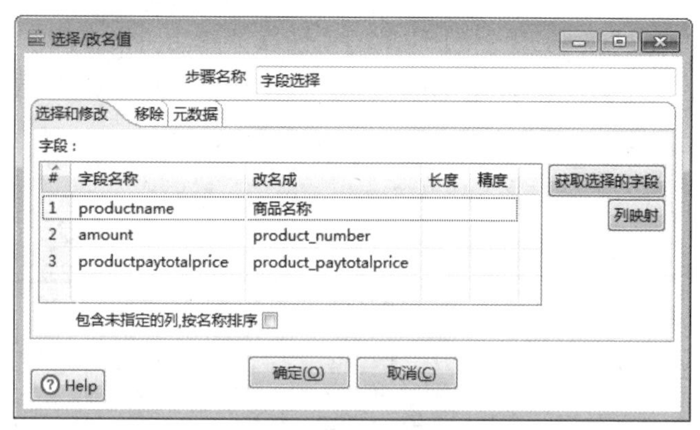

图 8-14 【字段选择】组件参数设置

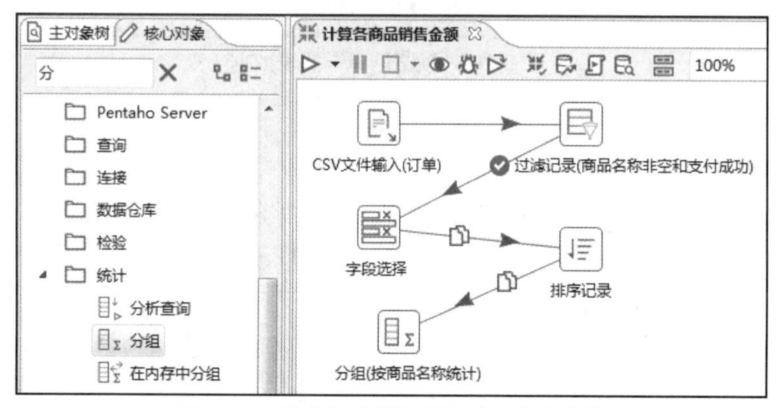

图 8-15 建立聚合销售额组件和建立连接

（2）对商品名称进行排序。因为需要计算各商品的销售金额，所以必须对商品名称进行排序，在【排序记录】组件中，对商品名称字段按照升序进行排序。

（3）对购买商品数量和商品实际支付总金额等字段进行聚合计算，统计各个商品的销售金额。在【分组(按商品名称统计)】组件中，有关参数设置如图 8-16 所示。

图 8-16 【分组(按商品名称统计)】组件参数设置

4. 装载和解读各商品销售金额数据

装载和解读各商品销售金额数据，操作步骤如下。

（1）建立数据装载组件和连接。创建排序记录组件（组件命名为“排序记录(按销售金额排序)”）、Excel 输出组件（组件命名为“Excel 输出(各商品销售金额)”），将已进行聚合统计的各商品销售金额数据输出至 Excel 文件中，并建立组件之间的连接，如图 8-17 所示。

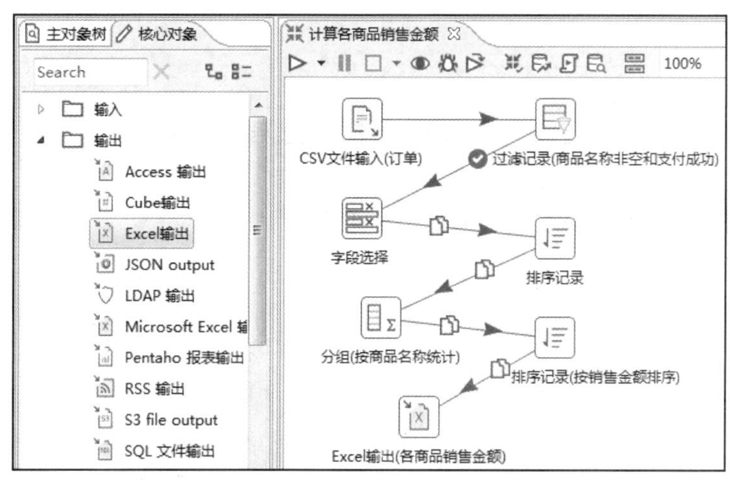

图 8-17　建立数据装载组件和建立连接

（2）根据商品销售金额进行排序。在【排序记录(按销售金额排序)】组件中，设置商品销售金额字段按照降序排序。

（3）将经过排序的各商品销售金额数据输出并装载至 Excel 文件中。在【Excel 输出(各商品销售金额)】组件中，设置参数，输出的 Excel 文件名为“无人售货机各商品销售金额.xls”，输出的字段参数如表 8-5 所示。

表 8-5 【Excel 输出(各商品销售额)】组件的字段参数设置

名　称	类　型	格　式
商品名称	String	#
商品销售数量	Integer	0
商品销售金额	Number	0.00

（4）预览各商品销售金额结果数据。在【计算各商品销售金额】转换工程中，选择【Excel 输出(各商品销售额)】组件，单击工作区上方的图标，预览各商品销售金额数据，如图 8-18 所示。

（5）解读结果数据。在结果数据中，根据“商品名称”字段，对“商品实际支付总金额”“商品购买数量”字段数据，分组聚合统计到“商品销售金额”“商品销售数量”字段中，其中，“商品名称”为“脉动”的商品销售金额最多，在无人售货机上共成功销售 2234 件，商品销售金额为 8907.99 元。

#	商品名称	商品销售数量	商品销售金额
1	脉动	2234	8907.99
2	小茗同学-智能	1577	7806.64
3	畅意乳酸菌饮品原味	1249	7481.74
4	美汁源果粒橙（450ml/瓶）	2184	6536.37
5	雪碧-智能	1798	5382.58
6	安慕希PET	633	5377.5
7	娃哈哈AD钙奶	678	5332.96
8	可口可乐-智能	1679	5026.1

图 8-18　预览各商品销售金额结果数据

任务 8.4　统计各售货机日销售金额

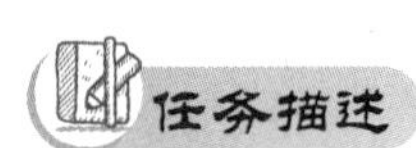

无人售货机客户订单的详情数据，每天都记录着每个客户下单购买的商品及其数量等详细数据。从售货机销售的角度出发，分析售货机的销售数据，统计每台售货机每天的商品销售金额，以便及时了解售货机每天的销售情况。

任务分析

（1）建立【统计各售货机日销售金额】转换工程。

（2）获取售货机订单详情数据。

（3）分离日期和过滤筛选数据

（4）聚合统计各售货机日销售金额。

（5）装载和解读结果数据。

8.4.1　分析任务数据需求

统计各售货机日销售金额，需要在无人售货机客户订单详情“order_details.csv”文件中抽取以下字段数据。

（1）boxid（售货机 ID）：售货机的唯一标识号，以该标识号为关键字段来统计各售货机的销售金额数据，因此售货机 ID 不能为空。

（2）createdtime（订单生成时间）：客户下单时计算机自动生成的订单时间。

（3）productname（商品名称）：客户下单的商品名称。

（4）amount（购买商品数量）：客户下单购买时的商品数量。

（5）productpaytotalprice（商品实际支付总金额）：客户购买商品时的实际支付总金额。

（6）status（订单状态）：客户订单状态，只抽取订单状态为“支付成功”的数据，其他订单状态的数据则被过滤掉。

8.4.2　熟悉任务流程

在统计各售货机日销售金额的过程中，需要获取售货机 ID 关键字段，根据订单详情数据，以售货机 ID 为关键字段进行聚合统计。统计各售货机日销售金额的流程如图 8-19 所示。

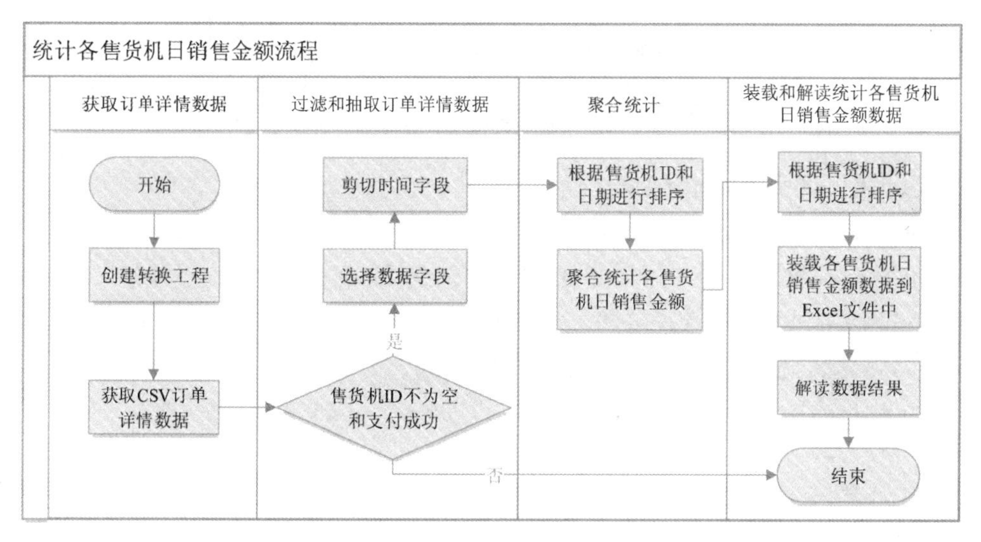

图 8-19 统计各售货机日销售金额流程

统计各售货机日销售金额主要包括以下 4 个步骤。

（1）获取订单详情数据。建立转换工程，创建获取文件组件，获取订单详情数据。

（2）过滤和抽取订单详情数据。首先过滤掉售货机 ID 为空和支付不成功的数据，然后抽取聚合统计所需的字段数据，其中，对订单生成时间字段，剪切出格式如“2020-05-20”的销售日期字段。

（3）聚合统计。对抽取后的数据根据售货机 ID 和销售日期进行排序，然后统计各售货机的销售金额。

（4）装载和解读统计各售货机日销售金额数据。对聚合统计好的各售货机统计销售金额数据，根据售货机 ID 和销售日期，按照降序进行排序，再将排序后的数据装载至 Excel 文件中，并对结果数据进行解读。

8.4.3 实现各售货机销售金额统计

计算各商品销售金额的详细操作步骤如下。

1. 获取订单详情数据

获取订单详情数据的操作步骤如下。

（1）创建统计各售货机日销售金额转换工程。使用 Ctrl+N 组合键，创建【统计各售货机日销售金额】转换工程。

（2）创建 CSV 文件输入组件和获取数据。创建 CSV 文件输入组件，组件命名为“CSV 文件输入(订单)”，如图 8-20 所示。设置组件参数，导入“order_details.csv”文件，并设置好字段参数，订单生成时间 createdtime 字段的字段类型需要设置为 String。

（3）预览获取的数据。预览订单详情数据参阅任务 8.2 小节的介绍。

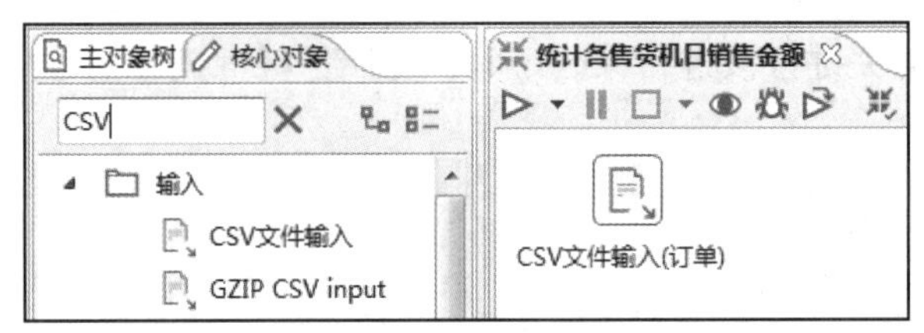

图 8-20　建立【统计各售货机日销售金额】转换工程和获取数据组件

2. 过滤和抽取订单详情数据

过滤和抽取订单详情数据的操作步骤如下。

（1）创建筛选数据组件和连接。创建过滤记录组件（组件命名为“过滤记录(售货机 ID 非空和支付成功)”）和字段选择组件，并建立组件之间的连接，如图 8-21 所示。

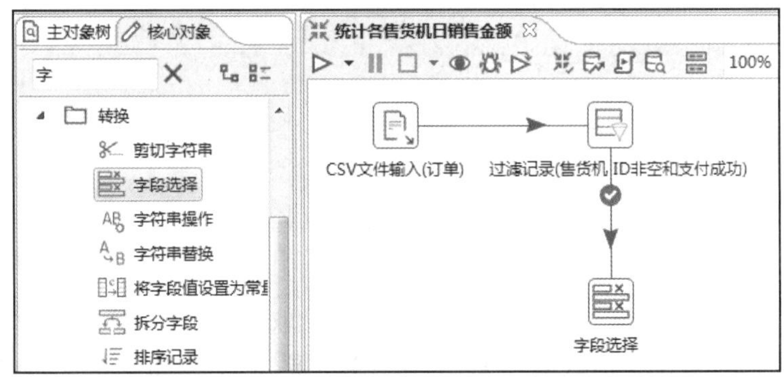

图 8-21　建立筛选数据组件和建立连接

（2）过滤掉售货机 ID 为空和支付失败的订单。在【过滤记录(售货机 ID 非空和支付成功)】组件中，设置参数，保留售货机 ID 非空和支付成功的订单，过滤掉售货机 ID 为空和支付不成功的订单。

（3）进行字段选择，保留需要的字段，去除多余的字段。在【字段选择】组件中，设置参数，仅保留 boxid、createdtime、amount 和 productpaytotalprice 等字段，并分别改名为“售货机 ID”“created_time”“product_number”“product_paytotalprice”，如图 8-22 所示，丢弃其他与统计各售货机日销售金额无关的字段。

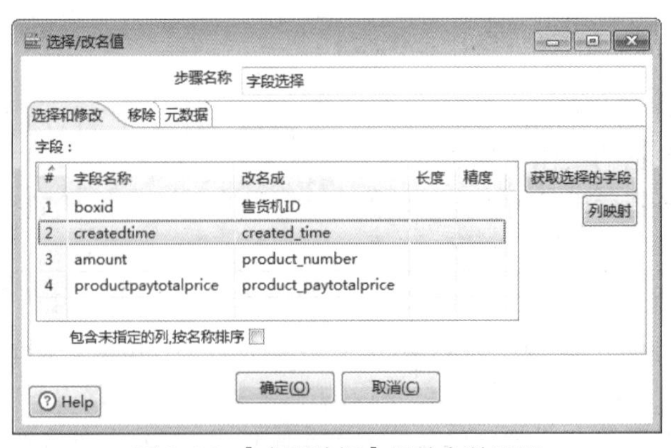

图 8-22　【字段选择】组件参数设置

（4）剪切时间字段。剪切时间字段的操作步骤如下。

① 建立剪切字符串组件和连接。创建【剪切字符串】组件，并建立连接，如图 8-23 所示。

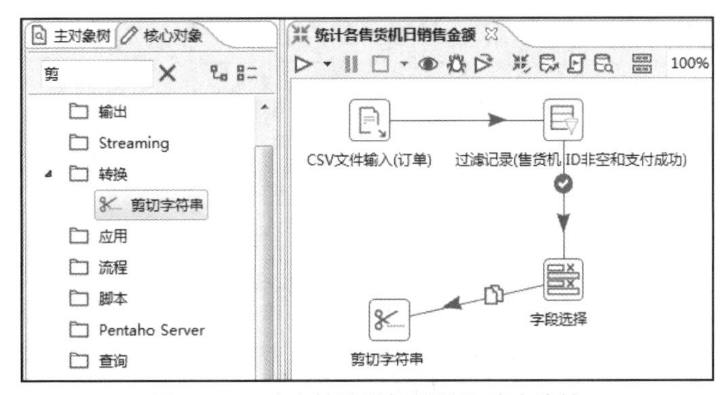

图 8-23　建立筛选数据组件和建立连接

② 从订单生成时间字段中剪切出日期。在【剪切字符串】组件中，设置参数，剪切订单生成时间字段，剪切出日期，并命名新字段名称为“销售日期”。

3. 聚合统计

聚合统计的操作步骤如下。

（1）建立聚合统计各售货机销售金额组件和连接。创建排序记录组件、分组组件（命名为“分组(按售货机 ID 和日期统计)”），并建立组件之间的连接，如图 8-24 所示。

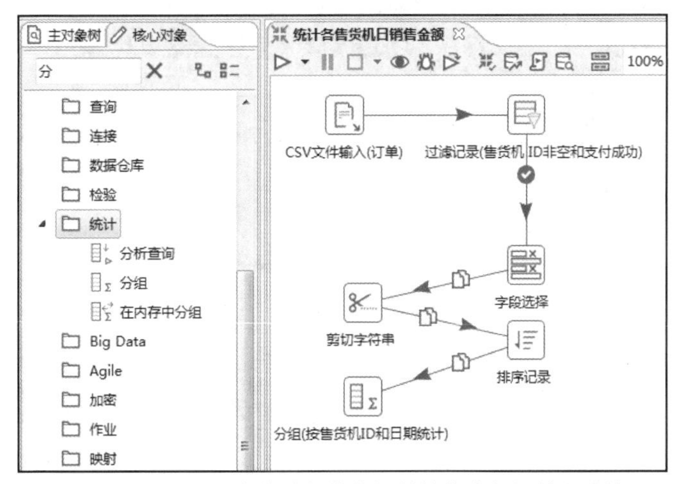

图 8-24　建立聚合统计各售货机的销售金额组件和连接

（2）对售货机 ID 进行排序。因为需要计算各售货机的日销售金额，所以必须对售货机 ID 和销售日期进行排序，在【排序记录】组件中，对售货机 ID 和销售日期字段按照升序进行排序。

（3）对售货机的商品实际支付金额等字段进行分组聚合，统计各售货机的日销售金额。在【分组(按售货机 ID 和日期统计)】组件中，有关参数设置如图 8-25 所示。

图 8-25 【分组(按售货机 ID 和日期统计)】组件参数设置

4. 装载和解读统计各售货机日销售金额数据

装载和解读统计各售货机日销售金额数据的步骤如下。

（1）建立数据装载组件和连接。创建排序记录组件（组件命名为“排序记录(售货机 ID 排序)”）、Excel 输出组件（组件命名为“Excel 输出(售货机日销售金额)”），将聚合统计的各售货机的日销售金额输出至 Excel 文件中，并建立组件之间的连接，如图 8-26 所示。

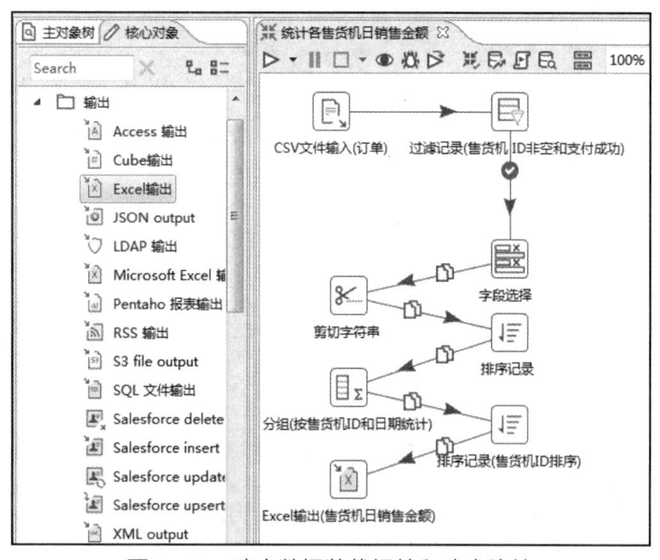

图 8-26 建立数据装载组件和建立连接

（2）对售货机 ID 和销售日期进行排序。在【排序记录(售货机 ID 排序)】组件中，对售货机 ID 和销售日期字段按照降序进行排序。

（3）将经过排序的各售货机日销售金额数据输出并装载至 Excel 文件中。在【Excel 输出(售货机日销售金额)】组件中，设置参数，输出的 Excel 文件名为“无人售货机各售货机日销售金额.xls”，输出的字段参数如表 8-6 所示。

表 8-6 各售货机日销售金额字段参数设置

名 称	类 型	格 式
售货机 ID	String	#
销售日期	String	#
商品销售金额	Number	0.00

（4）预览各售货机日销售金额结果数据。在【统计各售货机日销售金额】转换工程中，选择【Excel 输出(售货机日销售金额)】组件，单击工作区上方的图标，预览各售货机日销售金额数据，如图 8-27 所示。

图 8-27 预览各售货机日销售金额结果数据

（5）解读结果数据。在结果数据中，根据“售货机 ID”和“销售日期”字段，对“商品实际支付总金额”字段数据，分组聚合统计至“商品销售金额”字段中。图 8-27 所示的预览数据中，列出了“售货机 ID”为“73216297342”的售货机每日的商品销售金额。

任务 8.5 整理各售货机销售情况

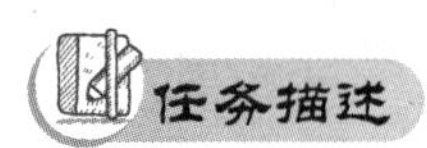

任务描述

客户订单的详情数据，记录着每天、不同客户的每笔订单的详细数据，而无人售货机信息表，记录着每台售货机名称、地址等重要信息。每一台售货机的利润数据，是运营商非常关心的数据，从利润的角度出发，分析整理售货机销售情况，统计每台售货机利润、客单价（订单的平均销售价格）等重要数据，可以让运营商更加了解售货机的获利情况。

任务分析

（1）建立【整理各售货机情况】转换工程。

（2）获取售货机信息和订单详情数据。

（3）过滤、关联和筛选数据。

（4）聚合计算每台售货机的利润。

（5）聚合计算每台售货机的客单价。

（6）装载和预览结果数据。

8.5.1 分析任务数据需求

为统计各售货机的利润、客单价等，需要在订单详情“order_details.csv”文件中抽取以下字段数据。

（1）boxid（售货机 ID）：是售货机的唯一标识号，以该标识号为关键字段来统计各售货机的销售金额数据，因此不能为空。

（2）ordernum（订单号）：客户下单时自动生成的号码。

（3）amount（购买商品数量）：客户下单时的商品数量。

（4）productpaytotalprice（商品实际支付总金额）：客户下单时商品实际支付总金额。

（5）costprice（商品的成本价）：客户下单购买的商品成本价。

（6）saleprice（商品的销售价）：客户下单购买的商品销售价。

（7）producttotalprice（商品支付总金额）：客户下单购买的商品支付总金额。

（8）status（订单状态）：客户订单状态，只抽取订单状态为“支付成功”的数据，其他订单状态的数据则被过滤掉。

在售货机信息表“box_list.csv”文件中抽取以下字段数据。

（1）boxid（售货机 ID）：作为关键字段，以便与“order_details.csv”文件的数据关联，将无人售货机的信息和客户订单详情数据关联起来。

（2）name（售货机名称）：无人售货机的名称。

（3）address（售货机投放地址）：无人售货机的投放地址。

8.5.2 熟悉任务流程

在整理各售货机情况的过程中，需要获取售货机 ID 作为关键字段，关联订单详情表数据和无人售货机信息表数据，再以售货机 ID 为关键字段进行聚合统计，计算售货机的利润和客单价。统计整理各售货机销售情况的流程如图 8-28 所示。

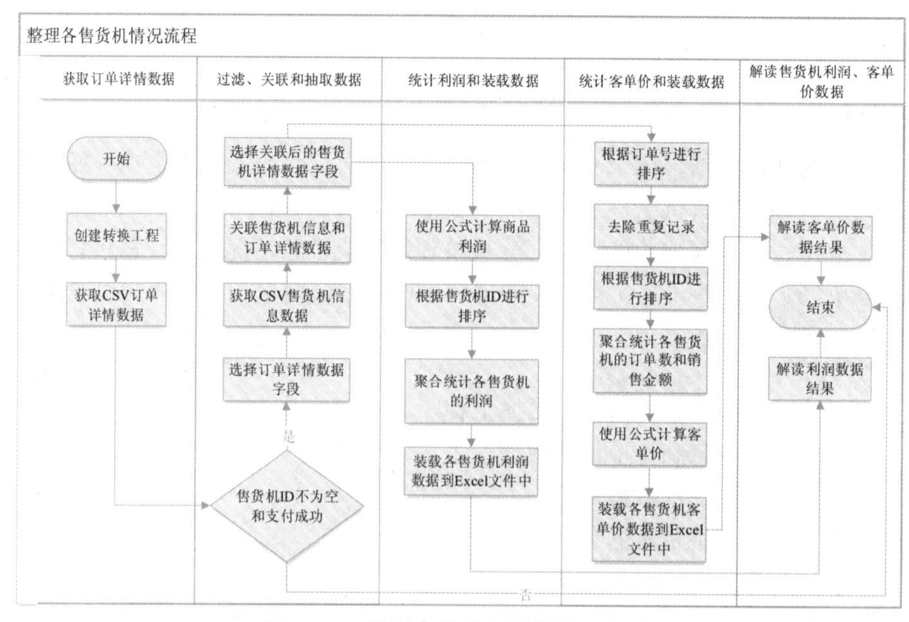

图 8-28 统计各售货机销售情况流程

统计整理各售货机销售情况主要包括以下 5 个步骤。

（1）获取订单详情数据。建立转换工程，创建获取文件组件，获取订单详情数据。

（2）过滤、关联和抽取数据。首先过滤掉售货机 ID 为空和支付不成功的数据，抽取聚合统计所需的字段数据，再以售货机 ID 为关键字段，将客户订单详情表数据与无人售货机信息表的数据进行关联，再抽取关联后的字段数据。

（3）统计利润和装载数据。抽取关联后的订单详情与无人售货机信息的字段数据，使用公式计算客户订单中的商品利润，再根据售货机 ID 进行排序，聚合统计各售货机的利润，并装载至 Excel 文件中。

（4）统计客单价和装载数据。抽取关联后的订单详情与无人售货机信息的字段数据，根据售货机 ID 进行排序，去除重复记录，再次对售货机 ID 进行排序，聚合统计各售货机的订单数和销售金额，最后使用公式计算客单价，并装载至 Excel 文件中。

（5）解读售货机利润、客单价数据。对聚合统计好的售货机的利润和客单价数据，进行解读。

8.5.3 实现各售货机销售情况整理

整理各售货机销售情况的详细操作步骤如下。

1．获取订单详情数据

获取订单详情数据的操作步骤如下。

（1）创建整理各售货机情况转换工程。使用 Ctrl+N 组合键，创建【整理各售货机情况】转换工程。

（2）创建 CSV 文件输入组件和获取售货机客户订单详情数据。创建获取数据的 CSV 文件输入组件，并将该组件命名为“CSV 文件输入(订单)”，如图 8-29 所示。设置组件参数，导入订单详情“order_details.csv”文件，并设置好字段参数。

图 8-29　建立【整理各售货机情况】转换工程和获取数据组件

（3）预览获取的数据。选择【CSV 文件输入(订单)】组件，预览订单详情数据，有关预览数据的操作参阅任务 8.2 小节。

2．过滤、关联和抽取数据

计算售货机的利润和客单价，只需计算支付成功的售货机订单数据，因此必须过滤掉支付失败的售货机订单数据。过滤、关联和抽取数据的步骤如下。

（1）创建过滤和筛选订单数据组件和连接。创建过滤记录组件（组件命名为“过滤记录(支付成功)”）和字段选择组件，并建立组件之间的连接，如图 8-30 所示。

（2）过滤掉支付失败的订单。在【过滤记录(支付成功)】组件中，设置参数，保留支付成功的订单数据。

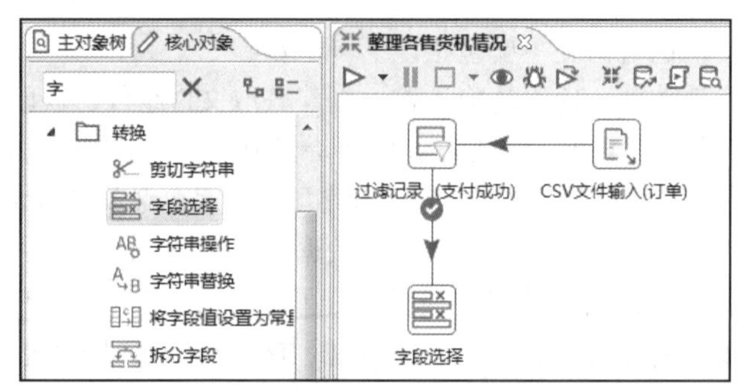

图 8-30　建立过滤和抽取订单数据组件和连接

（3）进行字段选择，保留与计算售货机的利润和客单价相关的字段，去除多余的字段。在【字段选择】组件中，对字段进行选择和修改，在【选择和修改】选项卡中设置参数，只保留与计算售货机的利润和客单价相关的字段，并对字段名称进行修改。完成【字段选择】组件参数设置，如图 8-31 所示。

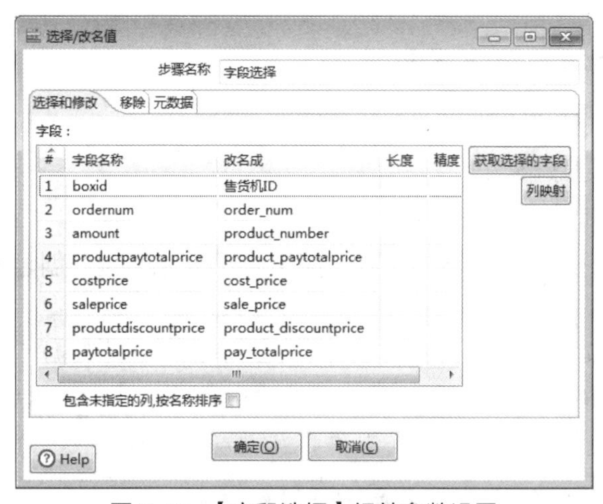

图 8-31 【字段选择】组件参数设置

（4）创建获取无人售货机信息、关联售货机与订单数据组件和连接，抽取并修改关联后的字段名称。创建 CSV 文件输入组件（组件命名为“CSV 文件输入(售货机)”），获取和预览无人售货机信息。数据预览结果如图 8-32 所示。

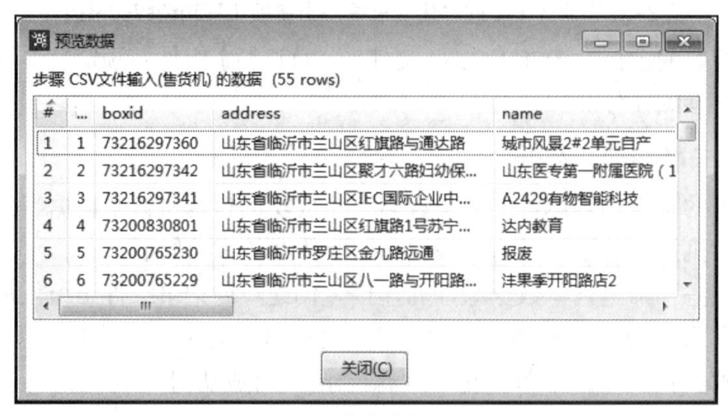

图 8-32　预览售货机信息数据

（5）创建记录关联组件和抽取关联后的数据。创建【记录关联（笛卡尔输出）】组件，并分别建立与【字段选择】【CSV文件输入(售货机)】组件之间的连接，创建【字段选择（关联后）】组件，并与【记录关联（笛卡尔输出）】组件建立连接，如图8-33所示。

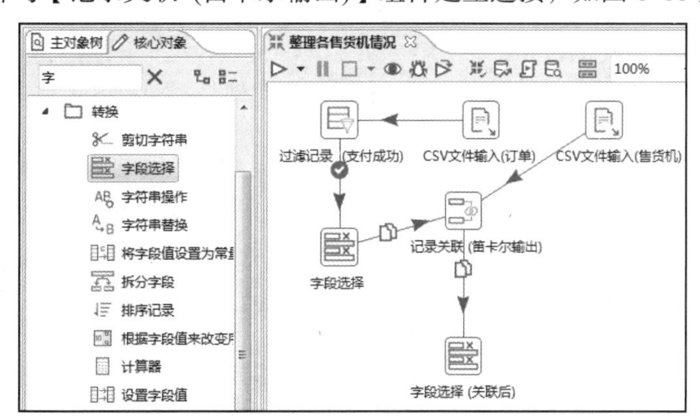

图8-33 关联售货机和订单数据并选择与修改字段

（6）选择和修改关联后的字段名称。在【记录关联（笛卡尔输出）】组件中，设置关联条件参数，【字段选择】组件的售货机ID和【CSV文件输入(售货机)】组件中boxid相等，即“售货机ID=boxid”，即可将售货机信息和订单数据关联起来。【记录关联（笛卡尔输出）】组件参数的设置如图8-34所示。

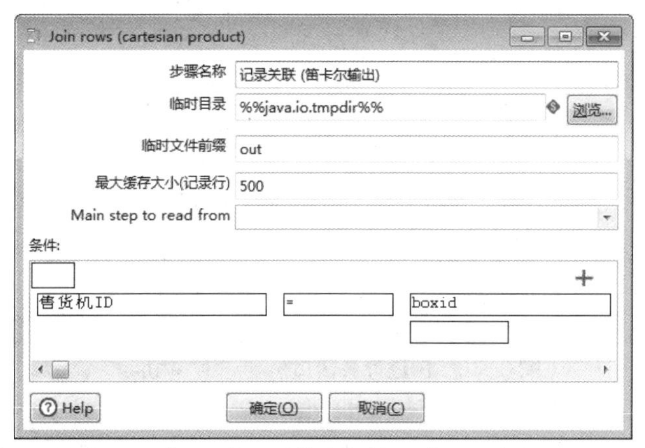

图8-34 【记录关联（笛卡尔输出）】组件参数设置

（7）选择和修改关联后的售货机和订单数据。在【字段选择(关联后)】组件中，设置参数，选择和修改与计算售货机利润和客单价相关的字段，丢弃其他不必要的字段。完成【字段选择(关联后)】组件参数设置，如图8-35所示。

3. 统计利润和装载数据

计算售货机的利润和装载数据的操作步骤如下。

（1）创建计算售货机利润的相关组件和连接，创建Excel输出组件，将结果数据装载至Excel文件中。分别创建【公式(计算商品利润)】【排序记录(售货机ID)】【分组(聚合利润)】【Excel输出(利润)】组件，从【字段选择(关联后)】组件开始，依顺序建立新创建组件之间的连接，如图8-36所示。

图 8-35 【字段选择(关联后)】组件参数设置

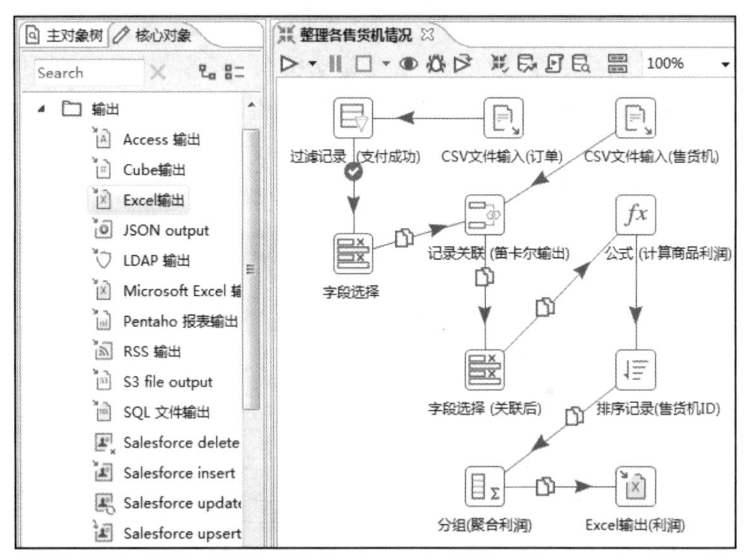

图 8-36 创建计算售货机利润组件和连接

（2）计算订单中商品的利润。在【公式(计算商品利润)】组件中，公式参数设置为“([商品支付金额]-([商品数量]*[商品成本价])-[商品优惠金额])”，如图 8-37 所示。

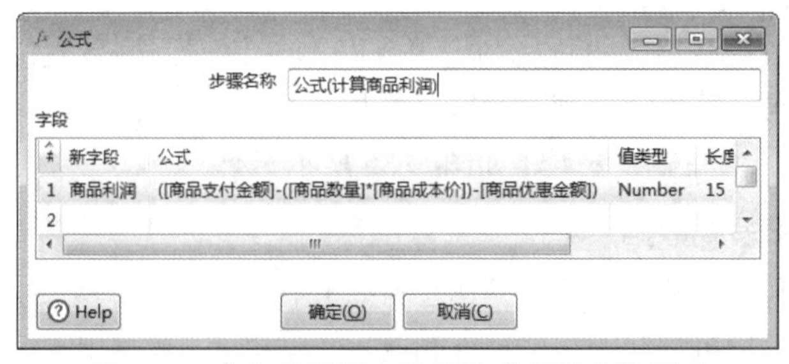

图 8-37 【公式(计算商品利润)】组件参数设置

（3）对订单数据按照售货机 ID 进行排序。聚合计算售货机利润必须先对订单数据中售货机 ID 进行排序，在【排序记录(售货机 ID)】组件中，设置参数，对售货机 ID 字段按照升序进行排序。

（4）聚合计算售货机的利润。在【分组(聚合利润)】组件中，有关参数设置如图 8-38 所示。

图 8-38 【分组(聚合利润)】组件参数设置

（5）将聚合计算好的售货机利润数据装载至 Excel 文件中。在【Excel 输出(利润)】组件中，设置参数，输出的 Excel 文件命名为“无人售货机利润.xls”，输出的字段参数如表 8-7 所示。

表 8-7 无人售货机利润字段参数设置

名　称	类　型	格　式
售货机 ID	String	#
售货机名称	String	#
售货机地址	String	#
售货机利润	Number	0.00
售货机销售金额	Number	0.00

4. 统计客单价和装载数据

售货机的客单价是售货机的销售金额除以订单数。分析售货机客户订单详情“order_details.csv”文件中的数据，发现订单中，客户每购买一种商品，则生成一条记录，一个订单购买多个商品则产生多条订单记录。并且，订单的实际支付金额也分别记录在 paytotalprice 字段中，因此必须根据订单 ID 字段过滤掉重复的订单记录，才能计算售货机的订单数。计算售货机的客单价和装载数据的操作步骤如下。

（1）创建计算每台售货机客单价的相关组件和连接，创建 Excel 输出组件，将结果数据装载至 Excel 文件中。创建【排序记录(订单号)】【去除重复记录】【排序记录 2(售货机

ID)】【分组(聚合订单和金额)】【公式（计算客单价)】【Excel 输出(客单价)】组件，从【字段选择(关联后)】组件开始，依顺序建立新创建组件之间的连接，如图 8-39 所示。

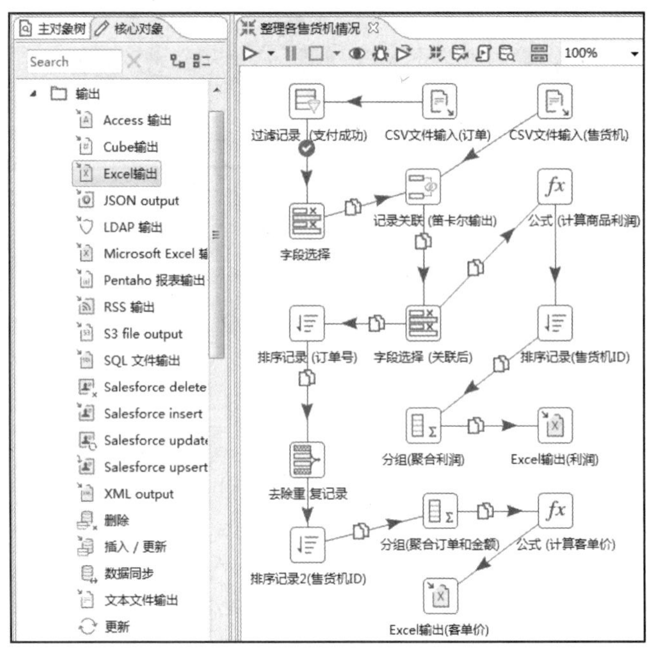

图 8-39　创建计算售货机利润组件和建立连接

（2）对订单数据按照订单 ID 进行排序。去除重复记录，必须先进行排序，在【排序记录(订单号)】组件中，设置参数，对订单 ID 字段按照升序进行排序。

（3）去除重复的订单记录。在【去除重复记录】组件中，设置参数，根据订单号字段进行去除重复记录操作。

（4）按照售货机 ID 进行排序。聚合计算售货机的订单数必须重新对售货机 ID 进行排序。在【排序记录 2(售货机 ID)】组件中，设置参数，对售货机 ID 字段按照升序进行排序。

（5）聚合计算售货机的订单数和销售金额。在【分组(聚合订单和金额)】组件中，有关参数设置如图 8-40 所示。

图 8-40 【分组(聚合订单和金额)】组件参数设置

（6）计算售货机的客单价。在【公式（计算客单价)】组件中，定义新字段“客单价”，公式参数设置为“([售货机销售金额]/[售货机订单数])”，如图 8-41 所示。

（7）将已完成聚合计算的售货机客单价数据装载至 Excel 文件中。在【Excel 输出(客单价)】组件中，设置参数，输出的 Excel 文件名为“无人售货机客单价.xls”，输出的字段参数如表 8-8 所示。

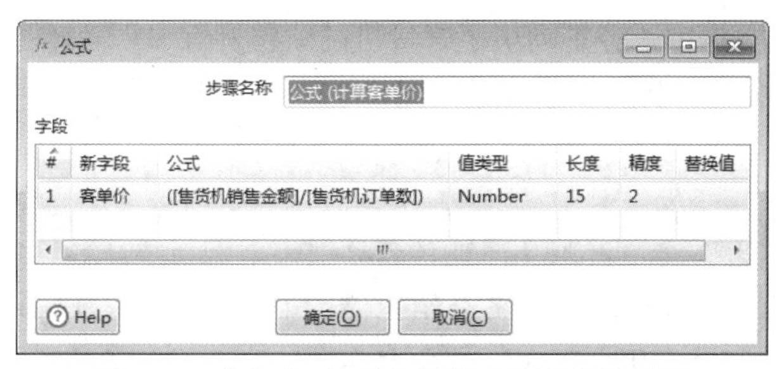

图 8-41 【公式 (计算客单价)】组件参数设置

表 8-8　无人售货机客单价字段参数设置

名　称	类　型	格　式
售货机 ID	String	#
售货机名称	String	#
客单价	Number	0.00
售货机利润	Number	0.00
售货机销售金额	Number	0.00

5. 解读售货机利润、客单价数据

解读各售货机销售情况数据的操作步骤如下。

（1）预览售货机利润数据。在【整理各售货机情况】转换工程中，选择【Excel 输出(利润)】组件，单击工作区上方的👁图标，预览售货机的利润数据，如图 8-42 所示。

（2）解读售货机利润数据。在利润数据中，根据“售货机 ID”“商品支付金额”“商品数量”“商品成本价”“商品优惠金额”字段数据，计算出商品利润。再根据“售货机 ID”“商品利润”“商品支付金额”字段数据，分别聚合统计出“售货机利润”和售货机的“商品销售金额”字段数据。在图 8-42 所示的预览数据中，分别列出了售货机的“售货机 ID”“售货机名称”“售货机地址”“售货机利润”和“商品销售金额”数据。

（3）预览售货机的客单价数据。在【整理各售货机情况】转换工程中，选择【Excel 输出(客单价)】组件，单击工作区上方的👁图标，预览售货机客单价数据，如图 8-43 所示。

图 8-42　预览售货机的利润数据

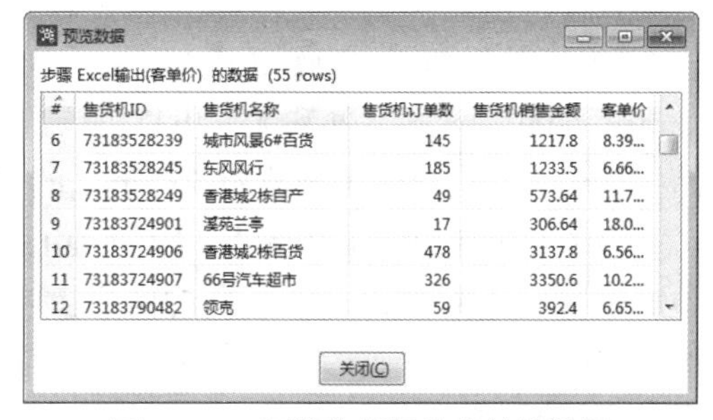

图 8-43　预览售货机的客单价数据

（4）解读售货机客单价数据。在客单价数据中，根据“订单号”“售货机 ID”“订单支付金额”字段数据，分别聚合统计出“售货机订单数”“售货机销售金额”字段数据。在

图 8-43 所示的预览数据中，分别列出了售货机的“售货机 ID”“售货机名称”“售货机订单数”“售货机销售金额”和“客单价”数据。

小结

本章通过对分组聚合客户订单、计算各商品销售金额、统计各售货机日销售金额、计算每台售货机利润和客单价的项目任务介绍，描述了有关组件在实际项目中的运用和处理方法，使用多个组件组合应用处理实际的数据问题，展现了复杂的数据处理流程，实现了对实际项目数据的转换处理。

课后习题

1. 选择题

（1）下面描述错误的是（　　）。

A. paytotalprice 是订单实际支付金额

B. productpaytotalprice 是商品实际支付金额

C. 对于同一个订单，paytotalprice 和 productpaytotalprice 的数据相同

D. paytotalprice 和 productpaytotalprice 表达的意义不同

（2）使用分组组件聚合计算客户订单时，必须对（　　）进行排序。

A. 订单 ID　　B. 客户 ID　　C. 售货机 ID　　D. 以上都可以

（3）【多选题】使用（　　）组件可以筛选数据。

A. 字段选择　　B. 过滤记录　　C. 去除重复记录　　D. 排序记录

（4）从时间中分离日期，时间必须设为（　　）类型。

A. Date　　B. String　　C. Integer　　D. Number

（5）在计算各商品销售金额时，按顺序使用（　　）和（　　）组件来计算销售金额。

A. 排序、公式　　B. 分组、排序　　C. 排序、分组　　D. 公式、排序

2. 操作题

（1）使用客户订单详情“order_details.csv”文件中的数据，计算商品的年销售金额。

（2）使用客户订单列表“order_list.csv”文件中的数据，计算售货机 2018 年中每月的订单数。

（3）售货机运营商要撤掉 5 台商品销售不佳的售货机，使用客户订单详情“order_details.csv”文件和无人售货机信息“box_list.csv”文件中的数据，计算售货机的产品销售金额，列出建议撤掉的 5 个地址的售货机数据。

（4）使用客户订单详情“order_details.csv”文件和无人售货机信息“box_list.csv”文件中的数据，计算 2018 年售货机的商品销售金额，并按照从高到低的顺序进行排序。